KB119763

한 방울의 살인법

닐 브래드버리 지음
김은영 옮김

A taste for poison

독약, 은밀하게 사람을 죽이는 가장 과학적인 방법

위즈덤하우스

내 아내와 딸들,

그리고 나에게 옳은 것과 그른 것을 가르쳐주신

부모님께

차례

Part II **땅에서 나는 죽음의 분자**

일반적으로 독약을 쓰는 데 뛰어났던 쪽은 여성들이었지만, 눈에 들어오는 모든 사람을 독살했던 웨일스의 한 점잖은 변호사의 사건을 어렵지 않게 떠올릴 수 있다. 그는 도저히 스스로 멈출 수가 없었다. 그는 매우 품위 있는 사람이었다. 그는 잔인한 살인을 기록한 연보에서 가장 잊지 못할 한 줄의 대사와 함께 등장했다. 그는 자신의 손님들에게 독이 든 스콘을 건네면서 이렇게 말했다. "제 손가락을 용서해주세요."*

_ 존 모리머 경, 변호사,
드라마 〈베일리의 럼폴Rumpole of the Bailey〉의 작가 겸 기획자

일러두기

• 본문 안의 주석은 모두 옮긴이의 주다.

• 생물의 라틴어 학명을 병기할 경우, 기울임체로 표기했다.

나는 가장 좋은 옛날 방식, 가장 간단한 독약을 좋아한다. 인간으로
서 우리는 너무나 강하기 때문에.

_ 에우리피데스, 《메데이아》, BC 431

범죄의 역사 속에서도 살인은 특히나 극악무도한 범죄로 꼽
힌다. 또한 살상의 수단 중에서도 섬뜩하기로는 독약만 한 것이
드물다. 피가 끓어올라 순간적으로 저지르는 충동적인 살인과 비
교했을 때, 치밀한 사전 계획과 냉혹한 계산에 따라 저질러지는
독살은 '범죄 의도malice aforethought'라는 법률적 용어에 완벽하게
들어맞는다. 독살에는 사전 계획뿐 아니라 희생자의 평소 습관에
대한 정보도 필요하다. 범행의 도구인 독약을 얼마나 쓸지도 계
산해야 한다. 어떤 독약은 사람을 단숨에 죽이지만, 어떤 독약은
오랜 시간에 걸쳐서 체내에 천천히 쌓인 결과로 사람의 목숨을
앗아간다.

이 책은 단순히 독약으로 사람을 죽인 사람들과 그 희생자들
의 리스트가 아니라 독약의 성격과 그 독약이 분자 또는 세포 수

준, 그리고 생리학적 수준에서 인체에 끼치는 영향을 탐구하고자
하는 것이다. 독약이 사람을 죽게 하는 과정은 제각각 다르고, 희
생자가 겪게 되는 증상 역시 제각각이기 때문에 이 두 가지는 독
약의 성격을 밝히는 데는 물론, 해독 방법을 찾아내는 데 있어서
중요한 단서가 된다. 이에 대한 지식으로부터 적절한 치료법을
찾아 희생자를 완전히 회복시키는 경우도 있다. 그 밖의 경우에
는 독약에 대한 지식이 치료에 그다지 큰 도움이 되지 않는다. 간
단히 말해 정확한 해독제가 없기 때문이다.

🌢 독약의 기원

독약, 또는 독극물이라는 뜻으로 쓰이는 영어 단어 'poison'과
'toxin'은 대개 뚜렷한 구별 없이 혼용된다. 그러나 엄격하게 말하
면 두 단어가 가리키는 것은 같지 않다. poison은 '독, 독약, 독물'
등으로 옮길 수 있는 말*로, 인체에 해를 입힐 수 있는 화학 물질
을 통칭한다. 천연 물질일 수도 있고 인공 물질일 수도 있다. 반
면에 '독소毒素'라고 번역되는 toxin은 식물이든 동물이든 생물체
에 의해 만들어진 치명적인 화학 물질을 일컫는다. 독약이든 독

---

* 이 책에서는 poison을 '독약'으로 쓰기로 한다.

소든 그 영향을 받게 되는 사람의 입장에서 보자면 그 두 가지의 차이는 학문적인 정의에서 찾을 수 있을 뿐이다. toxin은 '화살촉에 바르는 독약'이라는 뜻의 고대 그리스어 'toxikon'에서 유래된 말이다. toxikon은 화살에 맞은 사람을 죽이기 위해 화살촉에 바르는 식물성 추출물이었다. toxikon에 '연구하다'라는 뜻의 'logia'를 붙여 'toxicology'라는 학문 명칭이 만들어졌다. '독을 연구하는 학문', 즉 '독물학'이다. poison은 '마시다'를 뜻하는 라틴어 'potio'에서 유래했다. 이 단어가 고대 프랑스어로 건너와 'puison' 또는 'poison'으로 변형되었다. 영어 문헌에서 poison이라는 단어가 처음 등장한 것은 1200년대로, '죽음의 약 또는 죽음을 부르는 물질'이라는 뜻으로 쓰였다.

독약은 살아 있는 유기체로부터 얻거나 때로는 여러 가지의 화학 물질을 혼합해 만든다. 예를 들면, 독성이 매우 강한 '까마중'('벨라돈나belladonna'로도 알려져 있다)으로부터 얻은 천연 추출물은 치명적이지만, 이 추출물을 정제하면 아트로핀atropine이라는 화학 물질이 만들어진다. 마찬가지로, 디기탈리스foxglove도 독성을 가지고 있지만 이 식물로부터 디곡신digoxin이라는 화학 물질을 얻을 수 있다.

납, 비소, 벨라돈나의 혼합물인 아쿠아 토파나aqua tofana에서 볼 수 있는 것처럼, 역사에 등장하는 독약 중에는 여러 가지 독약을 혼합해서 만들어낸 것도 있다.[1]

● 죽음에 이르는 단계

약병 속에 들어 있으면 아무런 해도 끼치지 않는 화학 물질이 사람 몸에 들어가면 어떻게 독약이 되는 걸까? 어떤 독약이든 사람을 죽음에 이르게 하기까지는 유입delivery, 작용action, 효과effect의 세 단계를 거친다.

독약이 희생자의 체내에 유입되는 경로는 대개 네 가지 중 하나다. 식도를 통해 먹거나(섭취), 기도를 통해 들이마시거나(흡입), 피부를 통해 흘러들거나(흡수), 주사기를 통해 주입(주사)하는 것이다. 즉 희생자는 독약을 먹거나 마심으로써 내장 속으로 독약을 흘려 보내고, 숨을 쉼으로써 폐에 들여보낸다. 또는 피부를 통해 직접 흡수하기도 하고 주삿바늘을 통해 근육이나 혈류 속으로 주입하는 것이다. 살인자가 독약을 희생자의 몸에 들여보내는 방법은 그 독약의 성질에 따라 달라진다. 독가스가 살상 무기로 쓰인 역사가 있기는 하지만, 독가스를 사용하려면 고도의 기술적인 난제를 극복해야 하므로 개인이 사용하기는 현실적으로 가능하지 않다. 게다가 독가스를 특정 개인에게만 사용하기는 매우 힘들다.

반면에 피부나 눈 또는 구강 점막을 통해 흡수시키는 방법은 매우 효과적이다. 살인자가 희생자와 직접 접촉할 필요도 없고 독약이 희생자의 체내에서 작용하기 시작할 즈음에 범인은 이미 멀리 달아나 있을 수도 있다. 희생자가 접촉할 만한 물건에 독약을 발라놓기만 해도 죽음에 이르도록 만들기에 충분하다. 음식이나 음료에 섞는 방법은 독약을 이용하는 가장 손쉬운 방법이다. 고체 결정 형태의 독약이라면 이 방법이 특히 효과적이다. 음식이나 음료에 살살 뿌리기만 하면 되는 것이다. 그러나 구강으로 섭취할 경우 주성분인 단백질이 위장이나 장에서 파괴되는 독약이라면 반드시 주사기로 주입해야 한다. 그러나 희생자에게 주사기로 독약을 주입하려면 살인자는 희생자에게 아주 가까이 접근해야만 하는 단점이 있다.

🌢 독약이 몸에 들어오면

자, 이번에는 독약의 핵심을 들여다보자. 독약은 사람의 몸에서 일어나는 내부 작용을 어떻게 파괴하는가? 독약이 인체 내부에서 일으키는 정확한 작용들은 이루 말할 수 없이 다양하다. 독약의 갖가지 작용들은 인체 생물학의 많은 부분을 밝혀주기도 했다. 어떤 독약은 신경계를 공격해서, 인체의 정상적인 기능을 통제하는 고도로 복잡한 전기 신호 체계를 붕괴시킨다. 심장의 각 부분들 사이에서 오가는 소통을 차단하거나 방해하는 것만으로도 심장 박동을 멈추게 할 수 있고 결국은 사람을 죽음에 이르게 한다. 호흡을 조절하는 근육인 횡격막의 운동을 방해하면 호흡 작용이 차단되므로 사람은 질식사에 이르게 된다. 또 마치 독약이 아닌 척하며 인체의 세포 속으로 버젓이 침투하는 독약도 있다. 진짜 본성을 숨긴 채 세포의 중요 성분과 똑같거나 매우 비슷한 모습을 지닌 이런 독약들은 세포의 대사 작용에 섞여 들어가지만, 대사 작용의 생화학적인 기능은 올바로 수행하지 않는다. 진짜 분자의 자리를 독약 분자가 차지해버리면 세포의 화학적 작용 전체가 멈춰 서고, 그 세포는 곧 죽어버린다. 그렇게 죽는 세포가 점점 많아지면 결국은 사람의 몸 전체가 죽음에 이른다.

독약마다 작용하는 방식이 제각각 다르다면, 희생자가 겪는 증상 역시 제각각이리라는 것은 어렵지 않게 상상할 수 있다. 구강을 통해, 즉 먹어서 체내로 들어가게 되는 독약은 죽음에 이르기까지의 중간 과정이야 어떻든 대개 첫 증상이 구토와 설사다. 이 두 현상은 인체가 스스로 독약을 제거하려는 노력의 결과다. 신경과 심장의 전기 신호에 영향을 미치는 독약이 작용하면, 심계항진[2]이 일어나고 곧이어 심장이 정지한다. 세포의 화학 작용에 영향을 미치는 독약은 대개 구토와 두통을 일으키고 희생자를 무기력하게 하면서 혼수상태에 빠지게 한다. 이제부터 이 책을 채워나갈 독약의 작용과 그 소름 끼치는 결과의 스토리는 대개 이렇게 펼쳐진다.

사람들은 흔히 독약을 치명적인 약이라고 생각하지만, 과학자들은 바로 그 화학 물질을 이용해 세포와 조직의 분자 내부 구조와 세포 구조를 낱낱이 분해하고 분석해왔으며, 그렇게 얻은 정보들을 바탕으로 수많은 질병을 치료하고 치유하는 신약을 개발해왔다. 예를 들면, 까마중의 독 성분이 인체에 작용하는 방식에 대한 연구는 울혈성 심부전congestive heart failure 치료약 개발로 이어졌다. 이와 비슷하게, 수술을 할 때 수술 합병증을 예방하기 위해 흔히 쓰이는 약이 바로 이 까마중에 대한 이해를 바탕으로 개발되었고, 심지어는 화학 무기에 노출된 병사들을 치료할 때도 이 약이 쓰인다.

이렇게 놓고 보면, 어떤 화학 물질을 본질적으로 좋은 것과 나쁜 것으로 가를 수는 없을 것 같다. 그저 하나의 화학 물질일 뿐이다. 차이가 있다면 그 화학 물질을 사용하는 자의 의도에 있을 것이다. 생명을 구하려는 의도인가, 아니면 생명을 빼앗으려는 의도인가, 그것이 다를 뿐이다.

Part I

죽음을 부르는
생체 분자

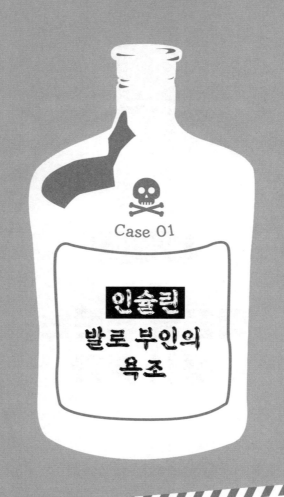

Case 01

인슐린
발로 부인의
욕조

로체스터의 윌리엄스와 시카고의 우디야트, 두 사람의 환자 중에
는 인슐린 과다 투여 직후 저혈당 쇼크로 사망한 사람들이 있었다.
_시어 쿠퍼, 아서 에인스버그, 《파괴Breakthrough》, 2010

🌢 30년 만에 기적의 신약에서 살인 무기로

'독약'이라는 말을 들으면 사람들은 대개 어떤 것을 떠올릴까? 독성 식물에서 뽑아낸 추출물, 독사에게서 뽑아낸 독, 아니면 어느 미친 과학자가 음침한 지하실에서 만들어낸 치명적인 화학 물질? 모든 독약이 그렇게 특이한 유래를 갖고 있지는 않다. 때로는 독을 만드는 성분과 좋은 목적으로 쓰이는 약의 성분이 똑같을 수도 있다.

하나의 화학 물질이 독이 되기도 하고 약이 되기도 하는, 언뜻 보면 모순인 것처럼 보이는 이런 현상을 사람들이 처음 알아차린 것은 르네상스 시대에 있었던 의학 혁명 때였다. 16세기에 살았던 연금술사이자 의사인 필리푸스 아우레올루스 테오프라스투스 봄바스투스 폰 호헨하임(다행히도 파라켈수스Paracelsus라는 훨씬 짧은 이름으로 더 잘 알려져 있다)은 이렇게 경고했다. "(약을) 독으로 만드는 것은 투여량dose이다." 이 경고의 의미, 즉 적은 양을 쓰면 생명을 살리는 약이 되지만 많은 양을 쓰면 사람을 죽게 만드는 독이 되는 물질의 예를 들자면, 우리가 가장 먼저 다룰 이 독약보다 더 적당한 예는 아마 없을 것이다.

문제의 화학 물질은 바로 '인슐린'이다. 체내에 인슐린이 부족하거나 몸이 이 물질에 적절히 반응하지 못하면 당뇨병에 걸린다.[1] 인슐린이 널리 보급되기 전에 당뇨병 진단은 곧 사망 선고나

다름없었다. 아주 예후가 좋은 환자라 해도 2~3년 동안 고통받다가 죽는 경우가 대부분이었다. 당뇨병은 행복하고 활동적이어야할 아동기를 먹어도 먹어도 채울 수 없는 허기와 마셔도 마셔도사라지지 않는 갈증으로 얼룩지게 만들었다. 인슐린이 발견되기십여 년 전, 미국의 의사 프레더릭 앨런Frederick Allen과 엘리엇 조슬린Elliott Joslin은 당뇨병 환자의 수명을 연장하기 위해 엄격한 단식을 권장했다. 단식법은 환자가 가죽과 뼈만 남을 정도로 앙상해질 때까지 천천히 굶겨서 죽이는 것이나 다름없는 가혹한 치료법이었다.[2] 당뇨병은 소변에 당분이 섞여 나오는 병인데, 단식을 하면 확실히 그런 증상은 멈추었다. 그러나 사실 소변에 당분이 섞여 나오는 증상만을 멈추게 할 뿐, 단식이 실제로 환자를 치유할수 있다는 과학적인 근거는 거의 없었다. 하지만 이 치료법에 대한 합리적인 대안도 달리 없다는 것이 문제였다.

그러다가 캐나다의 한 연구진이 동물의 췌장에서 인슐린을분리, 정제하는 데 성공한 1921년부터 상황이 바뀌었다. 인슐린으로 치료를 받은 최초의 환자는 열네 살 소년 레너드 톰슨이었다. 몸무게가 겨우 30킬로그램이던 이 소년은 당뇨 혼수로 의식이 오락가락하는 상태였다. 인슐린 치료가 시작되자 레너드의 혈당은 극적으로 떨어져 거의 정상 수치에 도달했고 체중이 붙기시작했으며 당뇨병 증상들도 서서히 사라졌다. 당뇨병을 완전히 치료하지는 못해도, 인슐린 주사는 당뇨병으로 고통받던 수백만 명의 환자들에게 활기차고 건강한, 정상적인 삶을 되돌려주었다. 모든 당뇨병 환자가 조심해야 할 유일한 것은 자기 몸에 인슐린이 지나치게 많거나 반대로 지나치게 적을 때 나타나는 증상을 제때에 감지하는 것이었다.

처음 인슐린을 발견하고 정제해서 당뇨병 환자들에게 실제로 쓰이기까지 걸린 시간은 매우 짧았다. 1923년부터 상업적으로 생산되기 시작했으니, 처음 발견한 때로부터 겨우 2년 후였다.[3] 그러나 인슐린은 겨우 30년 만에 생명을 구하는 기적의 물질에서 치명적인 살인 무기로 전락하는 불행하고 비극적인 역사를 갖게 되었다.

💧 발로 부인의 목욕

1957년 5월 4일 토요일, 잉글랜드 브래드포드. 존 네일러 경사는 이른 시간에 호출 전화를 받고 손버리 크레센트 주택가의 사건 현장을 찾았다. 문턱을 넘어서는데 누군가의 흐느끼는 소리가 희미하게 들렸고, 안으로 들어가자 넋을 잃은 얼굴로 한 여성의 사진이 든 액자를 꼭 끌어안고 있는 남자가 보였다. 네일러는 정복 경관의 안내를 받아 곧장 2층으로 올라갔고, 욕조 안에 나체로 축 늘어진 채 죽어 있는 희생자의 시신을 보았다. 아래층에서 남자가 끌어안고 있던 사진 속의 그 여성이었다. 심란한 얼굴을 한 이웃들이 흐느끼고 있는 남편 가까이에 어정쩡하게 서서 어색한 침묵을 지키고 있었다. 이웃들은 남편의 슬픔을 진심이라고 믿는 것 같았다. 그러나 네일러는 남편의 진심을 그다지 믿지 않았다.

이웃들에게 '베티'라는 애칭으로 불리던 엘리자베스는 가정적인 남편 케네스 발로Kenneth Barlow와 행복한 결혼 생활을 했던 것으로 보였다. 두 사람은 지극히 행복한 부부 같았다. 부부 싸움 한 번 한 적이 없었다. 케네스보다 아홉 살 연하인 엘리자베스는 사실 케네스 발로의 두 번째 부인이었다. 첫 부인과 사별한 후 1956년에 엘리자베스와 재혼해서 살고 있었다. 케네스와 결혼을 하면서 엘리자베스는 그의 어린 아들, 이언에게는 새엄마가 되었다. 케네스와 엘리자베스는 브래드포드의 요크셔 타운 근방에 있는 여러 병원에서 일했었다. 엘리자베스는 보조 간호사였고, 케네스는 정식 간호사였다. 두 사람이 처음 만난 것도 직장에서였다.

결혼 후에도 케네스는 브래드포드 왕립 진료소에서 계속 간호사로 일했지만, 엘리자베스는 병원을 떠나 동네 세탁소에서 다림질 담당으로 일하고 있었다. 세탁소 일은 고되고 힘들었다. 뜨거운 수증기 속에서 일했기 때문에 옷이 늘 젖어 있어서 여러모로 불편했다. 그러나 수입이 꽤 괜찮았기 때문에 세탁소 일은 가정 경제에 큰 보탬이 되었다. 금요일에는 반나절만 일했는데, 금요일이었던 1957년 5월 3일도 다른 날과 다르지 않았다. 정오가 다가오자 퇴근을 하기 위해 소지품을 챙기면서 엘리자베스는 동료들에게 어서 퇴근해서 머리를 감고 싶다고 말하기도 했다. 세탁소에서 손버리 크레센트에 있는 집까지 짧은 거리를 걸어가던 도중에, 엘리자베스는 피시 앤드 칩스를 파는 가게에 들러 가족들이 점심으로 먹을 음식을 샀다. 12시 30분, 아직 뜨거운 피시 앤드 칩스를 꺼내 빵, 버터와 함께 접시에 차리고 차를 끓여 가족들과 점심을 먹었다.

점심 식사가 끝나자 엘리자베스는 집안일과 가족들이 내놓은 옷가지들을 세탁하느라 바빴고, 그사이에 케네스는 차고 안에 있던 자동차를 자랑스럽게 바깥으로 내놓고 꼼꼼하게 세차를 했다. 오후 4시가 조금 못 된 시간에 엘리자베스는 이웃집으로 건너가 스키너 부인과 잠시 시간을 보냈다. 나중에 스키너 부인은 그때의 엘리자베스는 활기차고 '생기가 넘치는' 모습이었다고 진술했다. "사실은요, 나한테 새로 산 까만색 속옷을 보여주면서 우스갯소리도 하고 그랬다니까요." 스키너 부인은 그렇게 회상했다.

그날 오후, 엘리자베스의 가족들은 거실에 모여 한가하게 휴식을 즐겼다. 그런데 소파에 누워 있던 엘리자베스가 웬일인지 점점 불편한 기색을 보이더니 결국은 잠깐 눈을 붙여야겠다며 2층으로 올라갔다. 오후 4시 30분, 엘리자베스는 2층으로 올라가면서 남편에게 한 시간 후에 깨워달라고 부탁했다. 그 시간에 남편과 함께 즐겨 보던 TV 프로그램이 있었다. 그러나 엘리자베스는 영영 다시는 TV를 볼 수 없게 되었다. 50분 후, 케네스가 침실로 올라가 아내에게 곧 TV 프로그램이 시작할 시간이라고 알렸지만, 엘리자베스는 이미 잠옷 차림으로 침대에 누워 있었고, "움직이기도 힘들다"고 말했다. 케네스는 느릿느릿 거실로 돌아왔고, 30분쯤 후 아내의 상태를 확인하려고 물을 한 잔 들고 2층으로 올라갔다.

엘리자베스는 여전히 침대에 누운 채였고, 몹시 피곤해 보였다. 그는 나중에, 아내가 "너무 피곤해서 아들한테 굿나잇 인사도 못 할 것 같다"고 말했다고 진술했다. 잠자리에 들기는 너무 이른 시간이었지만, 케네스는 아내를 쉬게 해주려고 다시 거실로 내려가 혼자 TV를 보았다. 9시 30분쯤 케네스는 엘리자베스가 침실에서 자신을 부르는 소리를 듣고 2층으로 올라갔다. 침대에서 구토를 한 아내의 모습을 보고 케네스는 깜짝 놀랐다. 부부는 침대보를 갈았고, 케네스는 더러워진 침대보를 아래층으로 가지고 내려와 주방에 있던 빨래통에 넣었다. 피곤하다던 엘리자베스는 이번에는 "너무 덥다"고 호소하면서, 이불을 덮지 않고 새로 깔아놓은 침대보 위에 눕겠다고 했다.

케네스도 잠옷으로 갈아입고 침대로 들어가 책을 읽기 시작했다. 10시경, 엘리자베스는 여전히 상태가 좋지 않았고, 이제는 땀을 비 오듯이 흘리고 있었다. 엘리자베스는 옷을 벗으면서 남편에게 "욕조에 들어가 목욕이라도 하면서 몸을 식혀야겠다"고 말했다. 케네스는 욕조에 물을 받는 소리를 들으며 깜빡 잠이 들었다.

케네스는 무언가에 놀라며 잠에서 깨어났다. 사이드 테이블에 놓인 알람 시계를 보니 밤 11시 20분이었다. 아내는 아직도 목욕이 끝나지 않았는지, 침대에서 아내의 자리가 비어 있었다. 이상했다. 케네스는 황급히 아내를 불렀다. "괜찮아? 얼마나 더 오래 있을 거야?" 대답이 없었다. 이제 물이 차갑게 식었을 욕조 속에서 아내가 잠들어버릴까 걱정스러웠던 케네스는 침대에서 나와 욕실로 향했다. 놀랍게도 엘리자베스는 온몸이 물에 푹 잠긴 채 미동도 하지 않았다.

공포에 사로잡힌 케네스는 아내가 익사하겠다는 생각에 얼른 욕조의 물마개를 뽑고 아내를 욕조에서 끌어내 욕실 바닥에 눕히려고 버둥거렸다. 그러나 아무리 애를 써봐도 아내를 욕조에서 끌어낼 수가 없었다. 숙련된 간호사였던 케네스는 아내가 욕조에 있는 상태에서 인공호흡을 시도할 수도 있겠다고 생각했다. 엘리자베스에게 숨을 불어 넣어보려고 갖은 애를 썼지만, 이미 멈춰버린 그녀의 폐는 반응이 없었다. 도움이 필요했다.

집에 전화기가 없었기 때문에, 케네스는 잠옷만 입은 채 허겁지겁 옆집으로 달려가 문을 두들겨서 스키너 부부를 깨웠다. 잔뜩 흥분한 케네스는 자기 집으로 의사를 불러달라고 부탁한 후, 다시 인공호흡을 시도하기 위해 아내에게 돌아갔다. 하지만 얄궂게도 의사를 불러달라는 부탁을 받은 스키너 부부는 즉시 앰뷸런스를 부르는 대신 무슨 일인지 직접 확인해보자는 마음이 들었다. 옆집으로 들어가 계단을 통해 욕실까지 다가간 스키너 부부는 아직 욕조에 누워 있는 엘리자베스의 나체를 보고 크게 놀랐다. 케네스는 아내의 어깨를 문지르고 있었다. 그제야 사태의 심각성을 깨달은 스키너 부부는 의사에게 전화를 걸어 최대한 빨리 와달라고 부탁했다. 의사가 도착하기를 기다리는 동안, 스키너 부인은 케네스를 슬쩍슬쩍 훔쳐보았다. 케네스는 안락의자에 앉아 두 손에 얼굴을 파묻은 채 흐느끼고 있었다. 의사는 전화를 받자마자 달려왔지만, 엘리자베스를 소생시키기에는 이미 늦은 상태였다. 의사는 사망을 선고했다.

죽음은 언제나 살아 있는 사람들의 마음을 심란하게 만든다. 그러나 죽은 사람이 젊은 아내이자 엄마, 늘 건강하던 사람이라면 더욱 애석하고 슬픈 법이다. 의사는 뭐라고 콕 집어서 말할 수는 없지만, 뭔가 께름칙하게 느껴졌다. 엘리자베스가 죽은 것도 틀림없고, 체온도 떨어지기 시작했지만, 의사는 직감적으로 경찰에 알려야겠다고 판단했다. 얼마 지나지 않아 네일러 형사가 감식을 위해 현장에 도착했다.

그날 밤, 목욕을 하겠다는 엘리자베스의 판단은 사건을 판가름하는 데 매우 결정적인 요소였던 것으로 드러났다. 만약 그녀가 계속 침대에만 누워 있었다면, 비록 너무 젊은 나이기는 하지만 그녀의 죽음은 자연사로 결론지어질 수도 있었다. 처음에는 욕조 속에서 익사한 것으로 보였지만, 동공이 눈에 띄게 확대되어 있었다. 처음 엘리자베스를 검진했던 의사의 경험상 익사 환자에게서는 본 적이 없는 현상이었다.

엘리자베스의 동공이 확대된 원인은 무엇이었을까? 냉수욕으로 몸을 식혀야겠다고 생각했을 정도로 체온이 올라간 원인은 무엇이었을까? 늘 활기가 넘치던 젊은 여성이 그토록 피로를 느꼈던 원인은 무엇이었을까? 놀랍게도 엘리자베스의 갑작스러운 죽음은 아주 단순한 것, 수백만 명의 사람들이 매일 커피와 차를 마실 때 타는 것, 바로 설탕 때문에 벌어진 사건이었다.

🌢 설탕은 한 스푼만

우리가 시장이나 가게에서 살 수 있는 설탕은 화학적으로는 한 종류뿐이다. 설탕은 특별한 방식으로 연결된 탄소, 수소, 산소 원자로 이루어져 있기 때문에, 우리는 설탕을 화학적으로는 탄수화물로 알고 있다. 설탕을 자르고 잘라 더 이상 자를 수 없는 작은 크기에 도달해보면, 설탕은 탄소, 산소 원자 각각 여섯 개와 수소 원자 열두 개로 만들어졌음을 알 수 있다. 이들 원자의 배열에 따

라 과당fructose, 갈락토스galactose(동물의 젖과 아보카도에 들어 있다),
포도당glucose으로 구분한다. 우리가 '혈당'이라고 말하는 것은 실
제로는 포도당인데, 혈액 속에 녹은 채로 운반되어서 에너지원으
로 쓰인다. 우리가 숟가락으로 떠서 커피나 차에 타는 하얀 결정,
즉 설탕 또는 자당sucrose은 과당과 포도당 분자를 결합시킨 것이
다. 젖당lactose은 갈락토스와 포도당 분자가 결합된 것이다.

동물이 갖고 있는 글리코겐이나 식물이 갖고 있는 전분, 또
는 섬유질은 수백, 수천 개의 탄소, 산소, 수소 분자들이 길게 연
결된 설탕의 사슬이다.[4]

인체의 놀라운 능력 중 하나가 어떤 형태의 탄수화물(감자튀
김, 빵, 파스타, 탄산 음료나 과일 주스 속의 당분 등)을 섭취하든 모든
탄수화물을 단 세 가지 형태의 당, 즉 포도당, 과당, 갈락토스로
분해해서 흡수한 뒤 간으로 보내 저장하는 것이다. 여러 가지 형
태와 종류의 당이 있지만 모두 포도당으로 변환되고, 혈액에 섞
여 운반되는 당은 포도당이 유일하다.

체내에 존재하는 수많은 물질이 그렇듯이, 혈중 포도당 수치
도 매우 제한적인 범위 안에서 유지되어야 한다. 포도당 수치가
이 범위에서 너무 멀리 벗어나면 심각한 합병증이 나타나고 심지
어는 죽음에 이를 수도 있다. 혈액 속에 포도당이 너무 적은 저혈
당증의 경우 몸(특히 뇌)이 필요로 하는 에너지의 공급이 충분하
지 않게 되는 반면, 포도당이 너무 많은 고혈당의 경우에는 예민

한 세포막에 손상을 주게 된다. 특히 신경과 망막이 손상되면 통증이 찾아오기도 하는데, 심각할 경우 시력을 읽을 수도 있다. 다른 신체 기관들과는 달리 사람의 뇌는 포도당을 주요한 에너지원으로 삼는다. 뇌는 포도당을 저장하지 못하기 때문에 뇌신경이 제대로 기능하려면 혈액으로부터 지속적이고 안정적으로 포도당을 공급받아야 한다. 혈당이 정상 수치의 50퍼센트 이하로 떨어지면 손가락과 사지가 떨리면서 감각이 둔감해지고 두뇌 활동도 둔해지기 때문에 생각이 산만해지고 의식이 점점 흐려진다. 온몸에서 땀이 흐르며, 부족한 포도당을 더 공급받기 위해 혈액 순환을 촉진하려다 보니 심장 박동도 빨라진다. 발음은 부정확해지고 말이 느려지며, 시야도 흐려진다. 정상적인 혈당의 25퍼센트 이하로까지 떨어지면 의식이 소실되고 심하면 사망에 이른다.

혈당 수치가 너무 많이, 또 급격하게 떨어지면 심각한 결과가 찾아오는 만큼, 사람의 몸이 혈당을 세심하게 통제하고 조절하기 위한 수단을 갖고 있는 것은 어쩌면 당연하게 보인다. 그 수단이 바로 인슐린이라는 호르몬이다.

💧 인슐린과 혈당 수치

발로 부인의 죽음에 범죄 행위가 개입되었음을 암시한 것은 무엇이었을까? 엘리자베스 발로가 사망하기 전에 겪었던 증상을 이해하려면, 우선 혈당을 조절하는 데 있어서 인슐린이 어떤 역할을 하는지를 알아야 한다. 간과 가까운 곳, 위장 바로 아래쪽에 모양도 크기도 바나나와 비슷한 췌장이 있다. 췌장은 인체에서 몇 가지 중요한 기능을 하는데, 그중 하나가 소화 과정을 돕는 효소를 분비하는 것이다. 또한 췌장은 우리 몸이 포도당을 저장하고 사용하는 데 도움을 주는 호르몬인 인슐린도 생산한다. 탄수화물이 든 음식물을 섭취하면 혈당 수치가 올라간다. 그러면 췌장이 인슐린을 내보내 혈류에 섞이게 한다. 췌장에서 분비된 인슐린은 간, 지방 조직, 근육 등으로 운반된다.

이런 기관들이 인슐린에 노출되면 혈중의 당분을 흡수하는 능력이 촉진된다. 이런 과정을 통해 재빨리 흡수되기 때문에, 탄수화물이 많이 든 음식을 섭취한 후에도 혈당은 잠시 치솟았다가 금방 다시 정상적인 수준으로 떨어진다. 이렇게 해서 인슐린은 인체에서 두 가지 핵심적인 기능을 수행한다. 첫째, 혈당 수치가 너무 높아지지 않게 한다. 둘째, 간, 근육, 지방 조직이 혈액 속에서 남아도는 포도당을 흡수하게 한다. 간과 근육은 이 당분을 글리코겐으로 저장하고, 지방 조직에서는 지방으로 저장한다. 혈당 수치가 떨어지면, 췌장에서 분비되는 인슐린 수치도 떨어진다. 그러나 만약 인슐린 수치가 원래대로 돌아가지 않고 췌장이 계속해서 체내에 인슐린을 분비한다면 어떻게 될까? 간, 근육, 지방 조직에게 혈액에서 포도당을 제거하라는 신호가 멈추지 않고 계속된다면? 다행히도 이런 오류는 극히 드물게 암 환자에게서 일어나는 경우를 제외하면 자연적으로는 일어나지 않는다. 그러나 만약 인슐린 수치를 인위적으로 높여놓는다면, 즉 누군가가 다량의 인슐린을 주사해 혈류 속에 섞이게 한다면? 20세기 초 베를린에서 한 젊은 의사가 자신의 환자들을 돕고 싶은 마음에 떠올렸던 의문이 바로 이것이었다.

🔵 발로의 증상이 암시하는 단어

상업적인 생산이 시작된 지 10년도 되기 전에 인슐린은 당뇨병 환자를 치료하는 데 없어서는 안 될 약이 되었다. 1928년, 오스트리아-헝가리 제국의 의사 만프레드 조슈아 사켈Manfred Joshua Sakel은 조현병까지 앓고 있는 당뇨병 환자를 치료하고 있었다. 이 환자의 당뇨병을 치료하던 도중에 우연히 새로 발견된 약물인 인슐린을 과다 투여하게 되었다.

그런데 그 결과는 놀라웠다. 이 환자의 조현병 증상이 사라진 듯이 보였던 것이다.* 사켈은 당뇨병의 병력이 없는 다른 조현병 환자들에게서도 같은 결과가 나타날지 궁금해졌다.

환자에게 인슐린 주사를 놓으면, 혈당치가 급격하게 떨어지면서 뇌가 정상적인 생리적 기능을 하는 데 필요한 요소들이 차단된다. 환자는 땀을 비 오듯이 흘리기 시작하고, 그 땀을 씻어내기 위해 반복적으로 목욕을 하기도 한다. 혈당이 더 떨어지면 환자는 점점 더 불안정해지고, 심한 발작이 찾아오다가 혼수상태에 빠진 뒤에야 발작이 멈춘다. 이 시점에 이르면 환자의 동공이 완전히 풀린 채로 고정된다. 엘리자베스 발로는 생의 마지막 몇 시간 동안에 이 모든 증상을 겪었다. 특히 확대된 채 고정된 동공은 그녀가 깊은 인슐린 혼수상태에 빠졌었다는 것을 말해주는 증거 중의 하나였다. 환영, 환청, 흥분, 자극에 대한 부적절한 반응 등 조현병의 증상들이 인슐린 쇼크 이후 완화되는 듯이 보였지만,[5] 그 효과가 인슐린 자체로부터 나오는 것인지 인슐린에 의해 유도된 혼수상태에 의한 것인지는 누구도 정확히 알지 못했다.[6] 인슐린 쇼크가 효과를 보이는 것 같기는 했지만, 이 치료법이 실제로 환자에

---

* '증상이 사라진 듯 보였다'고 옮겼는데, 원문에 쓰인 'remission'은 의학 용어로는 '관해寬解'라고 옮기는 것이 맞다. 관해는 질병의 증상이나 병변이 감소 또는 소실된 상태를 의미하지만, 말 그대로 증상이 사라졌을 뿐 치유되었다는 의미는 아니다. 저자가 이 용어를 쓴 것도 사켈의 치료법이 조현병의 증상을 멈추게 했을 뿐 완전히 치료한 것은 아니었음을 강조하기 위해서인 것으로 보인다.

게 효과가 있었는지를 파악하려면 환자가 인슐린 유도 혼수에서 깨어나야만 알 수 있다는 것은 여전히 문제로 남아 있었다.

자신이 일하는 병원에서는 이 연구에 아무런 지원도 해주지 않자, 사켈 박사는 자기 집 주방에서 동물 실험을 여러 번 진행했다. 이 실험에서 박사는 포도당 정맥 주사를 처방하면 저혈당으로 유도한 혼수(저혈당 혼수)에서 환자를 쉽게 깨울 수 있음을 확인했다. 사켈 박사는 이 연구로 자신이 '위대한 발견으로 가는 길' 위에 섰음을 확신했다.

사켈 박사는 빈 대학 병원에서 자원봉사자로 일하기 위해 베를린을 떠나 오스트리아로 돌아갔고, 그 병원의 조현병 환자들을 상대로 깊은 인슐린 혼수 치료술('인슐린 쇼크 치료'라고도 불린다)을 실행에 옮겼다. 환자를 인슐린 혼수에 빠뜨리는 것은 생명이 위험할 수도 있는 처치였기 때문에, 고무관으로 입안이나 위장에까지 직접 포도당을 주입해서 인슐린의 효과를 상쇄시키는 처치를 준비해야 했다. 적기에 포도당을 처치하지 않으면, 인슐린 쇼크 치료법 자체가 가지고 있는 위험을 피할 수 없었다. 뇌가 필요로 하는 영양분을 장기간 차단해버리면 대뇌피질에 손상이 오고, 꼬불꼬불한 계곡이 빼곡하게 들어차 있는 것 같은 구조의 대뇌피질이 평평하고 매끈하게 펴져버린다. 신경 퇴행성 질환을 가진 환자들의 뇌처럼 변하는 것이다. 다행히도 사켈 박사가 치료한 환자들은 대부분 빠른 시간 안에 혼수상태에서 깨어났고 정신 의학적으로 분명한 호전의 징후를 보였다.

1935년, 사켈은 자신의 치료법에 대한 논문을 13편 이상 발표했고 정신 질환 치료에 있어서 88퍼센트라는 놀라운 성공률을 보고했다. 사켈의 성공에 대한 소문은 빠르게 퍼져나갔고, 그는 정신 의학계의 총아가 되었다. 손만 뻗으면 노벨상이 손에 잡힐 듯이 보였다. 사켈의 치료법을 채택하는 의사들이 점점 많아졌고, 유럽 전역과 미국에서도 천천히 정착되었다. 매주 몇 명의 환자들을 인슐린 유도 혼수에 빠뜨렸었는지를 두고 경쟁하는 의사들이 있었는가 하면, 다른 한편에서는 얼마나 오래 혼수에 빠뜨렸다가 소생시켰는지를 두고 경쟁하는 의사들도 있었다. 경험 많은 의사들은 포도당을 주사하거나 포도당 용액을 환자의 위장에 주입하기 전에 15분까지 환자의 혼수상태를 유지했다고 자신의 능력을 자랑했다.

이 치료법이 확산되면서, 의사들은 환자마다 인슐린에 대한 반응이 다를 뿐 아니라, 같은 환자라도 어제와 오늘의 반응이 다르다는 것을 알아차리기 시작했다. 이런 사실을 발견했음에도 불구하고, 인슐린 혼수 치료를 실행했던 의사들은 한결같이 이 치료술에 대해 '열렬한 환호'를 보냈다. 제2차 세계대전이 발발하자 유럽에서 인슐린 치료를 실행했던 많은 의사가 나치를 피해 연합국에 속한 나라들로 도피하면서, 모든 연합국 국가에 이 치료법이 확산되었다.

그러나 정신 질환에 대한 인슐린 치료법을 환호하는 의사들이 아무리 많아지고 아무리 열렬해졌어도, 그 치료법은 곧 무너질 운명의 '카드로 지은 집'에 불과했다.

1953년, 영국의 경험 많은 의사였던 해롤드 본Harold Bourne 박사가 〈인슐린의 신화The Insulin Myth〉라는 제목의 논문을 발표하면서 인슐린 혼수 치료법은 그 정당성을 뒷받침할 과학적인 근거가 없다고 주장했다. 본은 이 치료법이 정신 의학적인 초기 진단에 오류가 있을 가능성이 크며 신뢰할 수 없고 의문점이 많은 테스트에 근거하고 있다고 지적했다. 또한 인슐린 혼수 치료의 결과가 특정 환자만을 선택하고 다른 환자들을 무시함으로써 편향되었다고도 주장했다. 더욱 놀라운 사실은, 동일한 방식으로 이치료법을 시행하는 병원을 찾을 수 없을 정도로 병원마다 인슐린 혼수 치료를 제각각 다르게 시행하고 있어서, 어떤 병원은 환자의 혼수상태를 한 시간 유지하지만 어떤 병원은 놀랍게도 네 시간이나 유지하기도 한다는 것이었다.

본의 우려에 대한 의료계의 즉각적인 반응은 '오류를 지적해 준 데 대한 감사'가 아니라 비난의 파도였다. 유명한 정신 의학자들이 의학 저널에 본을 비판하는 글을 앞다투어 기고했다. 그중하나를 인용해보자. "모든 반대(의 증거)에도 불구하고 여기서 중요한 것은 임상 경험이다." 세밀하게 통제된 연구 논문이 발표되어 인슐린 혼수 치료가 사기에 불과하다는 것이 의문의 여지없이 밝혀지기까지는 다시 5년이 더 흘러야 했다.[7] 해당 논문의 주장은 엄격하게 통제된 과학적인 연구의 결과였으므로, 그 결과를 비판하거나 반박하기는 어려웠다. 인슐린 혼수 치료는 폐기되었고, 이 치료법에 대한 논쟁은 조용히 사라졌다.

정신 질환에 대한 인슐린 치료법에 사망 선고가 내려진 때가 바로 1957년, 케네스 발로가 인슐린 주사로 아내에게 사망 선고가 내려지게 한 날로부터 불과 몇 주 전이었다는 것은 기막힌 우연이었다.

🜄 가택 수색

1957년 5월 4일 새벽 2시, 영국 내무부[8] 소속 법의 병리학자 데이비드 프라이스David Price 박사가 엘리자베스의 시신 검시를 시작하기 위해 발로의 집에 도착했다. 건강한 중년 여성이 자기 집의 욕조에서 익사하는 경우는 지극히 드물기 때문에 프라이스 박사는 처음부터 의심을 품었다. 더욱 의심스러운 것은, 욕조 벽에 닿아 있는 엘리자베스의 팔과 욕조 벽 사이에 남아 있는 소량의 물이었다. 만약 케네스의 주장대로 그가 아내를 욕조에서 끌어내려고 애를 썼다면 어떻게 사망자의 팔과 욕조 벽 사이에 물이 남아 있을 수 있겠는가? 만약 케네스의 진술 중에서 이 부분이 사실이 아니라면, 그날 밤의 사건에 대한 그의 진술 전체를 의심해봐야 했다. 경찰은 집 안의 구석구석을 수색했다. 빨래통에는 토사물로 얼룩진 침대 시트와 땀에 젖은 엘리자베스의 잠옷이 들어 있었다. 주방의 문틀 위 선반에 자그마한 도자기 항아리가 있었는데, 그 안에서 손수건에 싸인, 이미 사용된 주사기 두 개와 피하 주사용 주삿바늘 네 개가 나왔다. 그러나 빈 주사약 병은 발견되지 않았다.

새벽 5시 45분, 발로 부인의 시신이 그 지역의 영안실로 옮겨졌고, 프라이스 박사의 부검이 시작되었다. 코와 입, 목에 남아 있는 피가 섞인 거품과 폐에 고인 물이 익사라는 초기의 판단을 확인해주었다. 그렇지만 사망자가 물에서 빠져나오려고 애쓴 흔적이 전혀 없는 것은 왜일까? 다른 특이 사항은 발견되지 않았으나 엘리자베스가 임신 8주였다는 사실이 밝혀졌다. 엘리자베스의 몸에서 채취한 혈액과 소변 샘플이 노스이스턴 법과학 연구소로 보내졌지만, 특별한 독극물 성분이나 낙태 유도 물질은 발견되지 않았다. 프라이스 박사는 엘리자베스가 익사하기 전에 의식 소실에 빠졌으리라고 확신하게 되었다. 얼마 전에 치료법으로서의 신뢰를 잃고 폐기된 인슐린 혼수 치료에 대한 지식과 사망자의 확대된 동공을 증거로, 프라이스 박사는 엘리자베스가 욕조에서 들어가기 전에 맞은 인슐린 주사 때문에 욕조에서 의식을 잃고 물에 잠겨 익사에 이르게 되었다고 판단했다. 하지만 중요한 문제가 남아 있었다. 엘리자베스가 인슐린 주사를 맞았다면, 주삿바늘 자국은 어디에 있을까?

5월 8일, 엘리자베스가 사망한 지 나흘째 되던 날 장례식이 열리기 불과 몇 시간 전에 사망자의 신체를 다시 검시하라는 결정이 내려졌다. 이번에는 찾아야 할 것이 주삿바늘 자국이라는 명확한 목표가 있었으므로, 프라이스 박사와 팀원들은 돋보기를 들고 엘리자베스의 시신을 샅샅이 살펴보았다. 정말 두 개의 주사 자국이 있었다. 양쪽 엉덩이에 피하 주사를 맞은 자국이 남아 있었다. 주사 부위와 주변 조직의 샘플이 채취되었지만, 이 샘플을 분류하고 저장하는 것 외에 다른 조치는 이루어지지 않았다.

경찰은 케네스 발로를 다시 심문하면서 주방에서 발견된 주사기와 엘리자베스의 엉덩이에 남아 있던 주삿바늘 자국을 증거로 제시했다. 케네스는 엘리자베스에게 주사를 놓은 것은 사실이지만, 아내의 동의하에 놓은 것이며 주사약은 인슐린이 아니라 에르고메트린ergometrine이었다고 주장했다. 에르고메트린은 자궁 수축을 유도해 분만을 한 후 과다 출혈을 막기 위해 산부인과 의사들이 쓰는 약이었다. 이 약은 낙태를 유도하는 데에도 쓰일 수 있었는데, 낙태는 그 자체가 범죄 행위였다.

케네스는 경찰에게 자신도 엘리자베스도 아이를 더 낳는 것은 원치 않았으며, 엘리자베스 본인이 아이를 낳느니 차라리 죽는 게 낫다는 말을 했다고 진술했다. 달리 방법이 없었기 때문에 자신이 직접 에르고메트린으로 낙태를 유도하기로 결심했다는 것이었다. 그러나 엘리자베스에게서 채취한 샘플에서는 에르고메트린이 검출되지 않았으므로 법의학 팀이 이미 이 가능성을 배제했다는 사실을 케네스는 모르고 있었다. 수색으로 찾아낸 두 개의 주사기 중 어디에서도 에르고메트린은 검출되지 않았다. 게다가 에르고메트린은 엘리자베스가 경험했던 것처럼 동공을 확대시키거나 땀이 흐르게 하거나 구토를 유발하는 약물이 아니었다.

경찰은 이제 케네스 발로가 아내에게 다량의 인슐린을 주사해 다시는 깨어날 수 없는 혼수상태에 빠뜨림으로써 아내를 살해했음을 확신했다. 그러나 이 사건을 살인 사건으로 기소해 재판까지 끌고 가려면 해결해야 할 문제가 한 가지 더 남아 있었다. 엘리자베스의 몸에 높은 수치의 인슐린이 있었음을 증명하는 법의학적 증거가 필요했다. 문제는 당시까지 어느 누구도 사람의 조직에서 인슐린 수치를 측정해본 적이 없다는 것이었다. 케네스는 증거 부족으로 살인 혐의를 벗을 수 있었을까?

🌢 생쥐와 기니피그, 범인을 잡다

케네스가 임신한 아내를 살해한 데에는 여러 가지 동기가 있었다. 그들의 경제 형편을 생각하면 먹여 살려야 할 입이 하나 더 늘어난다는 것은 안 그래도 빠듯한 살림이 더 궁핍해진다는 의미였다. 아마도 케네스는 새로 태어날 아기가 자신의 현재 생활에 너무나 큰 방해가 될 것이므로 다른 사람들이 임신을 눈치채기 전에 낙태를 하는 것이 문제를 한꺼번에 해결할 수 있는 방법이라고 아내를 설득했을 것이다. 금요일은 엘리자베스가 반나절만 일하고 돌아오는 날이었으므로, 주말에 회복할 시간이 충분하다는 것까지 감안하면 에르고메트린을 주사하기에는 금요일 오후가 최적이었다.

그러나 점심 식사를 마친 후, 케네스는 엘리자베스에게 에르고메트린 대신에 다량의 인슐린을 주사했다. 엘리자베스의 몸은 인슐린에 즉각 반응하여 혈중 포도당을 간과 근육, 지방 조직에 빠르게 흡수시키면서 혈당치를 급속히 떨어뜨렸다. 이제 엘리자베스의 뇌는 정상적으로 기능하는 데 필요한 연료가 바닥나기 시작했다. 인슐린 혼수 치료의 경우처럼, 일단 다량의 인슐린이 체내로 주입되고 혈당치가 떨어지면, 그 상태를 원래대로 복구시킬 수 있는 유일한 방법은 다량의 포도당을 섭취하는 것뿐이다. 그러나 케네스는 그렇게 해줄 의도가 전혀 없었다.

소파에 누워 있는 동안에도 엘리자베스의 상태는 점점 불안정해졌고, 인슐린 혼수 치료를 받는 환자들에게서 나타나는 증상이 나타났다. 근육이 움직이는 데 필요한 에너지가 모두 사라져 버렸기 때문에, 쓰러질 듯한 피로감과 불안정감을 느낀 엘리자베스는 침대에 들어가 눕기로 했다. 토사물이 잔뜩 묻은 엘리자베스의 잠옷이 빨래통에서 발견되었는데, 구토는 저혈당 상태에 놓였을 때 자주 발생하는 증상이기도 하다. 날씨는 그다지 덥지 않았음에도 엘리자베스는 땀을 비 오듯이 흘렸고, 이불을 덮고 눕기보다 차라리 침대보 위에 누워 있다가 급기야는 잠옷까지 모두 벗고 욕조에 들어가 몸을 식혀야겠다는 생각을 하기에 이르렀다. 인슐린 수치가 높아지면 동공이 확대되지만 빛에 대한 반응은 멈추지 않는다. 병리학자가 검안한 엘리자베스의 동공은 완전히 확대되어 있어서 눈동자의 색깔을 거의 알아볼 수 없을 정도였다. 욕조에 몸을 담그고 있는 동안 뇌 활동에 필요한 에너지가 천천히 고갈되면서 엘리자베스는 결국 의식을 잃고 말았다. 혼수상태에 빠진 엘리자베스는 수면 아래로 머리까지 완전히 잠기고 말았다. 혹시 살해 의도를 가진 남편이 의식이 없는 아내의 머리를 물속으로 밀어 넣은 건 아니었을까? 이 의문에 대한 답은 영영 밝혀지지 않을 것 같다.

병리학자들은 엘리자베스가 에르고메트린 주사를 맞았을 가능성을 배제했지만, 체내에 다량의 인슐린이 있다는 증거도 제시하지 못했다. 구토, 발한, 동공 확대는 모두 저혈당증의 증상과 일치했지만, 그것만으로는 법정에서도 효력이 있을 만큼 객관적인 증거가 되지는 못했다. 요즈음 TV에 나오는 수사 드라마 같으면 경찰이 엘리자베스의 조직 샘플을 법의학 센터에 보내기만 하면

되고, 법정에서 감식 결과로 배심원들을 설득해 유죄 판결을 이끌어내면 끝날 일이다. 그러나 안타깝게도 1950년대의 법의학은 아직 걸음마 단계여서, 인슐린에 대한 믿을 만한 테스트가 실시되려면 3년 정도 더 기다려야 했다. 그렇다면 경찰은 어떻게 엘리자베스의 몸에 남은 인슐린이 치사량에 달했다는 것을 증명했을까? 경찰은 인슐린 제조업체에 도움을 청했다.

인간의 신체 기관에서 인슐린 수치를 측정하려는 시도는 아무도 해보지 않았지만(사실 그럴 필요성이 없었다) 인슐린 제조업체들은 당뇨 환자들에게 주사할 정제된 인슐린의 양을 정확히 알아야 할 필요가 있었다. 그래야만 환자들에게 필요한 만큼의 인슐린을 정확하게 처방할 수 있었다. 다량의 인슐린이 존재하고 그 인슐린이 순수하다면 테스트는 합리적으로 순조롭게 진행될 수 있었다. 그러나 인슐린 수치의 기대치가 현저하게 작고, 게다가 그 인슐린이 순수하기는커녕 살인 사건 희생자의 조직에서 채취된, 오염된 것이라도 테스트에 문제가 없을까?

당시의 제약 회사들은 《영국 약전British Pharmacopoeia》에 '생쥐의 경련을 이용한 인슐린 측정'이라는 다소 익살스러운 제목으로 기술된 테스트 방식에 따라 순수 인슐린을 측정했다. 생쥐가 정상적인 두뇌 활동을 유지할 수 없을 때까지 순수 인슐린을 주사해서 경련을 일으키고 혼수상태에 빠뜨리는 실험이었다. 비슷한 방식으로 기니피그를 '잠들게' 만들 정도로 혈액 속의 포도당을 제거하는 데 얼마나 많은 양의 인슐린을 주사해야 하는지도 측정할 수 있었다.

요즈음에야 온갖 샘플로 테스트를 하는 감식반에 익숙하지만, 당시에 경찰에서 일하던 법과학자들은 동물 실험을 수행하는 데 필요한 자격증을 전혀 갖추지 않았기 때문에 위에서 말한 것과 같은 실험에 참여할 수 없었다. 다행스러운 것은, 동물 실험에 필요한 자격을 갖춘 민간 기업 한 곳으로부터 엘리자베스의 조직에서 인슐린을 추출하는 실험을 해주겠다는 동의를 얻은 일이었다. 그들은 몇 날 며칠이 지나도록 엘리자베스의 엉덩이에서 채취한 조직으로부터 인슐린을 추출할 방법을 찾아내느라 고심했다.

드디어 인슐린 샘플이 준비되었고, 생쥐에게 아주 소량의 인슐린을 천천히 주사했다. 인슐린을 주사하자마자 생쥐는 경련을 일으켰고, 잠시 후 포도당 용액을 주사하자 생쥐는 원래 상태로 완전히 회복되었다. 그러나 생쥐 한 마리의 실험 증거만으로는 배심원을 완전하게 설득시킬 수 없었다. 엘리자베스에게 치사량의 인슐린이 주사되었다는 사실을 증명하기 위해 총 1200마리의 생쥐mouse와 90마리의 집쥐rat, 그리고 몇 마리의 기니피그가 동원되었다. 케네스 발로의 주장을 반박할 충분한 증거를 수집한 경찰은 1957년 7월 16일, 검시관에게 최종 보고서를 제출했다. 이 보고서는 엘리자베스의 사인을 이렇게 명시했다. '인슐린 과다 투여에 따른 저혈당 혼수상태에서 익사로 인한 질식사'. 케네스 발로는 살인 혐의로 체포되었고 1957년 12월 리즈 지방 법원에서 재판을 받았다.

검찰 측은 사건이 일어나기 3년 전에 케네스 발로와 대화를 나누었던 두 명의 증인을 불렀는데, 그들의 증언은 발로를 꼼짝 못 하게 만들었다. 해리 스토크는 당뇨병 환자들이 인슐린 주사를 맞으러 오는 한 요양소에서 케네스 발로와 같이 일한 적이 있었다. 스토크는 발로가 "인슐린만 있으면 사람을 죽이고도 완전 범죄로 만들 수 있어. 혈류에 녹아버리기 때문에 추적이 안 되거든"이라고 말했다고 증언했다. 두 번째 증인 조앤 워터하우스는 발로가 일했던 이스트 라이딩 종합 병원에서 실습 간호사로 일한 적이 있었다. 워터하우스는 발로가 자신에게 "인슐린으로 사람을 죽일 수도 있어. 엄청나게 많은 양을 주사하지 않는 한 몸속에서 쉽게 찾아낼 수 없지"라고 말했다고 증언했다. 검찰 측이 소환한 내무부 소속 전문가 프라이스 박사는 "발로 부인은 과량의 인슐린 주사로 혼수상태에 빠지면서 익사로 인한 질식으로 숨졌습니다"라고 증언했다.

검찰 측은 발로가 경제적으로 녹록치 않은 살림을 더욱 궁핍하게 만들 둘째 아이를 원치 않았으므로, 충분한 살인 동기를 갖고 있었다고 주장했다. 살인의 동기는 충분해졌다. 하지만 살인의 도구는?

발로가 성 루크 종합 병원에서 간호사로 일할 때, 엘런 심슨도 그 병원의 고참 간호사였다. 심슨은 성 루크 종합 병원에서 발로의 직무 중 하나가 환자들에게 인슐린을 주사하는 것이었는데, 그가 주사약을 얼마나 사용하는지 체크하지 않았다고 증언했다.

재판 내내 발로는 무죄를 주장했지만, 죽은 아내가 스스로 엉덩이에 인슐린 주사를 놓지 않았다면 몸에 그렇게 많은 양의 인슐린이 남아 있었던 이유를 명확하게 설명하지 못했다.

당연히 변호인 측에서도 전문가 증인을 증언대에 세웠다. J. R. 홉슨 박사는 발로 부인의 몸에서 그 정도의 인슐린이 발견되는 것은 지극히 자연스러운 일이라고 설명했다. 분노든 공포든, 사람이 스트레스를 느끼면 몸이 스스로 아드레날린을 혈류 속에 흘려 보내는데, 그러면 자연스럽게 인슐린의 양도 증가한다는 것이었다. 홉슨 박사는 배심원을 향해 이렇게 설명했다. "만약 발로 부인이 욕조에서 서서히 몸이 미끄러지면서 물에 잠기고 있다는 것을 알았다면, 그런데 물 밖으로 나올 수 없다고 느꼈다면 아마도 그것은 대단히 공포스러웠을 것입니다. … 저는 그것이 화학자들이 설명한 모든 증상을 일으킨 것이라고 생각합니다."

사실 아드레날린은 홉슨 박사가 말하는 것과는 정반대의 효과를 일으켜서 인슐린 수치를 감소시킨다.

닷새에 걸친 팽팽한 공방 끝에 판사는 배심원들을 향해 케네스 발로에게 유죄를 선고할 수 있는 범죄 행위는 단 한 건이라고 설명했다. "핵심은 이 사건이 '살인이냐 아니냐'입니다. 만약 여러분이 피고가 아내에게 인슐린을 고의로 주사했다는 주장을 충분히 납득한다면 피고가 고의로 아내를 살해했다는 결정에 도달하는 데 아무런 어려움이 없을 것입니다." 85분 동안 숙의를 거친 배심원단은 케네스 발로가 유죄라는 판단을 내렸다. 발로에게 종신형을 선고하면서 판사는 그가 "매우 뛰어난 능력을 가진 형사가 아니었다면 밝혀낼 수 없었던 냉혹하고 잔인하며 계획적인 살인을 저질렀다"고 언급했다(이 재판의 배심원단은 향후 10년간 배심원 소환이 면제되었다. '길고 끔찍한 재판 과정'을 직접 듣고 보았다는 이유에서였다).

발로가 종신형을 받고 복역하는 동안, 경찰은 그의 첫 부인 낸시의 죽음에 대한 새로운 정보를 발표했다. 역시 간호사였던 낸시는 발로와 결혼해 12년을 함께 살았다. 1956년 5월 9일, 낸시에게 갑자기 이상 증상이 나타났고 겨우 열두 시간 만에 사망했다. 경찰서로 익명의 전화가 걸려와 낸시의 장례 절차를 중단하고 부검을 해야 한다고 주장했다. 그러나 대대적인 부검에도 불구하고 약간의 뇌부종 말고는 발견된 게 없었다. 장례 절차가 진행되었고 발로는 두 달 후에 두 번째 부인 엘리자베스와 재혼했다. 그리고 엘리자베스는 1년 만에 사망했다.

엘리자베스 발로의 표면적인 사인은 익사였지만, 인슐린 주사로 인해 혼수상태에 빠진 그녀는 남편이 물속으로 밀어 넣었다고 해도 저항할 수 없었을 것이다. 케네스는 인슐린으로 사람을 살해한 첫 번째 범죄자로 기록되는 영광을 누렸다. 1983년 11월, 27년의 수감 생활 끝에 예순여섯의 나이로 석방된 발로는 여전히 자신의 무죄를 주장했다.

💧 인슐린 살인

당뇨병 치료제로 널리 쓰이기 시작하면서 인슐린의 효과는 실제 이상으로 부풀려졌으며, 이 약으로 살인을 하면 그 수단이 전혀 드러나지 않는다는 잘못된 명성까지 갖게 되었다. 사실 인슐린은 소문처럼 효과적이지도 않고 검출이 불가능하지도 않다. 저혈당을 유도해 끝내 죽음에 이르게 할 정도로 인슐린을 주사하려면 시간이 걸린다. 저혈당 증상은 금방 진단할 수 있다. 그리고 포도당만 있으면 그 증상을 치료할 수 있다. 인공 인슐린도 사람 몸에서 생성되는 천연 인슐린과 같은 방식으로 작용하지만, 사악한 의도를 가지고 다량의 인슐린을 살인 무기로 쓴 경우 쉽게 구별하기 위해 의약용 인슐린을 만들 때는 아미노산 서열에 약간의 변화를 준다. 사실 기록된 인슐린 살인 사건은 전 세계적으로 70건에 못 미칠 정도로 드물고, 그나마 대부분 영국과 미국에서 벌어진 사건들이다. 다만 인슐린 독살의 경우 범인이 의사, 간호사, 기타 의료계 종사자라는 점이 우리를 우울하게 만든다.

대개 당뇨병 환자들은 하루에도 여러 번씩 손가락 끝을 바늘로 찔러 피를 낸 다음 혈당을 측정해서 자가 주사로 주입할 인슐린의 양을 결정하는 방법에 의존한다. 이에 대한 대안이 인슐린 펌프다. 크기가 스마트폰 정도인 일종의 소형 컴퓨터로, 피하 지방층에 꽂아둔 카테터를 통해 인슐린을 주입한다.[9] 인슐린 펌프 중에는 환자의 혈당 수치를 계속 모니터하면서, 투여해야 할 인슐린의 양에 대한 정확한 정보를 실시간으로 관리함으로써 췌장이 할 일을 대신하는 놀라운 기계도 있다.

인슐린 펌프는 소형 컴퓨터로 작동되기 때문에, 이 기계를 제어하는 소프트웨어가 치사량의 인슐린을 주입하도록 사이버 해킹을 당할 위험이 있다. 인슐린 펌프 제조 회사에 불만을 갖고 있거나 당뇨병을 가진 어떤 개인에게 사적으로 원한을 품은 사람이 정말로 인터넷을 통해 살인을 저지를 수 있을까? 2019년에 인슐린 펌프 제조업계의 한 대기업이 자사가 생산한 펌프의 일부에서 해커가 악용하면 펌프를 제어할 수도 있는 결함을 발견해 그 제품들을 리콜한 사례가 있었다.

뭔가를 최초로 성공할 때에는 대개 명예로운 수식어가 따라간다. 케네스의 경우, 최초의 인슐린 독살범이 되고자 했던 그의 비뚤어진 욕망은 그에게 불명예만 안겨주었다. 검찰 측 증인은 케네스가 오랜 시간 인슐린을 완전 범죄의 살인 도구로 사용할 궁리를 했다고 증언했다. 그 전까지 누구도 인슐린으로 사람을 죽인 사건이 없었기 때문에, 설령 아내를 인슐린으로 독살한다 해도 아무도 의문을 품지 못할 독창적인 방법이라고 믿었던 것 같다. 그러나 케네스에게는 매우 안 된 일이었지만, 그의 독창적인 살인 수법도 자신의 행동에 대한 결과까지 피해 갈 수 있게 해 주지는 못했다.

한 번도 독약으로 쓰인 적이 없었던 약물에서 벗어나, 다음 장에서는 오래전부터 살인의 도구였을 뿐 아니라 자존심 강한 르네상스 시대 여성들에게는 필수적인 화장품이었던 약물로 넘어가 보고자 한다.

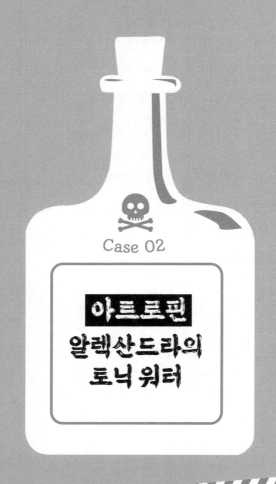

Case 02

아트로핀
알렉산드라의
토닉 워터

"오! 이제야 알아보다니! 독이 든 칵테일을 들고 있는 저 악당을!"

_애거사 크리스티, 《3막의 비극》, 1934

💧 약용 식물

　가지과에 속하는 식물로는 감자, 가지, 고추, 토마토 등이 있는데, 모두 지구상 대부분의 지역에서 일상적으로 섭취하는 식품이다. 오늘날에는 거의 끼니마다 먹는 음식이지만, 옛날에는 가지과 식물 대부분이 우려와 의심의 대상이었다. 토마토는 16세기 무렵 스페인 정복자들에 의해 신대륙에서 유럽으로 전해졌는데, 상인들은 이 새로운 과일을 소비자들에게 판매하는 데 애를 먹었다. 이 과일이 사람을 죽일 수도 있다고 믿는 사람들이 많았기 때문이다. 이런 토마토 공포증과 싸우기 위해 상인들은 토마토를 파는 가판대나 상점 옆에 미리 고용한 사람을 세워놓고 토마토를 먹어보게 하거나, 토마토를 이미 먹어본 소비자들의 품평을 입소문으로 퍼뜨리기도 했다. 오늘날 토마토가 여러 음식에 쓰이게 된 것은 토마토가 처음 유럽에 들어왔을 때 용감하게 먼저 먹어보았던 소비자들 덕분임이 분명하다.[1] 하지만 왜 그토록 많은 사람이 이렇게 소박한 토마토를 두고 죽음의 공포를 느꼈던 걸까?

　그 답은 가지과에 속하면서 줄기나 가지의 생김새가 감자나 토마토처럼 생겼지만 먹으면 죽음에 이르게 할 수 있는 다른 식물에서 찾을 수 있다. 그런 식물 중에 아트로파 벨라돈나*Atropa belladonna*라는 식물이 있는데, 연한 보라색 꽃이 피었다가 지면서 짙은 자주색 또는 검은색의 장과류* 열매를 맺는다. 음식이나 음료 또는 술에 이 열매 한 알만 섞어도 사람을 죽일 만큼 강력한 독을 갖고 있다. 이 식물의 라틴어 이름이 그 독성을 암시하지만, 까마중nightshade이라는 일반 명칭에서는 이 식물이 그토록 치명적인 성질을 가졌으리라는 의심을 전혀 할 수가 없다.

그리스 신화에 의하면, 아기가 태어나면 운명의 여신 세 자매가 생후 3일 만에 나타나 아기의 운명을 결정짓는다고 한다. 세 자매 중 막내인 클로토Clotho(실을 잣는 이)가 어둠과 빛의 실로 생명의 실을 잣는다. 라케시스Lachesis(나누는 자)는 생명의 실의 길이를 결정하고, 아트로포스Atropos(피할 수 없는 자)는 운명의 실을 자를 가위를 들고 기다리다가 실을 잘라 아기의 생명의 길이를 확정한다. 아트로파 벨라돈나의 치명적인 독 성분, 아트로핀의 이름은 바로 이 여신, 아트로포스에서 비롯되었다.[2]

순수한 아트로핀은 냄새가 없는 흰색의 결정형 분말로, 아트로파 벨라돈나로부터 이 물질이 처음 정제된 것은 1833년 독일 화학자 필립 룬츠 가이거Phillip Lounz Geiger와 스위스에서 온 그의 제자 게르마인 헨리 헤스Germain Henri Hess에 의해서였다.[3] 아트로핀은 다른 알칼로이드와 유사성을 가지고 있기 때문에, 화학적으로 식물성 알칼로이드로 분류된다.** 이 화합물을 물에 녹이면

---

* 1개 이상의 먹을 수 있는 씨앗이 들어 있는 작은 액과. 송이를 이루어 열린다.

전형적인 알칼리성 용액이 만들어지는데, 대부분 맛이 매우 쓰다. 아트로파 벨라돈나의 작고 까만 열매는 윤기가 자르르 흐르면서 구미를 당기게 하지만, 한 알만 입에 넣고 씹어봐도 거의 반사적으로 뱉어낼 수밖에 없을 만큼 쓴맛이 강하다. 그러므로 실수로 이 열매를 먹고 그 독성 때문에 죽을 사람은 없다.

아트로파 벨라돈나라는 이름의 '벨라돈나'는 '아름다운 여인'이라는 뜻의 이탈리아어에서 왔다. 1544년, 이탈리아의 의사이자 식물학자였던 피에트로 안드레아 마티올리Pietro Andrea Mattioli가 약초학의 개념을 설명한 《약물학Materia Medica》이라는 책을 펴냈다. 의사이자 치료사이기도 했던 마티올리는 일상 속에서 독초의 용법도 연구했다. 그는 동공을 확대시켜서 아름다운 외모를 더욱 뽐내기 위해 벨라돈나 열매에서 짜낸 즙을 안약처럼 눈에 떨어뜨리는 베네치아의 여배우, 매춘부들을 관찰하기도 했다. 다빈치가 그린 모나리자의 신비로운 모습은 벨라돈나 즙을 써서 동공이 확대된 모나리자의 눈 때문이라는 소문이 있었다. 그러나 마치 비둘기 눈동자같이 아름답고 매력적인 눈을 갖는 데에는 그만한 대가가 따랐다. 동공이 확대되면 눈앞에 있는 물체를 분명하게 알

** 식물 또는 동물의 물질 대사 생성물로서, 인간을 포함한 동물의 생리 작용에 큰 영향을 미치는 물질. 마약, 진통제, 마취제, 항말라리아제, 강심제, 자궁 수축제, 호흡 촉진제, 혈압 상승제, 산동제, 근이완제 등으로 쓰이며, 진통제 모르핀, 환각성 마약인 헤로인, 천식 치료제 에페드린, 환시를 일으킨다고 알려진 마약 메스카린 등이 모두 식물성 알칼로이드이다.

아보는 데 필요한 것보다 훨씬 많은 양의 빛이 눈에 들어갈 뿐 아니라, 벨라돈나에 들어 있는 아트로핀은 수정체를 조절하는 근육을 이완시키는 효과가 있기 때문에 벨라돈나 즙을 눈에 넣은 매춘부들은 자기가 유혹하는 남자가 정확하게 어떻게 생겼는지도 모르고 수작을 거는 셈이었다. 벨라돈나를 장기간 사용하면 시력을 완전히 잃을 가능성도 있었다. 로맨스를 위해 동공을 확대시키겠다고 벨라돈나 열매를 쓰는 사람들은 이제 없지만, 조도가 낮은 조명이나 테이블에 놓인 촛불 빛에만 의지해야 하는 레스토랑 종업원들이 동공을 확대시켜 더 많은 빛이 눈에 들어오도록 하기 위해서 지금도 간혹 이 방법을 쓰고 있다.

사람이 어두운 곳에 있다가 갑자기 햇살이 밝은 바깥으로 나오면 망막이 손상을 입는 것을 막기 위해 동공이 급격히 수축되면서 반대의 효과가 나타난다. 빛의 강도의 변화에 대한 반응으로 동공이 급격하게 변화하는 것은 동공의 크기를 조절하는 작은 근육 속에서 신경이 작용하기 때문이다. 벨라돈나 즙(아트로핀)이 동공의 크기에 영향을 준다는 것은 이 물질이 신경에서 근육으로 가는 정보의 정상적인 전달 과정을 방해한다는 의미이다.

아트로핀이 동공에 영향을 미칠 뿐 아니라 죽음을 부르기도 하는 과정을 정확히 이해하기 위해서는 1800년대에 유럽을 휩쓸었던 과학적 논쟁 속으로 잠시 돌아가보아야 한다.

🜄 수프와 스파크

　우리의 뇌는 어떻게 눈에게 동공을 확대하라고 명령하고, 팔에게 움직이라고 말하고, 손에게 이 책의 페이지를 넘기도록 시키며, 또 어떻게 심장을 더 느리게 또는 더 빨리 뛰게 할 수 있을까? 아주 간단한 질문 같지만, 이는 19세기가 저물어갈 무렵의 세상에서는 가장 맹렬한 논쟁을 일으킨 생물학적 주제 중 하나였다. 마치 전쟁터에서 전선을 사이에 두고 적진을 향해 돌진하는 병사들처럼, 논쟁의 양쪽 진영으로 갈라선 저명한 과학자들은 자기 쪽 진영의 주장을 두둔하면서 반대편 진영의 주장을 무식한 궤변으로 치부했다.

　19세기가 끝날 무렵, 뇌를 포함한 신경계의 신경 그물설reticular theory 주창자들은 신경계가 하나의 거대하고 연속적인 네트워크, 즉 그물망으로 이루어져 있다고 주장했다. 노벨상 수상자인 카밀로 골지Camillo Golgi가 누구도 넘보기 힘든 자신의 학문적 명성으로 이 개념을 뒷받침하자 이 이론은 신경에 대한 과학적 이론의 주류가 되었다. 스페인 과학자 산티아고 라몬 이 카할Santiago Ramón y Cajal이 나타나 그나마 귀를 열고 있던 사람들에게 신경 그물설은 전혀 상식에 맞지 않는 소리라고 외쳤을 때까지 그런 상황은 변하지 않았다.

　수백 점의 뇌 절편으로 치밀하게 실험한 결과를 바탕으로 카할이 정립한 신경 이론의 결론은, 신경계는 거대한 그물망이 아니라 수없이 많은 개별적인 신경 세포로 이루어져 있으며, 각각의 신경 세포 사이에는 시냅스synapse라는 미세한 틈새가 있다는 것이었다. 그 틈새가 얼마나 좁은지 헤아려보자. 1나노미터는 10억분의 1미터다. 그러므로 1인치(2.54센티미터, 즉 0.0254미터)는 2540만 나노미터가 된다. 보통 사람의 머리카락 한 올의 굵기는 80~10만 나노미터 정도고, 종이 한 장의 두께는 대략 10만 나노미터다. 그런데 시냅스의 넓이는 20~40나노미터에 불과하다. 너무나 좁은 틈새지만, 그래도 틈새는 틈새다.

20세기로 넘어오던 때의 가장 핵심적인 질문은 정보가 그 틈새를 '어떻게 건너느냐'였다. 중요한 논쟁에서 늘 그렇듯이, 이번에도 과학자들은 두 개의 진영으로 나뉘었다. 화학 물질이 파동을 이루어 그 틈새를 건너는 것이라고 믿는 과학자(이 주장을 옹호하는 이들은 스스로를 '수프soup'파라고 불렀다)들이 있었고, 다른 한편에는 순간적인 전기 신호가 그 틈새를 건너뛴다고 믿는 사람들(그들은 자칭 '스파크spark'파였다)이 있었다. 이 두 집단의 과학자들 사이에서 벌어진 논쟁의 신랄함과 적대감은 어떤 정치 집단의 갈등도 따라갈 수 없을 정도였다. 그들은 각자 자신들의 주장이 옳다고 확신했으며 상대편이 주장은 믿을 만한 근거가 없는 허무맹랑한 주장이라고 몰아세웠다. 그 후 15년 동안 신경과학이라는 학문의 형태를 완성한 것이 바로 이런 과학적 갈등이었다.

19세기에 과학 이론의 대부분을 주도한 것은 독일 화학자들이었지만, 이후 전기학이 서서히 자리를 잡기 시작했다. 1791년, 루이지 갈바니Luigi Galvani는 개구리 다리에 전기 자극을 주면 개구리 다리가 움찔거리게 할 수 있다는 것을 보여주었다. 1818년에 젊은 여성작가 메리 셸리가 소설《프랑켄슈타인》을 쓰는 데 큰 영향을 주었던 것이 바로 동물 조직을 대상으로 한 이러한 초기의 전기 실험이었다. 20세기가 밝아오면서 전기학은 새롭고 현대적이며 짜릿한 학문으로 각광받은 반면, 화학은 지난 세기의 낡은 학문으로 취급되었다. 틈새를 뛰어넘어 정보를 전달하는 전기 신호라는 개념에 대한 관심은 1901년 굴리엘모 마르코니Gulielmo Marconi가 무선 전송 통신을 시연함으로써 절정에 달했다. 무선 전신의 전자기파가 수백 킬로미터를 여행할 수 있다면, 시냅스의 좁디좁은 틈새를 건너는 것은 얼마든지 가능한 일이었다.[4]

게다가 스파크 측의 주장을 뒷받침해주는 증거도 있었다. 그즈음에 가느다란 전선을 만들 수 있게 되었는데, 아주 가느다란 전선을 신경 세포에 삽입해서 신경은 자극을 받을 때마다 방전한다는 것을 알아냈다. 정확하게 말하면, 이러한 현상은 신경 세포 내부에서만 볼 수 있었다. 그러나 시냅스라는 좁은 틈새를 가로질러 방전이 일어난다고 추측하는 것도 지나친 상상은 아니었다. 스파크 이론에 대한 한발 더 나아간 증거는 개구리의 심장 실험으로부터 나왔다. 개구리의 심장을 적출해 소금물 또는 생리 식염수가 담긴 비커에 넣으면, 마치 살아 있는 개구리의 몸속에 있을 때처럼 심장이 뛴다는 사실이 알려졌다. 그 심장을 절개해보면 심장에 붙어 있는 신경의 일부가 손상되지 않고 보존되어 있었다. 과학자들은 배터리에 연결된 전극으로 심장에 붙어 있는 다양한 신경을 자극해서 심장이 뛰는 속도를 더 빠르게 하거나 느리게 할 수 있었다. 이 실험은 스파크 이론이 옳다는 명백한 증거였다.

논쟁에서 지지 않기 위해 수프 쪽도 생리 식염수가 담긴 비커에 개구리의 심장을 넣었다. 배터리와 전선 대신, 수프 과학자들은 여러 가지 화학 물질을 비커에 넣었고, 어떤 물질을 넣느냐에 따라 개구리에게서 적출한 심장을 빨리 뛰게 하거나 늦게 뛰게 할 수 있음을 알아냈다. 그러나 스파크 과학자들은 수프 과학자들이 생리 식염수에 탔던 화학 물질의 경우 모두 사람이 만들어낸 것, 즉 화학자의 실험실에서 만들어진 것이므로 그들의 실험은 생물학 실험이 아닌 눈요깃거리에 지나지 않는다고 지적했다.

수프와 스파크의 논쟁에 호기심을 느낀 독일 과학자 오토 폰 뢰비Otto von Loewi는 이 수수께끼를 해결하겠다고 용감하게 나섰다. 인터넷에서 'absentminded professor(정신 나간 교수)'를 검색하면 아마 뢰비의 사진을 볼 수 있을 것이다. 학생 시절에도 그는 자신이 들어야 할 생물학 수업을 빼먹고 오페라를 보러 가거나 철학 강의를 듣곤 했다.

1920년 부활절은 뢰비에게나 당시 신생 과학이었던 신경약리학(약물이 신경, 특히 뇌 신경에 미치는 영향을 연구하는 학문)에 일대 전환점이 된 날이었다. 부활절 전 토요일 밤, 뢰비는 집에서 책을 읽고 있었다. 읽던 책이 그다지 흥미롭지 못했는지, 뢰비는 이내 꾸벅꾸벅 졸다가 잠이 들어버렸다. 잠든 사이에 꿈을 꾸었는데, 그 꿈속에서 뢰비는 수프 대 스파크의 딜레마를 단번에 해결할 수 있는 실험을 했다.[5] 비몽사몽 중에 그는 종잇조각에 꿈속에서 했던 획기적인 실험에 대해 대충 몇 자를 휘갈겨 써놓았다. 여전히 잠에 취해 있었던 뢰비는 그렇게 메모를 해놓고 다시 잠에 곯아떨어졌다. 다음 날 아침 6시, 잠에서 깬 뢰비는 간밤에 뭔가 중요한 것을 어딘가에 써놓았다는 것을 떠올렸지만, 정작 자신이 써놓은 글씨를 도저히 읽을 수가 없었다. 그다음 날도 한밤중에 휘갈겨 써놓은 메모를 앞에 놓고 그게 무슨 뜻일까 하루 종일 궁리를 거듭했지만 아무 소득도 없었다. 일생일대의 기회를 날려버렸다는 생각에 낙담하면서 그는 잠자리에 들었다.

　　그런데 정말 놀랍게도, 다음 날 새벽 그 꿈을 다시 꾸었다. 이번에는 읽을 수도 없는 엉망진창 메모로 그 꿈을 기록하는 대신, 침대를 박차고 일어나 즉시 자기 연구실로 달려갔다. 개구리 두 마리를 안락사 시켜 심장을 적출한 뒤 생리 식염수가 든 두 개의 비커에 각각 담가놓고, 여러 번 해보았듯이 심장이 혼자서 뛰는 모습을 지켜보았다. 전선으로 첫 번째 심장의 미주 신경 vagus nerve

에 전기 자극을 가하자 심장이 뛰는 속도가 느려졌다. 예측했던 대로였다. 그 다음은 아직 아무도 생각해본 적 없는 단계로 나아갔다. 살짝 떨리는 손으로, 뢰비는 스포이트를 이용해 첫 번째 심장이 들어있던 비커의 식염수를 뽑아내 두 번째 심장이 들어 있는 비커로 옮겼다. 뢰비는 두 번째 심장에는 전기 자극을 직접 가하지 않았음에도 뛰는 속도가 느려지는 것을 관찰했다. 기대했던 대로였다.

들뜬 마음으로, 뢰비는 첫 번째 심장으로 되돌아가 이번에는 박동을 빠르게 하는 또 다른 신경을 자극했다. 첫 번째 비커의 생리 식염수를 뽑아 두 번째 비커로 옮기자, 이번에는 두 번째 심장의 박동도 빨라졌다. 간밤 꿈이 예측했던 그대로였다. 뢰비는 첫 번째 심장을 전기적으로 자극하자 심장 박동을 느리게 하는 화학 물질이 생리 식염수로 방출되었고, 그 생리 식염수를 뽑아 두 번째 심장이 든 비커로 옮겨주자 두 번째 심장의 박동도 느려진 것이라는 결론을 얻었다. 화려한 미사여구를 동원하는 사람이 아니었던 뢰비는, 이 화학 물질이 미주 신경에서 방출되었다 하여 'vagusstoff'(독일어로 '미주 물질'이라는 뜻)라는 이름을 붙였다. 지금은 아세틸콜린acetylcoline이라고 알려진 신경 전달 물질이다. 뢰비의 꿈에 나타났던 실험은 1936년에 그에게 노벨 생리·의학상을 안겨주었다.

뢰비는 수프와 스파크의 수수께끼를 풀고 자신이 옳다는 것을 제대로 증명한 걸까? 답은, '그렇기도 하고 아니기도 하다'이다. 사실이 그렇다! 지금은 신경이 정보를 '발신'하면, 그 신호가 신경을 타고 흐르다가 그 신호의 전기 성분이 내는 '스파크'가 감지된다는 것이 잘 알려져 있다. 그러나 그 전기 신호가 신경의 말단에 도달하면, 전기는 시냅스를 건너뛸 수가 없기 때문에, 신경은 전기적 메시지를 화학적 메시지로 변환시킨다. 화학 물질 창고처럼, 신경 말단은 화학적 메시지 또는 신경 전달 물질을 작은 묶음 또는 다발로 저장해두었다가 적당한 신호가 감지되면 이 물질들을 시냅스로 흘려 보낸다. 어떤 메시지를 전달해야 하느냐에 따라 각기 다른 신경 전달 물질이 등장한다. 일단 신호가 접수되면, 신경 전달 물질 꾸러미들이 시냅스로 대량 방출되어서 인근 세포가 가진 특정한 결합 단백질 또는 수용체와 결합한다. 여기까지는 수프파가 주장하는 이론의 화학적 부분이다.

그다음 단계는 시냅스의 수신 측에서 벌어지는 상황에 달려 있다. 예를 들어, 화학적 메시지를 수신한 땀샘이 땀을 더 많이 내보내거나 자극을 받은 췌장이 소장으로 소화 효소를 내보내는 것이다. 그러나 모든 신호가 뭔가를 증가시키도록 행동하라는 메시지로 수신되는 것은 아니다. 뢰비의 실험에서 등장했던 아세틸콜린처럼, 어떤 화학적 신호는 심장에서 박동을 늦추라는 의미로 받아들여질 수 있다. 잠시 후 보게 되겠지만, 아트로핀의 영향을 받는 쪽 시냅스가 수신하는 화학적 메시지는 두뇌의 정상적인 신체 조절 활동을 유도하는 신호를 완전히 차단하거나 교란시킨다.

아트로핀의 지독하게 쓴맛 때문에 멋모르고 벨라도나 열매를 먹고 중독되는 실수, 또는 우연한 사고는 아예 불가능하다. 그래서 아트로핀으로 살인을 저지를 의도를 가진 사람이라면 그 쓴맛을 감출 꾀를 짜내야 한다. 빅토리아 여왕 시대에 인도에 주둔했던 영국군도 이 어려운 문제의 해결책을 궁리해야 했다.

🌢 진토닉과 살인 계획

19세기 식민지 인도에서 영국군 장교와 병사들은 모기에 물렸다가 말라리아에 걸리는 일이 비일비재했다. 이 문제가 얼마나 심각했던지, 1800년대 중반 인도 주둔 영국군의 평균 수명은 본국 시민들의 평균 수명의 절반에 불과할 정도였다. 말라리아로 쓰러져 병상에 드러눕는 군인과 공무원의 수가 어찌나 많았던지, 식민지 통치 자체가 점점 어려워졌다. 이때 스코틀랜드 출신 의사 조지 클레그혼George Cleghorn의 연구로부터 그 해결책이 나왔다. 클레그혼은 싱코나cinchona 나무의 껍질에는 물에 녹여서 마시면 말라리아에 아주 효과가 좋은 성분(나중에 퀴닌quinine이라고 불린다)이 들어 있다는 것을 발견했다. 퀴닌 물약이 말라리아 퇴치에 매우 큰 효과가 있는 것은 사실이었지만, 그 맛이 너무 써서 그냥

목을 넘기기가 쉽지 않았다. 영국군 장교들은 이 물약에 설탕, 라임, 진 등을 섞어 쓴맛을 줄이려 애썼는데, 여기서 진토닉 칵테일이 탄생하게 되었다. 그러니까 진토닉은 순전히 의료용 목적에서 만들어진 셈이다.

그로부터 150년 후, 어떤 독약의 쓴맛을 속이려고 누군가가 손을 댄 음료가 스코틀랜드 에든버러 전체를 패닉 상태에 빠뜨리는 사건이 발생했다.

💧 대형 마트에서 벌어진 '묻지마 범죄'

1994년 8월 말 무렵, 에든버러 경찰국 소속 경찰들은 늘상 연이어지는 긴급 신고에 시달리곤 했다. 대부분의 신고 전화는 그다지 중요하거나 긴급하지 않았지만, 그래도 걸려온 전화에 응대는 해야 했고 기록으로도 남겨야 했다. 에든버러 경찰 총경 존 맥가윈은 사고 대책 본부를 서성거렸다. 한 마트 진열대에서 오염된 제품이 발견되었고, 그 제품을 소비한 사람들이 쓰러지고 있었다. 아직 사건 초기였지만, 범행의 동기가 분명하지 않았다. 테러? 단순 협박? 불만을 품은 노동자의 복수극? 범행의 이유를 알면 무작위적으로 보이는 범행의 배후를 밝혀내는 단서가 될 것 같았다. 단순한 사고일까, 계획된 범죄일까?

그보다 며칠 전, 에든버러 교외의 헌터스 트리스트에 사는 존과 마리 메이슨은 집에서 가까운 슈퍼마켓인 세이프웨이에서 일주일 치 장을 보고 돌아왔다. 마리는 집에 도착해서 장바구니를 풀어 사 온 것들을 정리하다가 토닉 워터를 깜빡했다는 것을 깨달았다. 토닉 워터가 없다고 큰일이 나는 것은 아니었지만, 속이 쓰리는 증상이 자주 있었던 마리는 그럴 때 속을 달래기 위해 토닉 워터를 늘 준비해두기를 원했다. 자상한 가장이었던 존은 다시 세이프웨이로 가서 토닉 워터를 몇 병 사가지고 왔다. 그런데 그 행동이 메이슨 가족의 삶에 얼마나 큰 불운을 몰고 올지 그들은 모르고 있었다. 존은 방금 사 온 토닉 워터를 아내에게 한 잔 따라주었다. 잠시 후, 마리는 몸이 좋지 않은 것 같다며 일찍 잠자리에 누워야겠다고 말했다. 침대에 들어가 누우려던 마리는 옷을 벗다가 쓰러지고 말았다. 평소에 그런 적이 없었지만, 그저 피곤해서 그러려니 생각했다. 다음 날 잠에서 깨어났을 때도 마리는 컨디션이 좋지 않았다. 쓰린 속을 달래려고 토닉 워터를 두 잔이나 더 따라 마셨다. 그 토닉 워터가 상태를 더 악화시키리라는 것은 까맣게 모른 채…. 마리는 시야가 흐려지더니 환영이 보이기 시작했다. 남편에게 라디에이터에서 물이 넘친다고 말하기까지 했다. 존은 아내를 왕립 병원으로 데려갔고, 의사들은 원인을 찾으려고 애썼다.

그때 메이슨 부부는 몰랐지만, 같은 마트에서 토닉 워터를 구입한 사람 중에 엘리자베스 셔우드스미스라는 여성도 있었다. 그 주 주말, 엘리자베스와 열여덟 살 난 아들 앤드루는 심한 위경련과 복통으로 신음하다가 결국 응급실로 옮겨졌다. 그 운명의 주말에 네 사람이 오염된 토닉 워터를 마신 뒤 병원으로 실려 갔고, 총 여덟 명의 무고한 시민이 중독 증상을 보였다.

중독 사건의 규모를 감안해 맥가원 총경이 대책 본부에서 사태를 파악하는 중에도 신고 전화가 계속 들어왔지만, 대부분은 주민끼리의 갈등이나 중독 사건과는 무관한 정보, 또는 전혀 알맹이가 없는 허위 신고였다. 세이프웨이 측은 기자 회견을 열었고, 에든버러 주민 중 헌터스 트리스트에 있는 지점에서 토닉 워터를 구입한 사람은 원한다면 누구든 환불을 해주겠다고 발표했다. 환불된 토닉 워터 중에서 오염된 제품 여섯 병이 추가로 발견되었다. 오염된 제품은 에든버러에서만 발견되었지만 공포는 전국을 휩쓸었고, 전국의 세이프웨이에서 판매된 토닉 워터 중 5만 병이 각 점포로 되돌아와 폐기 처분되었다. 오염의 원인을 두고 언론사마다 열띤 취재 경쟁을 벌였다. 독살을 기도한 범죄자가 에든버러 거리를 활보하고 있는 걸까? 병입 공장에서 끔찍한 오염이 발생한 걸까?

사실은 마리, 엘리자베스, 앤드루를 비롯해 여러 희생자가 마신 문제의 토닉 워터는 한 범죄자가 진짜 의도를 감추기 위해 벌인 연막 작전에 불과했다. 그는 자기 아내를 살해하고 정부를 새 아내로 들이려는 음모를 꾸미고 있었다.

더비셔의 황무지 기슭에 자리 잡은 글로섭에서 태어난 폴 애거터Paul Agutter는 자신이 얼마나 똑똑한 사람인지를 스스로 증명하듯, 학교에서는 언제나 우등생이었고 에든버러 대학에서도 선망의 대상이었다. 생화학을 전공해 1968년에 해당 전공에서 수석으로 학사 학위를 받았다. 이학부에서 유명 인사였던 그는 모교에 남아 생화학 학부생의 실험 조교로 일하면서 분자 생물학 박사 과정을 밟았다. 박사 과정을 졸업한 뒤, 폴은 에든버러 남쪽 외곽에 있는 네이피어 대학 생명공학부에서 분자 생물학 강사 자리를 얻었다. 가끔 볼 수 있는 사내 연애 커플처럼 폴도 동료 연구자 중 한 사람이었던 알렉산드라와 결혼했다. 알렉산드라는 대학에서 영문학을 가르치는 영문학 박사였다.

누가 봐도 애거터 부부는 샘이 날 만큼 다정한 잉꼬부부였다. 가끔씩 에든버러에서 동쪽으로 30킬로미터쯤 떨어진 킬더프 롯지의 집에 친구들을 초대해 저녁 식사를 함께했다. 그러나 속사정은 겉보기와 전혀 달랐다. 폴은 박사 과정 연구에서 오는 스트레스를 호소했고, 거기서 오는 우울증 때문에 극단적인 생각까지 할 정도였다. 경제적인 문제와 결혼 생활의 갈등은 그를 더욱 고통스럽게 했다.

어쩌면 폴은 누구나 한 번쯤 겪는 중년의 위기를 겪고 있던 것인지도 몰랐다. 그러나 그는 네이피어 대학에서 자신이 가르치고 있는 학생, 캐럴 본셀이라는 매력적인 여성이 그 어둡고 긴 터널 끝에서 빛나고 있는 밝은 빛이라고 판단했다. 그는 자신의 자존심을 긁지도 않을 것이며 대학 전체에서 자신을 가장 멋진 남자로 받들어줄 이 학생이 모든 문제를 해결해주리라고 혼자서 생각했다. 그러나 이런 축복받은 낙원 같은 삶을 얻으려면, 먼저 극복해야 할 장벽이 있었다. 자신은 이미 결혼한 유부남이라는 사실이었다. 이혼을 하면 살고 있던 집에서 쫓겨나야 했고, 간신히 버티고 있는 경제적인 상황도 더 큰 곤란에 처하게 될 것이 뻔했다. 아내가 죽기만 한다면, 폴의 삶은 훨씬 쉬워질 수 있었다. 그러나 알렉산드라가 순순히 죽어줄 리 만무했으므로 폴은 살인을 계획함으로써 그녀의 죽음을 앞당기기로 했다.

생물학 강사였으므로 폴도 독약에 대해서는 상당한 지식을 갖고 있었다. 또한 살인을 부를 수 있는 여러 독극물 중에는 부검으로 쉽게 드러나는 것이 많다는 것도 알고 있었다. 그럼에도 불구하고 폴은 자신의 영리함을 믿었고, 탐욕스러운 체스 플레이어였던 그는 몇 수 앞을 내다보는 계획을 세웠다. 네이피어 대학의 독물 연구 그룹에서 일하고 있었기 때문에 그는 아트로핀을 쉽게 손에 넣을 수 있었다. 게다가 아트로핀은 쉽게 검출되는 독물이었으므로 폴이 금방 의심을 살 리도 없었다. 아마도 도시 어딘가에 있을 가상의 '묻지마 살인범'을 찾게 될 공산이 컸다.

완전 범죄 살인을 저지르려면 두 가지 핵심적인 조건이 있다. 우선 살인의 목표인 희생자가 반드시 죽어야 한다. 그러나 살인자는 잡히지도, 유죄 판결을 받지도, 감옥에 갇히지도 않아야 한다. 교활한 계략에도 불구하고, 폴 애거터는 그 두 가지 조건 모두 달성하지 못할 운명이었다. 폴은 세이프웨이 자체 브랜드의 토닉 워터를 몇 병 산 다음, 연구실로 가져가 주사기로 아트로핀을 주입했다. 1994년 8월 24일, 그는 독극물을 주입한 토닉 워터 병을 세이프웨이 헌터스 트리스트 지점 진열대에 몰래 올려놓았다. 이때 돌려놓은 토닉 워터 병 속의 아트로핀은 치사량은 아니었지만, 그걸 마시면 큰 고통을 겪을 만한 양이었다. 폴은 한 병은 가지고 있다가 진정한 죽음의 토닉 워터가 될 만큼 아트로핀을 더 주입했다. 이렇게 해서 그는 아내 알렉산드라가 아트로핀을 이용한 '묻지마 범죄'로 에든버러 사회를 공포로 몰아넣은 누군가의 더 큰 범죄 계획의 희생자 중 한 명으로 보일 것이라고 믿었다. 메이슨 가족이나 셔우드스미스처럼 세이프웨이에서 오염된 토닉 워터를 사다 마신 많은 사람이 에든버러 곳곳에서 쓰러지고 병원에 실려 갔으니, 에든버러 사회를 공포로 몰아넣었다는 점에서는 분명 성공을 거두었다.

지나치게 쓴 아트로핀의 맛이 이 계획의 유일한 문제점이라는 것을 폴도 잘 알고 있었다. 그래서 백 년 전 인도 주둔 영국군 장교들이 쓰디쓴 퀴닌에 다른 맛을 첨가했던 것처럼, 자신도 아트로핀이 든 토닉 워터에 다른 것을 섞기로 했다. 아내가 더위를 식히며 쉬고 있던 8월 28일의 여름날 저녁, 차가운 진과 토닉 워터를 섞어 완벽한 음료수를 만들었다. 폴은 커다란 잔에 아트로핀이 섞인 진토닉을 따라 아내에게 건네주고 효과가 나타나기를 기다렸다. 알렉산드라는 진토닉을 한 모금, 또 한 모금 마셨다. 그런데 맛이 이상했다. 맛이 너무 써서, 알렉산드라는 그 잔을 비우지 못하고 아주 일부만 마셨다. 하지만 그 정도 양만으로도 목숨을 빼앗기에 충분했다. 아트로핀 중독의 전형적인 증상들이 나타나기에 부족함이 없었다. 입이 마르고, 가슴이 미친 듯이 뛰었으며, 자리에서 일어서자 현기증이 몰려와 바닥에 쓰러졌다. 그 순간 환영이 보이기 시작했다. 나중에 의식을 되찾은 알렉산드라는 그때 보였던 모든 것이 마치 얇디얇은 실크 베일로 만들어진 것 같았다고 회상했다.

쓰러진 아내를 보고, 폴 애거터는 침착하게 의사를 불러야겠다고 말했다. 그러나 구급차를 부르지 않고 동네 가정 주치의에게 전화를 걸었다. 폴은 그날 그 의사가 병원에 없을 거라는 사실을 미리 파악해두고 있었다. 폴로서는 쾌재를 부를 일이었다. 계획이 성공하려면, 아내를 진단하고 치료해줄 의사는 오지 말아야 했다. 자신의 알리바이를 더 강력히 증명하기 위해, 폴은 자동 응답기에 급한 목소리로 메시지를 남겼다. 최대한 빨리 자기 집으로 와달라고.

그러나 폴의 치밀한 계획은 바로 여기서부터 빗나가기 시작했다. 뜻밖에도 그날 대리 당직의가 그의 메시지를 들었고, 애거터의 집에 도착한 그 의사는 알렉산드라를 보자마자 사태가 심각함을 알아차렸다. 그는 알렉산드라가 음식이나 음료에 의해 중독된 것이라고 판단했다. 의사는 알렉산드라를 병원으로 옮기기 위해 구급차를 불렀고, 구급차를 타고 온 구급대원은 환자에게 쓰러지기 직전 마지막으로 먹거나 마신 것이 무엇인지 물었다. 알렉산드라는 의자 옆 작은 테이블에 놓인, 반쯤 마시다 남은 진토닉을 가리켰다. 구급대원은 그녀가 마시던 잔뿐 아니라 아트로핀이 주입된 세이프웨이 토닉을 병째로 수거해 갔다. 그 후로 한동안 위독한 상태로 고비를 넘겨야 했지만, 그날 그 잔에 든 진토닉을 다 마시지 않은 덕분에 알렉산드라 애거터는 목숨을 건졌다.

주말까지 모두 여덟 명이 병원 신세를 졌고, 아트로핀 중독이라는 진단이 내려졌다. 겉으로 보기에는 아무런 상관도 없는 듯한 아트로핀 중독 희생자들과 알렉산드라 애거터 사이의 공통점은 무엇이었을까? 결론은 모든 희생자가 똑같은 세이프웨이 점포에서 구입한 토닉 워터를 마셨다는 점이었다. 경찰의 가설은 어떤 미치광이가 슈퍼마켓 체인인 세이프웨이를 협박하기 위해 토닉 워터에 아트로핀을 주입했다는 것이었다. 진짜 무고한 희생자의 가족인 척하기 위해 폴 애거터는 천연덕스럽게 인터뷰까지 했다. 그는 침착한 목소리로 "제 아내는 살해당할 뻔했습니다. 제 아내를 비롯해 다른 희생자들을 살해하려 했던 범죄자를 저는 도저히 이해할 수 없습니다"라고 말하며 사람의 탈을 쓰고 어떻게 이런 짓을 저지를 수 있느냐고 개탄했다. 이 일을 저지른 범인은 당장이라도 자수를 하라고 강력하게 촉구하기까지 했다. 경찰이 쫓고 있는 진범은 바로 자신이라는 것을 누구보다 잘 알면서.

그러던 중 폴이 펄쩍 뛸 만큼 반가운 일이 생겼다. 스물여덟 살의 웨인 스미스라는 남자가 지역 신문사에 자신이 바로 그 범인이라는 내용의 편지를 보낸 것이다. 그러나 폴의 안도감은 오래가지 못했다. 경찰이 추적, 체포한 뒤 심문해보니 웨인 스미스는 이 사건의 세부 사항에 대해 전혀 아는 것이 없었다. 심지어는 아트로핀을 주입한 토닉 워터가 몇 병인지도 몰랐다. 경찰이 스미스가 이번 독극물 사건과는 아무런 관계가 없다는 판단을 내리기까지는 그다지 오래 걸리지 않았다.

감식반에서 알렉산드라를 병원으로 옮겼던 구급대원이 수거해온 토닉 워터 병 속의 내용물에 대한 분석 결과를 내놓으면서부터 상황은 폴에게 불리해지기 시작했다. 아트로핀으로 오염된 다른 토닉 워터 병에서는 병당 11~74밀리그램의 아트로핀이 검출되었는데, 애거터의 토닉 워터 병에서는 330밀리그램이라는 엄청난 양의 아트로핀이 들어 있었다. 폴은 그제서야 구급차가 도착하기 전에 아내가 마시던 진토닉과 토닉 워터 병을 치우거나 다른 병으로 바꿔 놨어야 했다는 후회를 했다. 만약 그 병을 치웠더라면 아내를 살해하려 했다는 의심을 받지 않았을지도 모를 일이었다. 감식반에서는 알렉산드라가 진토닉이 너무나 써서 한 잔도 다 마시지 못하고 말았기 때문에, 그녀가 먹은 아트로핀은 50밀리그램 내외였을 것이라고 결론 내렸다.

폴 애거터를 두고 수사망이 점점 좁혀지는 가운데, 그가 사건 발생 며칠 전에 세이프웨이에 나타난 장면이 찍힌 CCTV 영상이 공개되었다. 아쉽게도 폴이 실제로 토닉 워터 병을 진열대 위에 올려놓는 장면이 직접적으로 찍히지는 않았다. 그러나 그날 세이프웨이에서 일했던, 폴을 잘 아는 네이피어 대학의 학생이 폴이 진열대에 토닉 워터 병 몇 개를 올려놓는 장면을 보았다고 증언했다. 경찰이 이런 증거를 제시하자, 폴은 뻔뻔하게도 자신이 세이프웨이에서 아내에게 줄 토닉 워터를 구입했으니, 그 병들을 만진 것은 당연하지 않느냐고 발뺌했다. 그러나 알렉산드라가 마신 토닉 워터 병에는 다른 희생자들이 마셨던 토닉 워터보다 훨씬 더 많은 양의 아트로핀이 들어 있었다는 감식 결과가 그에게는 불리하게 작용했다.

1995년, 폴 애거터는 아내에 대한 살인 미수 혐의로 마침내 체포되어 재판에 넘겨졌다. 재판 내내 그를 가장 강력하게 변호했던 사람은 그의 아내, 알렉산드라였다. 그녀는 자기 남편은 사람을 죽일 만한 사람이 아니라고 굳게 믿었다. 그럼에도 불구하고 폴 애거터는 살인 미수 혐의에 대해 유죄 판결을 받았고, 판사는 최종 판결문에서 이렇게 말했다. "이 사건은 범인이 자신의 아내를 죽이려고 했을 뿐 아니라 무고한 일반 대중들을 공포에 몰아넣고 위험에 빠지게 했으며 신체적 위해를 가한, 사악하고 교활한 계획 범죄였습니다." 폴은 12년 형을 선고받고 수감되었다.

이 살인 미수 사건의 뒷이야기는 사건 그 자체만큼이나 흥미롭고, 때로는 실제의 삶이 드라마보다 더 드라마틱하다는 것을 보여준다. 수감되어 있는 동안 폴 애거터의 감방 동료는 누구였을까? 다름 아닌 웨인 스미스, 토닉 워터에 독을 탔다고 허위 자백을 했던 바로 그 사람이었다. 거짓 자백이 들통나자, 스미스는 진짜로 범죄를 실행에 옮겼고, 세이프웨이에서 파는 사각형 과일 주스 팩에 제초제를 넣은 혐의로 체포되어 유죄 판결을 받았다.

감옥에 있는 동안, 애거터는 구치소 도서관에서 다른 수감자들에게 읽는 법을 가르치는 일을 했다. 알렉산드라 애거터도 결국 자기 남편이 자신을 살해하려 했다는 사실을 받아들였고, 수감 중인 남편과 이혼했다. 폴이 아내를 죽이고서라도 결혼하고 싶어 했던 정부, 캐럴 본샐도 그를 차버리고 그와 다시는 연결되지 않기를 원했다. 2002년, 12년 형기 중 7년을 살고 가석방으로 출소한 애거터는 슬프고 외로운 58세의 노인이 되어 있었다. 애거터는 스코틀랜드를 떠나 나이 든 부모와 함께 살기 위해 더비셔로 돌아갔다. 그는 맨체스터 대학 야간 강좌의 강사 자리를 얻었다. 그가 가르친 과목은? 어이없게도 철학과 의학 윤리였다.

🜄 아트로핀은 어떻게 사람을 죽이나

아트로핀은 부교감 신경계의 일부에 작용한다. 신경계에서 우리 몸이 휴식을 취하고 음식을 소화할 수 있게 해주는 부분, 즉 '휴식과 소화'를 담당하는 부분이다. 반면에 교감 신경계는 '투쟁과 도피' 반응과 관계가 있다. 이 두 신경계는 시냅스의 틈새를 건널 때 서로 다른 화학적 전달 물질에 의존한다. 부교감 신경의 경우에는 아세틸콜린이 그 역할을 담당한다. 우리가 식탁에 앉아 밥을 먹으면, 부교감 신경이 입속에 더 많은 침이 분비되도록 자극한다. 우리가 특히 좋아하는 음식이 보글보글 끓는 냄새를 맡으면 '군침이 도는 것'도 바로 그런 반응이다. 입에서 더 깊이 장으로 내려가면, 부교감 신경계가 췌장에게 명령해 음식을 분해할 수 있는 소화 효소를 분비하게 한다. 우리가 편안하게 휴식을 취할 때면, 아세틸콜린은 우리가 안정적이고 만족스러운 상태로 들어갈 수 있도록 심장에게 천천히 뛰라고 명령한다.

아세틸콜린이 이런 작용을 할 수 있는 것은, 열쇠 구멍에 딱 맞는 열쇠가 자물쇠를 열듯이, 시냅스의 반대편에 있는 수용체에 딱 들어맞는 모양을 하고 있기 때문이다. 그래서 아세틸콜린을 작용제agonist라고 부른다. 열쇠 구멍에 딱 맞는 열쇠라야 자물쇠를 열 수 있지만, 딱 맞지 않아도 모양이 비슷한 열쇠면 열쇠 구멍에 들어갈 수는 있다. 하지만 그 자물쇠를 열지는 못한다. 그런데 가끔씩 실수로 비슷하기만 한 열쇠를 열쇠 구멍에 꽂았다가 자물쇠를 열지도 못하면서 그 열쇠마저 빼지 못해서 진짜 열쇠가 있어도 자물쇠를 열 수 없는 어이없는 상황이 펼쳐지기도 한다. 아트로핀이 바로 그런 엉터리 열쇠다. 모양은 아세틸콜린과 비슷해서 수용체에 딱 맞지만, 그 수용체를 활성화시키지는 못하는 것이다. 따라서 진짜 열쇠인 아세틸콜린은 수용체와 결합하지도 못하고 수용체를 활성화시키지도 못하게 된다. 생리학적으로 아트로핀은 길항제antagonist로 작용한다. 아트로핀이 있으면 아세틸콜린이 전달해야 할 정상적인 신호가 전달되지 못할 뿐 아니라 아세틸콜린이 활성화시키는 모든 효과의 정반대 효과가 일어난다.

부교감 신경계는 아세틸콜린을 통해 타액 분비를 자극한다. 아트로핀 때문에 이 작용이 차단되면 우리 입은 마치 '바싹 마른 풀처럼' 건조해진다. 입이 바싹 마르면 갈증이 심해지고, 음식을 삼키기 어려워진다. 눈물도 말라버려서 눈이 따갑고 빨갛게 충혈된다.

아세틸콜린은 주변 시야를 강화하는 게 아니라 잠재적인 위험에 대비해 바로 눈앞의 대상에 집중할 수 있도록 동공을 수축시킨다. 아트로핀은 이탈리아의 매춘부들이 즐겨 했듯이 동공을 확대시켜서 눈앞의 대상에 초점을 맞추는 것을 방해한다. 또한 안구의 초점을 조절하는 근육을 이완시켜서, 아트로핀에 중독된 사람은 눈(동공)은 커지지만 앞은 제대로 분간할 수 없게 된다. 사실상 '눈뜬장님' 상태가 되는 것이다.

음식을 섭취하면 피부로 가던 혈액이 장으로 몰려가서 영양분을 온몸으로 실어 나른다. 아트로핀이 아세틸콜린의 작용을 차단하면 피부의 혈관이 열리면서 발그레하니 홍조를 띠게 된다. 아트로핀 중독 희생자들의 얼굴이 장미처럼 붉게 보이는 것이 바로 그 때문이다.

아트로핀은 뇌 신경에도 영향을 주어서, 횡설수설 맥락 없는 말을 늘어놓게 하고 걸음을 똑바로 걷지 못하게 하며, 급기야 환영을 보거나 만취해 인사불성으로 주사를 부리는 사람처럼 만든다. 아트로핀에 중독되었을 때 나타나는 환영은 매우 리얼해서 진짜 날아다니는 나비, 나무, 사람 얼굴, 뱀, 실크 커튼 등이 눈앞에서 움직이는 듯하다. 이런 반응들은 LSD라 불리는 리세르그산 디에틸아미드lysergic acid diethylamide에 의한 환각과는 매우 대조적이다.

마지막으로, 아트로핀은 체온을 조절하는 신체 능력에도 영향을 주어서 이 물질에 중독된 사람은 고열에 시달리게 된다.

아세틸콜린은 심장 박동을 느리게 하지만(뢰비의 실험), 아트로핀은 아세틸콜린의 작용을 차단하기 때문에 심장은 '천천히 뛰어!'라는 신호를 받지 못한다. 오히려 심장 박동은 야금야금 빨라져서 결국에는 분당 120~160회에 이르게 된다. 아트로핀의 영향을 받은 심장은 박동이 계속 빨라지기만 할 뿐 아니라 속도가 들쭉날쭉 불규칙하다가 어느 순간 뚝 멈춰버리기까지 한다. 심장이 마비되는 것이다. 그리고 곧 죽음이 찾아온다. 아트로핀 때문에 심장 박동이 빨라지면 혈압도 급격히 상승하고, 높아진 혈압은 신장과 뇌에도 큰 부담을 준다.

아트로핀의 작용이 얼마나 빨리 진행되느냐는 이 독약이 어떤 방법으로 체내에 들어왔느냐에 따라 달라진다. 만약 주사기를 이용해 혈류 속에 직접 주입했다면 2~3분 안에 효과가 나타나지만, 음식이나 음료에 섞어 섭취했다면 15분 정도 걸린다. 몸속에 들어간 아트로핀의 반감기는 약 두 시간 정도이기 때문에, 두 시간이 지나면 체내에 들어갔던 아트로핀의 절반은 사라진다. 50퍼센트 정도는 신장을 통해 걸러져서 소변으로 배출되고, 나머지는 간에서 분비된 효소에 의해 분해된다. 그렇더라도 체내에 들어갔던 아트로핀의 흔적이 완전히 지워지기까지는 적어도 며칠의 시간이 걸리고, 환영을 보는 현상은 수시간 동안 계속된다.

가지과 식물 중 아트로핀 성분을 갖고 있는 또 하나의 식물이 독말풀*Datura stramonium*인데, 영미권에서는 '악마의 덫devil's snare', '짐슨위드jimson weed'라고도 불린다. 짐슨위드라는 이름은 미국 버지니아주의 제임스타운이라는 지명에서 유래했다. 1676년, 식민지 버지니아를 다스리던 총독이 반란을 진압하기 위해 군대를 파견했는데, 그 병사들 중 일부가 지원군을 기다리면서 병영 주변에서 보이는 풀을 뜯어 데쳐서 식재료로 썼다. 그 풀을 먹자마자 병사들에게서 환각 증상이 나타나기 시작했다. 옷을 홀러덩 벗어

던진 채 길목에 나앉아 원숭이처럼 히죽거리질 않나, 마치 짐승이 앞발로 공격을 하듯 길 가던 행인들에게 달려들지를 않나, 난리통을 벌였다. 또 다른 이들은 깃털을 입으로 후후 불어 공중에 날리며 히죽이거나 밀짚에 집착하는 듯한 이상한 행태를 보였다. 결국 이 병사들을 모두 구금하고 치료에 나섰지만, 증상들이 말끔히 사라지고 정상으로 돌아오기까지는 11일이나 걸렸다.

🫧 뷰캐넌 박사, 마담, 죽은 고양이

이 책에서 반복적으로 등장하는 테마 중 하나가 남들은 실패할지라도 자신은 성공할 수 있다고 자신만만했던, 그만큼의 전문 지식과 훈련을 쌓은 의사와 과학자들의 음모다. 1893년 5월 8일, 칼라일 해리스Carlyle Harris 박사가 아내를 살해한 죄로 뉴욕의 싱싱 교도소에서 전기 의자에 묶여 사형을 당했다. 해리스가 선택한 독극물은 모르핀이었다. 과다 사용하면 뇌 활동을 억제하고 결국에는 호흡마저 멈추게 하는 물질이다. 모르핀 과용에 의한 죽음은 자연사와 혼돈하기 쉽지만(그래서 모르핀을 이용한 살인은 수없이 많이 일어난다), 한 가지 중요한 흔적을 남긴다. 모르핀은 동공을 극도로 수축시키기 때문에, 바늘 끝으로 점을 찍어 놓은 듯 좁혀진 동공이 모르핀 과용에 의한 죽음의 결정적인 단서로 남는다. 해리스를 모르핀 독살의 살인범으로 체포해 재판에 넘기게 된 것도 죽은 해리스의 아내의 동공이 극단적으로 수축되어 있음을 발견한 부검의 덕분이었다.

해리스의 형이 집행된 직후, 뉴욕에서 활동하던 또 다른 의사였던 로버트 뷰캐넌Robert Buchanan 박사는 해리스의 꼬리가 밟힌 것은 순전히 그의 어리석음 때문이라고 떠들고 다녔다. 사실 뷰캐넌은 음주벽이 있는 데다, 안면이 있는 사람이든 없는 사람이든 아무에게나 장광설을 늘어놓는 버릇이 있었는데, 해리스는 어설프고 미련한 자였다고 떠벌렸던 것이다. 뷰캐넌은 동공을 확대시키는 '약물'을 쓰기만 했다면 모르핀 과용의 결정적 단서인 동공 수축을 막아서 모르핀 독살을 완벽하게 감출 수 있었다고 주장했다. 그가 말하는 '약물'이 바로 아트로핀이었다.

로버트 뷰캐넌은 1862년 캐나다의 노바스코샤에서 태어났다. 1886년, 아내와 딸을 데리고 뉴욕으로 이주해 개인 병원을 개업했다. 인구 3만 1000명의 캐나다 변방 소도시에서 인구 150만 명이 넘는 미국 대도시로의 이주는 그에게 거대한 문화의 충격을 안겨주었는데, 뷰캐넌은 대도시의 이점을 최대한 이용했다. 외형상 뭇사람들로부터 존경받을 만한 조건을 갖추었지만, 의사라는 직업의 세계 밖에서의 뷰캐넌은 술에 절어 사창가를 전전하는, 결코 존경할 수 없는 인물이었다. 그는 자신이 즐겨 찾던 매춘업소 중 한 곳의 주인인 애나 서덜랜드와 불륜을 저지르기 시작했다. 뷰캐넌에게는 천만다행으로, 그의 아내나 친구, 지인들은 물론이고 그의 환자들까지도 그의 이중생활에 대해 까맣게 모르고 있었다.

그러나 대부분의 불륜이 그렇듯이, 꼬리가 길면 밟히는 법이다. 처음에는 애나를 환자라고 둘러대면서 직업상의 의무로 그녀를 만났을 뿐이라고 강조했다. 뷰캐넌의 아내는 남편의 말을 믿지 않았고, 1890년에 이혼했다. 나중에 벌어진 일을 생각한다면, 뷰캐넌의 아내는 이혼으로 목숨을 건진 셈이었다.

1890년대 아직 혼란스러운 뉴욕에서 뷰캐넌이 자기 병원의 환자로 원하던 계층은 점잖고 품위 있는 상류층이었는데, 그런 사람들이 자신을 치료하는 의사가 매춘업소 주인을 안내 데스크에 앉혀놓은 것을 좋아할 리 만무했다. 뷰캐넌보다 스무 살이나 어렸던 애나는 새 애인에게 홀딱 빠진 나머지 유언장을 변경해 자기가 가진 부동산의 단독 상속인으로 뷰캐넌을 지정했다. 언제나 앞을 내다보던 뷰캐넌은 애나가 갖고 있던 보험금 50만 달러짜리 생명 보험의 보험금 단독 수령인도 자신으로 바꾸게 만들었다.

매춘업소 주인이었다는 점도 기가 찬 마당에, 애나는 천박하고 무식한 언행으로 뷰캐넌의 환자들로부터 빈축을 샀다. 환자들은 하나둘 다른 병원을 찾아 발길을 끊었고, 그나마 남아 있는 환자들조차도 다른 의사를 수소문하는 중이었다. 수입이 점점 줄어들어도 사치스러운 뷰캐넌의 소비 행태는 바뀌지 않았고 그의 은

행 계좌는 금방 바닥을 드러냈다. 연인이었던 애나는 점점 애물단지가 되어갔고, 자신의 지식과 능력을 믿었던 뷰캐넌은 이 문제를 어떻게 해결해야 할지 정확하게 알고 있었다.

1892년 4월 22일, 애나는 푸짐하게 상을 차려 아침 식사를 한 후 갑자기 아프기 시작했다. 극심한 복통으로 서 있기가 힘들 정도였다. 침대에 누운 애나는 잘 아는 내과 의사인 맥킨타이어를 불렀고, 심한 복통과 두통 그리고 호흡 곤란을 호소했다. 맥킨타이어는 환자의 상태를 측은히 여기며 그 고통을 충분히 공감한다는 듯한 표정으로 히스테리라는 진단을 내리고 약간의 진정제를 처방했다. 의사가 다녀가고 약을 처방받았음에도 불구하고, 애나의 상태는 오후에도 나아지지 않았다. 그러자 뷰캐넌은 직접 애나에게 물약 몇 스푼을 주었는데, 애나는 약이 너무 써서 먹기 힘들다고 불평했다.

저녁 7시경, 맥킨타이어가 환자의 상태를 확인하러 다시 왕진했다. 애나는 이미 깊은 혼수상태에 빠져 있었다. 맥박이 빠르고 호흡이 얕았으며 피부는 뜨겁고 건조했다. 애나는 얼마 지나지 않아 사망했다. 뇌졸중이 원인인 듯했다.

애나의 현금과 부동산을 상속받았을 뿐만 아니라 거액의 생명 보험금까지 받게 되었으니, 뷰캐넌을 괴롭히던 문제는 모두 해결된 것 같았다. 은행 계좌에는 거액이 들어오고, 천박한 접수원은 사라졌으니, 뷰캐넌의 인생에는 이제 꽃길만 남아 있는 듯 보였다. 이혼했던 첫 부인(같은 상황에 처한 다른 부인들에 비해 훨씬 너그러웠던 것 같다)조차 재결합에 동의했다.

그러나 그 꽃길은 서서히 균열되기 시작했다. 술김에 허풍을 치며 칼라일 해리스를 깎아내렸던 말들이 그를 향한 화살이 되어 되돌아왔던 것이다. 술집에서 오가는 가십거리를 좇던 한 기자가 뷰캐넌이 술에 취해 한 말들을 듣고는 의심스러운 마음에 그의 뒤를 캐기 시작했다. 이 기자는 애나가 갑작스럽게 죽기 전까지만 해도 뷰캐넌이 경제적으로 매우 큰 위기에 처해 있었다는 사실과 사망자의 유일한 상속자였다는 사실을 알아냈다. 경찰과 접촉한 기자는 자신이 취재한 사실들을 모두 진술했고, 경찰도 그의 의심에 동의하여 애나의 시신을 발굴하기 위한 영장을 발부받았다. 시신의 간과 소장을 부검하니 치사량에 달하는 모르핀의 흔적이 나타났다.

애나의.조직에 남은 모르핀의 양을 어떻게 알아낼 수 있었을까? 앞서, 엘리자베스 발로의 엉덩이에서 추출한 인슐린을 생쥐에 주사해서 사망자에게 주입된 양을 추정했던 방법을 기억할 것이다. 애나의 시신에서 모르핀의 양을 추정할 때도 비슷한 방법을 동원했다. 다만 이번에는 그렇게 추출된 모르핀으로 개구리를 죽이는 데 필요한 양을 실험했다는 점이 달랐다. 애나의 체내에서 치사량의 모르핀을 찾아냈지만, 모르핀 중독의 한 가지 결정적인 증상(동공의 수축)은 발견되지 않았다. 애나는 정말로 뇌졸

중으로 죽은 걸까, 아니면 뷰캐넌이 술집에서 떠들어댔던 것처럼 모르핀 중독의 증거를 감출 수 있는 방법을 알아냈던 걸까?

그 결말이야 어찌됐든, 뷰캐넌은 체포되었고 1급 살인 혐의로 기소되었다. 검찰 측이 법의학 증거를 법정에 제출한 최초의 재판이라는 점에서 이 재판은 세간의 이목을 끌었다. 변호인은 사망 당시 애나의 동공이 크게 열려 있었으므로, 그녀가 모르핀 과용으로 사망했다는 증거가 없다고 주장했다. 검사는 길고양이 한 마리를 법정으로 들여와 배심원 앞에서, 충분히 호기심을 자극할 만하지만 다소 역겹게도, 치사량의 모르핀을 주사해 죽였다 (그 고양이가 이 법정 시연을 어떻게 생각했을지는 기록되지 않았다). 죽은 고양이의 눈꺼풀을 뒤집자, 바늘 끝만큼 좁아진 모르핀 과용의 흔적이 분명하게 드러났다. 그런데 아트로핀을 천천히 고양이의 눈에 떨어뜨리자 놀랍게도 고양이의 동공이 슬그머니 풀리기 시작하더니 완전히 열리는 것이었다. 배심원들은 홀린 듯이 그 장면을 지켜보았다.

모르핀 중독의 증거는 아트로핀으로 충분히 덮을 수 있다고 자랑하듯 술집에서 떠들던 뷰캐넌의 말은 사실로 증명되었다. 그러나 배심원 앞에서 그의 유죄도 증명되었으니 그로서는 그보다 더 불행할 수 없었다. 1893년 4월 25일, 배심원단은 감형의 여지가 없는 유죄 평결을 내렸다. 다른 선택의 여지가 없었던 판사는 뷰캐넌에게 사형을 선고했다.

뷰캐넌은 칼라일을 두고 어리석고 미련한 자라고 비난했지만, 그의 마지막 날은 칼라일의 마지막과 별반 다르지 않았다. 뷰캐넌은 삼엄한 경비 속에 사형이 집행될 싱싱 교도소로 이송되었다. 모든 항소가 기각되자 뷰캐넌은 자신도 칼라일보다 영리하지 못했음을 서서히 깨달았다. 감방에서 전기 의자까지 20미터를 걸어가는 동안 뷰캐넌은 아무런 감정도 비치지 않고 침묵을 지켰다. 사형수의 몸에 전극이 부착되고 사지가 묶이자 간수에게 스위치를 닫으라는 신호가 떨어졌다. 2분 후, 뷰캐넌은 사망했다.

🩸 솔즈베리 소련 스파이의 암살 미수

폴 애거터는 아트로핀으로 아내를 죽였고, 뷰캐넌은 아내를 독살하고 그 증거를 덮으려고 아트로핀을 썼지만, 놀랍게도 아트로핀은 사실 매우 치명적인 신경독의 해독제로 쓰인다. 문제의 신경독은 용액으로 희석하여 문 손잡이나 고체 표면에 발라놓아서 그 표면과 접촉한 피부를 통해 체내에 들어가게 하는 방법으로 사람을 해친다. 또는 기체로 만들어 폐를 통해 흡수되게 할 수도 있다. 어떤 방법으로 체내에 들어가든, 인체를 파괴하는 과정은 똑같다. 수용체와 결합하는 아세틸콜린이 지나치게 부족하면 어떤 문제가 발생하는지 앞에서 알아보았지만, 반대로 아세틸콜린이 너무 많아 자극이 지나쳐도 치명적인 문제가 발생한다.

신경 말단에서 분비된 뒤 시냅스를 건너 수용체와 결합한 뒤 그 수용체를 활성화시키면, 아세틸콜린은 재빨리 분해되어 신호가 과다하게 발신되는 것을 막는다. 아세틸콜린을 분해하는 일은 효소가 처리하는데, 아세틸콜린에스테라제acetylcholinesterase라 불리는 이 효소는 단 80밀리세컨드(1밀리세컨드는 100만분의 1초) 만에 아세틸콜린 분자를 완전히 분해한다. 신경 작용 물질이 아세틸콜린에스테라제를 공격하면, 이 효소는 아세틸콜린을 분해하는 능력을 잃어버리고 더 이상 효소로서 작용하지 못한다. 분해 효소가 제 기능을 잃어버리면 아세틸콜린이 계속 쌓여서 수용체를 끊임없이 자극하고 결국에는 그 수용체와 관계된 장기를 망가뜨린다.

이런 효과는 신경 작용 물질, 즉 신경독에 노출된 피해자에게 어떤 영향을 미칠까? 소량의 아세틸콜린은 우리가 휴식을 취할 때 심장 박동을 늦추도록 조절한다고 앞에서 이야기한 바 있다. 다량의 아세틸콜린이 계속해서 수용체를 자극하면, 심장 박동이 위험한 수준까지 떨어져버릴 수 있다. 과도한 아세틸콜린은 땀, 눈, 타액의 분비를 과도하게 촉진한다. 침이 너무 많이 분비되기 때문에 신경독에 노출된 피해자의 입은 마치 거품이 일어난 것처럼 보이기도 한다. 땀을 비 오듯이 흘리기 때문에 입고 있던 옷도 완전히 땀에 젖는다. 폐와 기도의 습윤과 청결을 위해 소량씩 분비되던 체액이 갑자기 지나치게 많아지면, 피해자는 자신의 몸에서 나온 체액에 익사하는 지경에 이르게 된다. 오심, 구토뿐 아니라 두통에 이어 따라오는 발작과 의식 소실, 혼수상태 등이 앞에서 열거한 모든 증상에 동반된다. 신경독에 노출된 직후 곧바로 처치하지 않으면, 피해자는 살아남을 가망이 거의 없다. 이런 신경독의 유일한 치료제는 뜻밖에도, 그 자체가 치명적인 독성을 갖고 있지만 신경독에 노출된 피해자에게 쓰면 놀라운 효과를 나타내는, 아트로핀이다.

아트로핀 같은 치명적인 물질이 다른 독물로부터 사람을 살려내는 해독제가 될 수 있다니 놀랍지 않을 수 없다. 아트로핀이 1940년대에 발명된 화학 물질들(유기 인산 화합물에 속하는 물질들)에 대한 유일한 치료제라는 사실이 밝혀진 것은 최근의 일이다. 유기 인산 화합물은 원래 살충제로 개발되었지만, 이 물질의 독성을 심층 연구하고 더 강화시킨 끝에 VX*, VR과 같은 신경 작용제, 사린sarin**, 노비초크Novichok 같은 인류 역사상 최악의 화학 물질이 만들어졌다.

세르게이 스크리팔은 러시아군 정보대(GRU) 소속 대령이었다. 스페인의 마드리드에 파견되었던 스크리팔은 영국 비밀 정보국(MI6)에 포섭되어 이중첩자가 되었다. 당뇨병 진단을 받은 후, GRU 모스크바 본부로 복귀하라는 명령이 떨어지자 본국으로 돌아간 그는 MI6에 러시아 요원 300명의 명단을 넘겼다. 그러자 이번에는 MI6 내부의 러시아 스파이가 GRU 고위층에 스크리팔의 간첩 행위를 알렸다. 2004년 12월, 스크리팔은 자기 집 바깥에서 체포되어 비밀 군사 재판에 넘겨졌고, 첩보 활동을 통한 반역 행위로 유죄 판결을 받았다. 계급 박탈은 물론 그동안 받은 훈장까지 모두 몰수당한 스크리팔은 13년 형을 선고받고 경비 수준이 가장 높은 억류 시설에 수감되었다.

러시아 당국은 영국 정부를 위해 이중 스파이로 활동했던 스크리팔을 자국의 감옥에 가두었다. 같은 시기에 미국 정부는 미국에서 활동하던 러시아 출신 고정 간첩 여러 명을 최고 경비 교도소에 수감하고 있었다. 당연히 러시아 당국은 자국의 스파이들을 돌려받고 싶어 했고, 영국 정부는 스크리팔을 빼내고 싶어 했다. 영국, 러시아, 미국 정부 사이에 외교 채널이 가동되었고 드디어 존 르 카레의 냉전시대 첩보 소설에서나 등장할 법한 거래가 펼쳐졌다.

2010년 7월 9일, 러시아 출신 고정 간첩들을 태운 미국 국적기가 빈 국제 공항에 착륙했다. 비행기에서 내린 스파이들은 환

---

* 독성이 매우 강한 신경독의 일종으로, 실온에서 무미, 무취의 비휘발성 액체다. 치사량은 흡입 시 50mg, 피부 접촉 시 10mg/㎡이다. 현재 대량 살상 화학 무기로 분류되어 생산이 금지되어 있다.

** 액체 또는 기체 상태로 존재하는 맹독성 화합물로 중추 신경계를 손상시킨다. 치사량은 흡입 시 체중 1kg당 70mg, 피부 접촉 시 1700mg/㎡이다.

영을 받으며 고국으로 돌아갔다. 똑같은 시간에, 삼엄한 경비와 치밀하게 계획된 과정을 거쳐, 스크리팔을 태운 러시아 국적기가 잉글랜드 브리즈 노튼의 영국 공군 기지에 착륙했다.[6] 스크리팔은 안전하게 영국의 품으로 돌아왔다. MI6의 엄격한 비밀 준수 서약을 한 후, 그는 스파이로서의 삶을 뒤로한 채 남은 여생을 조용히 지내고 싶다는 희망을 안고 잉글랜드 남부의 솔즈베리에 정착했다. 그러나 그의 과거가 끝내 그의 발목을 잡고 말았다.

2018년 3월 4일 오후, 스크리팔과 당시 서른세 살이었던 딸 율리아가 집을 나서며 현관문을 닫았다. 두 사람은 밀펍이라는 작은 술집에 잠시 들렀다가 늦은 점심을 먹기 위해 이탈리아 식당으로 향했다. 식당을 나서고 얼마 후, 스크리팔과 딸은 갑자기 몸이 불편해지면서 시야가 뿌옇게 흐려지기 시작했다. 아마도 점심으로 먹은 음식이 뭔가 잘못된 모양이라고 생각했다. 잠시 쉬었다가 집으로 가기로 하고, 두 사람은 가까운 쇼핑 센터의 벤치에 앉아 메스꺼움이 가라앉기를 기다렸다.

오후 4시 15분, 사람 둘이 벤치에 의식을 잃은 채 쓰러져 있다는 신고가 경찰서로 들어왔다. 목격자들은 율리아가 두 눈을 커다랗게 뜬 채 초점없이 허공을 바라보면서 입에서는 침을 뚝뚝 흘리고 있었다고 말했다. 스크리팔의 몸은 뻣뻣하게 굳어 있었고, 턱과 옷에는 토사물이 뒤덮여 있었다. 스크리팔도 율리아도 외상은 눈에 띄지 않았으나 상태가 매우 위중해 보였다. 곧 구급차가 달려왔고 아버지와 딸은 계속 의식 불명의 위독한 상태로 솔즈베리 병원으로 옮겨졌다.

처음에 의사들은 마약성 진통제인 오피오이드opioid 과다 복용으로 보고 그 진단에 맞게 처치했으나 효과가 없었다. 그런데 스크리팔 부녀가 오피오이드 과다 복용이 아니라 훨씬 더 섬뜩한 다른 원인 때문에 쓰러졌음을 암시하는 단서가 처음 잡힌 것은, 쓰러져 있는 피해자들에게 가장 먼저 달려갔고 응급실까지 동행했던 경찰인 베일리 경사에게 스크리팔 부녀만큼 심각하지는 않지만 눈이 따갑고 발진이 올라오고 호흡이 가빠지는 증상이 나타나면서부터였다. 의식 불명 상태로 실려와 중환자실에 누워 있는 두 사람이 어쩌면 감염병 환자일 수도 있다는 우려가 일었다. 세르게이 스크리팔의 옛 삶이 러시아 스파이이자 이중 첩자였다는 사실을 경찰이 알게 되면서 급반전이 일어났다.

의료진은 이제 스크리팔 부녀가 유기 인산염(신경독에 쓰이는 독성 물질) 중독의 전형적인 징후를 보이고 있음을 알아차렸다. 스크리팔 부녀에게 즉시 아트로핀이 처치되었고, 아트로핀은 시냅스후postsynapse 아세틸콜린 수용체를 차단해서 아세틸콜린의 과도한 자극을 막아냈다. 코마 상태인 두 환자가 뇌 손상을 입지 않도록 인공호흡기로 산소를 공급했다. 이제 남은 일은 그들의 몸이 신경독을 분해하여 제거해주기를 기다리는 것뿐이었다.

스크리팔 부녀가 계획적으로 독극물에 노출되었음을 확신한 의료진은 포튼 다운Porton Down의 전문가와 접촉했다. 포튼 다운은 화학 무기의 감지와 치료법을 포함해 화학 무기에 대한 연구 전반을 책임지고 있는 영국 정부 소속 연구 기관이다. 스크리팔 부녀의 검체를 테스트한 결과, 이들이 접촉한 화학 물질은 1970년대와 1980년대에 소련에 의해 개발된 여러 신경독 중 하나인 노비초크(러시아어로 '노비초크Новичóк'는 '신인' 또는 '초보자'를 뜻한다)였다. 노비초크가 검출되자 곧장 러시아 정부로 의심의 시선이 향했다. 하지만 러시아 대통령 블라디미르 푸틴은 러시아 정부의 개입을 부인했다. 심지어 "러시아가 정말로 이중 첩자와 그 딸을 암살하려고 시도했다면, 그들은 이미 죽은 목숨일 것이다!"라고 큰소리를 치기까지 했다. 그의 큰소리에 호응하는 사람은 아무도 없었다.

율리아 스크리팔은 젊기도 했지만 신경독에 훨씬 적게 노출되었던 탓에 아버지보다 빨리 회복되었고, 경찰의 보호를 받으며 병원에서 퇴원했다. 훗날 율리아는 한 인터뷰에서 "20일 만에 의식을 차리고 보니 제가 독살당할 뻔했다는 뉴스가 나오고 있더라고요"라면서 당시에 얼마나 놀랐는지를 회상했다. 그녀의 아버지는 위독한 상태로 의식을 차리지 못하고 한 달을 더 지내야 했다. 의식을 되찾은 후에도 3개월을 더 입원해 있다가 역시 경찰의 보호를 받으며 비공개 장소로 옮겨졌다.

노비초크에 노출되었던 사람들은 이제 모두 병원 신세에서 벗어났지만, 그들이 애초에 어떻게 독극물에 노출되었는지는 풀어야 할 숙제로 남아 있었다.

그러다가 드디어 그 미스터리가 풀렸다. 2018년 3월 2일, 런던의 개트윅 공항에 도착한 여행객 중에 알렉산더 페트로브와 루슬란 보쉬로프가 있었다. GRU에서 발행한 여권을 들고 입국한 페트로프와 보쉬로프는 모두 훈장을 받은 GRU 소속의 대령으로 파악되었다. 두 사람이 런던 이스트엔드에 있는 시티스테이 호텔에 숙소를 잡았다가 이틀 후 솔즈베리행 기차를 탑승한 것으로 확인되었다. 그리고 스크리팔의 집 현관문에 액상의 신경독을 분무하는 두 사람의 모습이 포착된 CCTV 영상이 발견되었다. 스크리팔 부녀가 집을 나설 때 현관문을 닫으면서 신경독과 접촉한 것이었다. 임무를 마친 페트로프와 보쉬로프는 다시 기차를 타고 런던으로 돌아왔으며 히드로 공항에서 모스크바행 비행기에 탑승한 것으로 밝혀졌다. 그 두 사람에게 체포 영장이 발부되었으나, 나중에 알려진 바에 따르면 그 이름조차 가명이었다. 두 사람의 실제 정체는 알렉산더 미쉬킨 박사와 아나톨리이 체피가 대령이었다. 두 사람 모두 스크리팔이 몸담았던 군사 정보 조직, GRU 소속이었다. 영국 정부는 미쉬킨과 체피가의 살인 음모에 대한 증거를 충분히 확보하고 있었지만, 두 러시아인은 자신들은 평범한 관광객이었으며 자신들의 동선과 스크리팔의 사건이 일어난 시간과 장소가 우연히 겹쳤을 뿐이라는 주장을 굽히지 않았다.

범죄인 인도를 요청하자는 주장도 있었으나, 아무리 근거가 있는 요청이라 해도 푸틴이 그 요청에 응할 가능성은 희박했다. 사실 한 기자 회견에서 푸틴은 페트로프와 보쉬로프가 범죄자일 뿐 아니라 러시아 당국도 그들이 자수하기를 기다리고 있다고 말한 적이 있었다.

노비초크 사건의 마지막 희생자는 찰리 롤리와 던 스터지스였다. 찰리는 솔즈베리 시내 중심가에 있는 한 자선 물품 상자에서 고가의 향수 상자를 발견하고 신이 나서는 여자 친구인 던에게 점수를 딸 기회라고 생각했다. 상자 안에는 니나리치 프레미어 주르 향수병이 들어 있었다. 그러나 그 작고 예쁜 병 속에 든 액체는 향수가 아니라 노비초크였다. 그 병이 스크리팔의 집 현관문에 뿌려졌던 노비초크를 운반하는 데 쓰였을 뿐이었다. 그러나 아무것도 몰랐던 던은 그 액체를 손목에 직접 분사했고 스크리팔이 접촉한 것보다 열 배나 많은 양에 노출되고 말았다. 던은 8일 후 사망했다. 기괴하고 끔찍한 암살 시도의 무고한 희생자였다.

◑ 옛날에는 독, 지금은 해독제

로마인들은 사적인 앙숙이나 정적을 독살하는 데 있어 거의 전문가들이었다. 1세기에는 벨라돈나 같은 독약으로 살인을 저지르는 것이 어찌나 횡행했는지, 가정에서 그런 약물을 사용하는 것을 법으로 금지했을 정도였다. "우리가 통치자에게 원하는 것은 빵과 서커스뿐"이라는 명언으로 유명한 로마의 풍자 시인 유베날리스도 벨라돈나의 치명적인 독성에 대해 "그 열매에서 난 즙은 꼴보기 싫은 남편을 제거하고 싶은 아내가 가장 선호하는 해결책"이라고 주장하기도 했다. 폴 애거터가 아내를 살해하려고 했을 때의 아트로핀은 살인 무기로 쓰이기 시작한 지 이미 2000년이 넘는 역사를 갖고 있었다. 애거터는 이런 역사가 자신도 아트로핀으로 문제를 해결할 수 있음을 알려주는 것이라고 받아들였다.

소름 끼치는 역사를 가졌음에도 불구하고 아트로핀은 현대 의학에서 새로운 용도로 주목받고 있다. 신경독에 노출된 스파이를 치료한 것도 놀라운 일이지만, 아트로핀은 병원에서 심장 박동을 제어하는 약물로 흔히 쓰인다. 심장 박동이 느려진 환자나 심지어는 아예 심장이 멈춰버린 환자에게도 효과가 있다. 또한 수술을 앞둔 환자에게 아트로핀을 투여해서 수술 도중 타액이나 체액이 폐에 고여 폐렴을 유발하는 것을 사전에 막는다. 한때는 사람을 죽이는 데 쓰이던 물질이 치료제로 재탄생한 것이다.

다음 장에서는 강장제로 출발했지만 세상에서 가장 흉악한 독약으로 끝난 한 약품에 대해 이야기해보자.

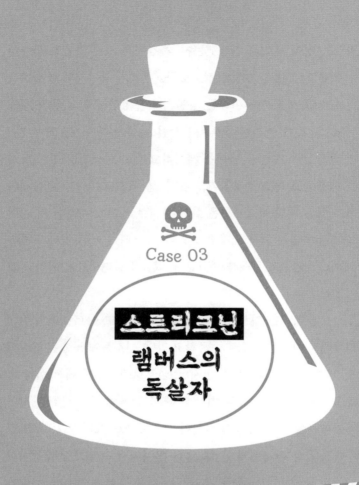

Case 03

스트리크닌
램버스의
독살자

켐프, 스트리크닌은 남자의 나약함을 거둬내는
훌륭한 강장제라네.

_H. G. 웰스, 《투명 인간》, 1897

🜄 투명 인간, 사이코, 셜록 홈스

우리의 뇌리 속에 치명적인 독극물로 각인되어 있는 스트리크닌strychnine이 강장제, 활력 회복제로 애용된 적이 있었다니 놀랍고 황당할 지경이다. 그러나 20세기가 밝아오던 시절까지는 분명 그런 대접을 받았었다. H. G. 웰스의 소설《투명 인간》의 주인공 그리핀 박사는 '스트리크닌이 얼마나 유용한 물질인지'를 발견했다. 웰스는 소설 속에서 이렇게 묘사했다. "그리핀은 약간의 신경 쇠약을 겪었다. 악몽을 꾸기 시작했으며 자기 일에도 도통 흥미가 없었다. 그러나 스트리크닌을 소량 복용하고는 활력을 되찾은 듯 느꼈다."

스트리크닌의 쓸모는 끝이 없어 보였다. 심리학자 칼 래슐리Karl S. Lashley는 미로 찾기 실험에서 스트리크닌이 쥐의 학습 능력을 강화시킨다는 것을 발견했다. 미국의 마라토너 토머스 힉스는 스트리크닌의 도움으로 1904년 세인트루이스 올림픽에서 금메달을 땄다. 의대 학생들은 시험 공부를 할 때 스트리크닌을 활력제로 애용했다.[1] 심지어는 아돌프 히틀러도 스탈린그라드 전투에서 수많은 독일군을 잃고는 기운을 되찾기 위해 스트리크닌이 든 강장제를 복용했다고 한다.

그러나 여러 대중 문화 속에서 섬뜩하게 묘사된 것처럼, 스트리크닌에는 부작용도 따른다. 아서 코넌 도일이 쓴 소설《네 사람의 서명》에서 셜록 홈스의 충실한 동료 왓슨 박사는 피살자의 얼굴에 드러난 기이한 표정을 보고 스트리크닌으로 독살되었음을 추론한다. 앨프리드 히치콕은 영화 〈사이코〉에서 노먼 베이츠가 식칼을 들고 샤워 커튼을 갈기갈기 찢으며 살인을 저지르기 전에 스트리크닌으로 자신의 어머니를 독살한 것으로 묘사했다. 가까운 과거로 시간을 옮겨보면, 공포 소설의 대가 스티븐 킹은 2014년에 쓴 소설 《미스터 메르세데스》에서 스트리크닌을 등장시켰다.

애거사 크리스티도 탐정 소설 데뷔작 《스타일스 저택의 괴사건》에서 스트리크닌을 즐겨 사용했다. 스트리크닌에 중독되었을 때의 증상을 너무나도 정확하게 묘사한 바람에 《약학 저널》에 실린 이 소설 리뷰에 "소설로서는 매우 드물게 묘사가 너무나 정확하여 이 소설의 작가가 약학 분야에서 전문적인 훈련을 받은 사람이라고 믿고 싶을 정도다"라는 문장이 있었다.[2]

왜 그토록 많은 작가가 스트리크닌과 얽힌 이야기로 소설을 썼을까? 그것은 아마도 기록으로 남겨진 스트리크닌 독살의 사례가 매우 많기 때문이었을 것이다. 범죄에 이용된 독극물을 이용 빈도에 따라 상위 열 가지를 꼽는다면 스트리크닌이 세 번째를 차지하는 것이 현실이다. 그보다 앞에 있는 물질은 비소와 청산가리뿐이다.

스트리크닌의 역사

아트로핀(2장 참조)이나 카페인, 니코틴 그리고 코카인처럼 스트리크닌도 식물성 알칼로이드다. 이 화합물들 모두가 식물이 동물에게 먹히지 않으려고 만들어내는 매우 쓴맛의 화학 물질을 포함하고 있다. 하지만 식물의 의도와는 아랑곳없이, 사람은 바로 그 알칼로이드를 할 수 있는 한 많이 채취하기 위해 온갖 노력을 기울여왔다. 스트리크닌은 스트리크노스*Strychnos*속 식물로, 1753년에 분류학의 대가 칼 린네*Carl Linnaeus*에 의해 명명되었다. 스트리크닌은 스트리크노스속에 속하는 모든 종의 식물에서 발견되지만, 스트리크노스 눅스 보미카*Strychnos nux-vomica*에 가장 많이 들어 있다. 아시아에서는 마전자馬錢子라는 명칭으로도 잘 알려져 있다. 스트리크닌을 만들어내는 나무는 상록수로, 인도, 스리랑카, 티베트, 남중국과 베트남이 원산지다. 아시아에는 이 나무가 흔하지만, 이들 지역에서 스트리크닌을 범죄에 이용한 사례는 극히 드물다. 그 이유가 이 지역 사람들이 사람을 죽일 목적으로 스트리크닌을 사용하는 데 거부감을 느껴서인지 아니면 단지 그런 사례를 기록으로 남기지 않아서인지는 불분명하지만, 아시아에서는 스트리크닌을 주로 쥐와 같은 해로운 동물이나 해충을 잡는 데 썼던 것이 사실이다.

스트리크닌이 유럽 시장에 들어온 것은 무역선이 더 먼 곳까지 항해하기 시작하면서였다. 어떤 배든 쥐가 들끓는 것을 막을 도리가 없었는데, 귀한 식량을 축내거나 병을 옮기는 쥐를 선원들이 반길 리 없었다. 따라서 스트리크닌은 여러 선원들 사이에서 쥐약으로 아주 인기가 높았다. 1800년대 말에 이르러서는 해마다 500톤의 스트리크닌이 런던으로 들어왔고, 그 대부분이 쥐를 잡는 독약으로 쓰였다. 약사로부터 '스트리크닌' 자체를 사기는 어려웠지만, 일반 대중들은 버민 킬러, 즉 '해충약'이라는 이름으로 3페니, 6페니짜리 제품을 쉽게 살 수 있었다.

'버틀러스 버민 킬러Butler's Vermin Killer'라는 제품은 밀가루, 숯가루에 스트리크닌을 섞어 만든 것으로, 사람들은 이 약을 작은 조각으로 잘라 빵이나 치즈에 섞어 밤새 주방 바닥에 놓아두었다. 스트리크닌의 약효가 얼마나 빠른지, 이 약을 먹은 쥐는 멀리가지도 못하고 쥐약이 든 먹이 근처에서 죽은 채로 발견되곤 했다. 앨프리드 스웨인 테일러Alfred Swaine Taylor는 1897년 출판된 《법의학 매뉴얼Mannual of Medical Jurisprudence》에서 해충약에 대해 "실수로든 고의로든 그 독성으로 사람을 죽이기에 충분한 가루지만, 무식한 자들이 더 무식한 자들에게 공공연히 팔고 있으며 팔리는 해충약의 상당수가 자살 목적으로 쓰이고 있다"라고 썼다. 스트리크닌은 '가루 해충약Vermin Powder'이라는 일반적인 이름으로 시장에서 아무나 살 수 있었고, 누가 누구에게 팔든 전혀 서로를 의심하지 않았다. 심지어는 사는 사람이 살인의 음모를 품고 있어도 전혀 문제가 되지 않았다.

해충약의 쓰임은 쥐를 잡는 데에만 국한되지 않았다. 유기견이나 유기묘를 죽이는 데에도 흔히 쓰였다. 작가 헨리 F. 랜돌프 Henry F. Randolph도 그런 목적으로 액상의 해충약을 구입한 사람 중 하나였다. 상식이 있는 19세기의 작가라면 응당 그러했겠지만, 랜돌프도 이 약을 그늘진 정원 구석처럼 함부로 다른 사람들의 손에 닿는 곳에 두지 않고 '독약'이라고 큰 글씨를 써 붙여서 자기 침대 옆 협탁 서랍에 숨겨두었다. 어느 날 밤, 랜돌프에게 퀴닌을 먹어야 할 일이 생겼다. 퀴닌 역시 매우 쓴맛의 알칼로이드다. 밤의 어두움 속에서 그는 스트리크닌이 든 병을 퀴닌으로 착각하고 들이마셨다. 세 시간 반이 지난 후, 그는 사망하고 말았다. 이 일화가 주는 교훈은? 독약을 자기 침대 가까이에 감추어 두는 것은 현명한 생각이 아니라는 것.

식물성 알칼로이드가 모두 그렇듯이, 스트리크닌 역시 맛이 매우 쓰다. 사실 스트리크닌이 유명해진 이유 중 하나가 사람에게 알려진 모든 물질 중에서 맛이 가장 쓰다는 점 때문이다. 다른 모든 쓴맛의 서열도 스트리크닌을 기준으로 매겨진다.[3] 맛이 쓰기로 유명한 다른 식물성 알칼로이드로는 퀴닌이 있는데, 앞 장에서도 이야기했듯이 퀴닌을 다리에 경련이 났을 때도 치료제로 쓰이지만 말라리아 치료제로도 쓰여 왔다. 나폴레옹 시대의 내과 의사들은 쓴맛을 가진 흰색의 가루였던 퀴닌이 의학적으로 유용하다면, 흰색이고 쓴맛을 가진 가루는 모두 의학적으로 가치가 있을 수밖에 없다는 이상한 논리를 내세웠다. 이 논리로 말라리아 환자를 비롯해 여러 가지 통증과 질병을 가진 환자들을 퀴닌뿐 아니라 스트리크닌으로도 치료할 수 있다고 믿어 의심치 않았다. 프랑스의 수많은 환자에게 그나마 다행이었던 것은, 약품에 대한 이러한 논리가 처음 주장되었던 것만큼 유용하지 못하다는 사실이 금방 밝혀져서 아무거나 쓰고 흰 가루면 만병통치약이라는 관행이 얼마 지나지 않아 사라져버렸다는 것이다.

● 램버스의 독살자

1891년, 빅토리아 시대 런던은 잭 더 리퍼의 공포로부터 막 벗어나던 중이었다. 잭의 마지막 살인으로부터 3년이 지난 때였고, 런던의 매춘부들은 정상적인 일상으로 돌아가고 있었다. 그러나 열아홉 살의 매춘부 엘런 돈워스가 램버스의 거리에서 시신으로 발견되면서 그 평온도 깨지고 말았다. 잭이 다시 돌아온 걸까? 아니면 또 새로운 살인마가 밤의 여인들을 노리는 걸까?

램버스 거리에서도 매춘부들의 삶은 거칠고 고단했다. 부잣집 하녀나 공장 노동자로 일하는 것보다 수입은 열 배, 열두 배나 좋았지만 그들의 삶은 비루하고 참혹한 데다 짧게 끝나버리곤 했다. 램버스에는 매춘업소가 극히 드물었기 때문에, 매춘부들은 자기 집을 일터로 삼거나 그도 아니면 거리로 나서야 했다. 당연히 폭력적인 고객에게 노출될 위험이 컸다. 유리병에 상표 붙이는 일을 하던 엘런 돈워스는 그 일을 그만두고 매춘부로 나섰다. 1881년 10월 13일, 엘런은 자신을 프레드라고 소개한 한 남성으로부터 메모를 받았다. 가까운 곳에 있는 요크 호텔에서 만나자는 전갈이었다. 만나 보니 프레드라는 남성은 실크로 안감을 댄 망토를 입고 실크해트를 쓴, 게다가 손잡이가 금으로 장식된 지팡이를 든 매우 잘생긴 신사였다. 엘런은 프레드가 돈 많은 신사라는 생각에 그가 단골손님이 되기를 바라며 기대에 부풀었다. 그날 저녁 7시경, 엘런은 프레드와 작별하고 호텔에서 나왔다.

호텔에서 나온 지 몇 분 만에 엘런은 걸음을 옮기기 힘들 정도로 심한 복통을 느꼈다. 마침 마주쳤던 친구는 엘런이 술에 잔뜩 취한 줄 알았을 정도였다. 그러나 엘런은 술보다 훨씬 끔찍한 어떤 것 때문에 고통받고 있었다. 부축을 받으며 집에 도착해 자리에 누운 엘런은 온몸의 근육이란 근육을 한꺼번에 비틀어 짜는 듯한 끔찍한 경련으로 몸부림치다가 등이 활처럼 휘었다. 단말마의 고통 속에서도 엘런은 집주인에게 눈이 내사시內斜視이고 이름은 프레드라는, "실크해트를 쓰고 구레나룻 수염을 멋들어지게 기른 어떤 신사로부터 연한 색깔의 물약 같은 액체를 두 번 받아 마셨다"고 말했다. 주변 사람들은 마차를 불러 고통에 몸부림치는 엘런을 태우고 병원으로 향했지만, 안타깝게도 엘런은 병원에 도착하기 전에 숨을 거두었다. 부검 결과 엘런의 위 속에서 다량의 스트리크닌이 발견되었다.

19세기 영국에서 가장 인기 있는 여흥의 장소 중 하나가 뮤직홀이었다. 뮤직홀에서 대중들은 다양한 종류의 연극, 서커스, 희극, 대중가요(외설스러운 가사가 적지 않았다) 공연을 즐겼다. 알람브라 뮤직홀과 세인트제임스 뮤직홀도 그런 뮤직홀이었다. 빅토리아 시대 뮤직홀은 매춘부들이 고객을 낚는 장소로도 그만이었다. 엘런 돈워스가 사망하고 일주일 후, 프레드는 또 다른 매춘부인 루이자 하비를 대동하고 알람브라 뮤직홀에 나타났다. 뮤직홀에서 버라이어티 쇼를 관람하며 저녁 시간을 보낸 후 프레드는 루이자와 함께 소호에 있는 한 호텔에서 밤을 보냈다. 다음 날 아침에 헤어지면서 그날 저녁 8시에 다시 만나자고 루이자와 약속을 잡았다. 그러고는 이마에 솟은 여드름에 좋을 거라며 알약 두 개를 건넸다. 약속한 시간, 프레드와 루이자는 채링크로스 지하철역 입구가 보이는 길 건너편에서 만났다. 가까운 펍에서 술 몇 잔을 마신 뒤, 다른 행인들과 섞여 템스 강변의 강둑을 산책했다. 그렇게 걷던 도중에 프레드가 코트 주머니에서 휴지에 싼 알약 두 개를 꺼내더니 루이자에게 삼키라고 독촉했다. 루이자가 약을 삼킨 것을 확인하자마자 프레드는 휙 돌아서서 런던의 어두운 밤공기 속으로 사라져버렸다.

그 후 몇 달간은 어디로 사라졌는가 싶더니, 프레드는 다시 나타나 두 건의 살인을 더 저질렀다. 1892년 4월 11일, 스탬포드 스트리트에 살던 스물한 살의 앨리스 마시와 열여덟 살의 에마 슈리벨은 그들이 최근에 만난 한 신사와 연어 통조림으로 저녁 식사를 하고 있었다. 그 후, 둘 중 한 사람이 침대에서 입에 거품을 문 채 비명을 지르고 있는 것이 발견되었다. 대체 어찌된 연유인지 물었더니, 손님이 준 알약을 먹었다고 대답했다. 왜 낯선 손님이 준 약을 함부로 먹었는지 묻자, 그 손님은 낯선 사람이 아니었다고 대답했다. 그 손님은 의사라는 것이었다. 두 사람 모두 극심한 고통에 몸부림치다가 몇 시간 만에 사망했다.

매춘부 세 명이 끔찍하게 독살당했고, 나머지 한 사람은 흔적도 없이 사라졌다. 살인자의 행방은 오리무중이었고 정체도 밝혀지지 않았지만, 언론은 이미 그에게 흥미진진한 이름을 붙여주었다. '램버스의 독살자'였다.

런던의 언론들은 아직 모르고 있었지만, 그들이 쫓는 살인자는 대서양 건너편에서 이미 독살범, 낙태 시술자로 알려졌던 사람이었다. 스코틀랜드 이민자인 토머스 닐 크림Thomas Neil Cream은 1876년 캐나다 몬트리올에 있는 맥길 대학 의대를 졸업했다. 평균 이상의 지적 능력에 준수한 외모, 거기다 은근한 매력까지 갖춘 크림은 언제나 여성들 사이에서 인기가 높았다. 맥길 대학 재학 중에 그는 플로라 브룩스라는 여성과 불꽃같은 사랑을 나누었고, 결국 플로라가 임신을 하기에 이르렀다. 혼전 임신을 기회 삼아 결혼을 하는 대신, 크림은 직접 낙태 시술을 하기로 마음먹었지만 시술 도중에 플로라가 거의 죽을 뻔하는 사고를 저질렀다. 부유한 호텔업자였던 플로라의 부친 라이먼 헨리 브룩스는 크림이 자신의 딸에게 저지른 짓이 크게 못마땅했지만, 이제라도 결혼을 해서 딸의 명예를 회복시키라고 (총구를 겨누고서) 설득했다. 크림은 브룩스의 말대로 1876년 9월 11일에 플로라와 결혼했다. 그러나 속마음은 그녀와 행복한 결혼 생활을 누릴 생각이 전혀 없었다. 크림은 결혼식 바로 다음 날 배를 타고 영국으로 줄행랑을 놓았다. 그리고 런던의 세인트토머스 종합 병원에서 수련의 생활을 시작했다. 런던에서 크림의 생활은 그다지 성공적이지 못했다. 런던에서 외과 전문의 자격증을 따는 데 실패한 크림은 스코틀랜드 에든버러로 옮겨 가서 내과 및 외과 전문의 자격을 따고 드디어 병원을 개원하게 되었다. 크림의 동기 중에 아서라는 젊은 의대생이 있었다. 크림이 악명 높은 연쇄 살인범으로 발전해가는 동안, 이 아서라는 친구(그의 전체 이름은 아서 코넌 도일이다)는 '셜록 홈스'라는 가상의 인물을 등장시켜 범죄자를 잡는 탐정 소설가로 명성을 얻었다.

에든버러에서 공부하는 동안, 크림은 자신의 법적인 아내가 병에 걸렸다는 소식을 듣고 마음 아픈 척하면서 약을 보냈다. 얼마 후 크림 부인은 세상을 떠났고, 사망 원인은 소모증(결핵)이라고 알려졌다. 그 이후에 벌어진 일들을 짚어보면, 어쩌면 플로라는 남편이 보내준 약에 의해 독살된 것일지도 모르겠다.

크림이 에든버러시에서 갓 발급해준 의사 면허를 받은 지 얼마 지나지 않아 그의 환자 중 한 명이 숨졌다. 1879년, 한 임산부가 크림의 진료실에 들어섰다. 진료실에서 무슨 일이 있었는지는 모르지만, 그 후에 그 임산부는 진료실 뒤 창고에서 시신으로 발견되었다. 클로로포름 과잉 투여로 인한 중독사였다. 크림은 살인 혐의 기소는 피했지만, 의사로서 무능과 의료상 과실로 평판에 금이 갔다. 그러자 그는 다시 배를 타고 대서양을 건너는 것이 최선이라고 판단했다.

1871년 10월 시카고에서 대화재가 발생했다. 300명이 사망했고 약 5제곱킬로미터 면적의 건물이 모두 불에 타버렸다. 그로부터 8년 후, 크림이 도착했을 때의 시카고는 이제 막 회복하기 시작했고 새로운 건축 수요 덕분에 이민자들이 밀려들고 있었다. 크림은 시카고의 홍등가 근처에 병원을 차린 뒤 근처 매춘업소에서 일하는 매춘부들을 상대로 낙태 시술을 해주고 제법 큰돈을 단시간에 벌 수 있었다. 1880년에 이미 그의 이름은 홍등가에서 모르는 사람이 없을 정도가 되었다.

크림에게는 다행스럽게도, 당시의 낙태 시술이란 의학적 수술이라기보다 거의 도살에 가까웠다. 많은 환자가 어설픈 시술후 과다 출혈로 죽거나 비위생적인 시술 도구에 의한 감염으로 평생 고질병을 안고 살기 다반사였다. 크림은 해티 맥이라는 흑인 조산사를 조수로 두고 낙태 시술을 했다. 어느 날 해티 맥이 소리 소문도 없이 사라지자, 의심을 품은 맥의 친구들이 경찰에 실종 신고를 했다. 맥의 방을 수색하는 도중에 메리 앤 포크너라는 매춘부의 시신이 발견되었다. 시신은 이미 부패가 시작되었고, 사인은 과다 출혈로 보였다. 맥은 필사적으로 도주를 시도했으나 결국 경찰에 잡히고 말았다. 경찰이 진짜로 쫓고 있는 인물은 맥이 아니라 크림이었으므로, 경찰은 선처를 해줄 테니 크림을 기소할 수 있는 증거를 내놓으라고 설득했다. 제 코가 석자였던 맥은 경찰이 원하는 정보를 기꺼이 털어놓았다. 크림이 한 매춘업소에서 열다섯 건의 낙태 시술을 했으며 총 500건이 넘는 낙태 시술을 했노라고 자랑처럼 떠벌렸다는 것이었다.

결국 크림도 체포되었다. 그러나 경찰이 기소 유지를 위해 수많은 증거를 제출했음에도 불구하고, 크림은 포크너의 죽음에 책임이 있는 사람은 자신이 아니라 해티 맥이라고 부검의를 설득하는 데 성공했다. 아닌 게 아니라 포크너의 시신이 발견된 장소가 바로 맥의 아파트였다. 게다가 배심원도 낙태 시술을 돕던 흑인 여성 조산사의 말보다는 잘 생기고 매너 좋은 백인 의학 박사의 말에 넘어가기가 더 쉬웠다.

그러나 아이러니하게도, 그를 감옥으로 보낸 사건은 그가 저지른 수많은 여성 연쇄 살인이 아니라 단 한 건의 남성 살인 사건이었다.

　1881년, 예순한 살의 대니얼 스톳은 시카고앤드노스웨스턴 레일로드 소속으로 시카고에서 북서쪽으로 110여 킬로미터 떨어진 가든 프레리라는 소도시에서 여객 서비스 직원으로 일하고 있었다. 스톳은 서른세 살 연하의 젊은 아내 줄리아, 그리고 열 살 난 딸 레벨과 살고 있었다. 스톳의 삶은 대체로 평온하고 안락했지만, 가끔씩 찾아오는 간질 발작 때문에 건강이 축나고 있었다. 그런데 어느 날 간질 특효약이 있다는 소문이 들려왔다. 시카고에 있는 토머스 닐 크림이라는 의사에게서 구할 수 있고, 절대로 안전하고 믿을 수 있는 약이라는 이야기였다. 스톳은 기차를 타고 시카고로 가서 크림과 상담을 한 후 크림이 특허를 냈다는 약을 처방받았다. 그렇게 처방받은 약이 정말 효과가 있었는지는 의문스럽지만, 약이 떨어질 때마다 스톳은 아내를 시카고로 보내 약을 받아오게 했다. 크림이 줄리아를 유혹하는 데에는 오랜 시간이 필요하지 않았다. 두 사람은 뜨거운 사랑을 나누기 시작했다.

　1881년 6월 11일, 스톳은 또 약을 처방받기 위해 크림을 만나러 가는 아내가 시카고행 기차를 타기 전에 작별 인사를 했다. 그 다음 날, 줄리아는 처방받은 약을 가지고 돌아와 남편이 먹을 수 있게 준비해두었다. 스톳의 친구이자 대장장이인 존 에지콤이 친구를 만나기 위해 스톳의 집에 도착했을 때, 마침 줄리아가 스톳에게 약을 준비해주고 있었다. 나중에 에지콤은 "대니얼이 발작을 일으키며 숨이 넘어가고 있는데 아내라는 사람은 꼼짝도 하지 않았을 뿐 아니라 의사를 부르려고도 하지 않았다"고 증언했다. 그럼에도 불구하고 스톳의 죽음을 놀라워하는 사람은 별로 없었다. 이미 오래전부터 병력이 있었기 때문이었다. 계획대로 장례가 치러졌고, 검은 상복을 입고 묘지에 도착한 줄리아는 미망인답게 눈물을 흘렸다.

크림의 살인 행각은 이번에도 들키지 않고 넘어가는 듯했다. 그러나 어디서 그런 자신감이 솟아났는지, 그는 대담하게도 스톳의 죽음은 자연사가 아니라 스트리크닌 중독에 의한 살인이라는 전보를 보냈다. 그것도 지방 검사에게! 검사에게 전보를 보낸 다음에는 검시관에게 스톳의 시신을 발굴해 부검을 해보라고 편지를 보냈다. 스톳이 죽기 전에 복용했던 약을 먹은 유기견이 죽어나가자 당국에서도 전면적인 수사를 개시했다. 검시관은 대니얼 스톳은 정말로 살인의 피해자라는 판단을 내리고 미망인뿐 아니라 크림까지 범인으로 지목했다.

재판정에 선 줄리아 스톳은 무죄라고 항변하면서 그 약이 독약인 줄은 몰랐다고 주장했다. 더 나아가 "닥터 크림이 사람들에게 독약을 먹여서 시카고에 있는 몇몇 약국이 소송을 당하게 만들 계획을 세우는 중이라고 말했어요. 하지만 내 남편 대니얼에게 독약을 먹일 거라고는 생각도 못 했어요"라고 진술했다.

자신을 방어하기 위해 증언대에 선 크림은 태연하고 침착한 태도로 모든 혐의를 부인하면서 완전한 무죄를 주장했다. "스톳 씨는 돌아가시기 얼마 전에 저를 찾아와 아내가 외간 남자와 정을 통하고 있다고 말한 적이 있습니다. 저에게 도와달라고 하셨습니다. 그다음에 스톳 부인이 처방을 받으러 찾아왔을 때, 부인에게 남편이 했던 말을 해주었습니다. 부인은 얼굴을 붉히면서, '망할 놈의 늙은이! 약을 먹여서라도 버릇을 고쳐놓고 말겠어요!'라며 언성을 높였습니다." 증언을 마치고서 크림은 신문을 읽었다. 배심원을 바라보며 그는 이따금씩 미소를 지었다.

배심원단이 평의를 통해 크림에게 유죄 평결을 내리는 데에는 세 시간밖에 걸리지 않았다. 줄리아 스톳은 검찰 측 증인으로 나서는 데 동의하는 조건으로 무죄 방면되었다. 판사는 크림에게 종신형을 선고하고 졸리엣 교도소*에 수감했다. 재판이 있고 몇 달 후, 스톳의 무덤에 새 묘비가 세워졌다. 스톳은 프리메이슨의 벨비디어 지부 멤버였으며 이 지부의 다른 멤버들이 야음을 틈타 비석을 세운 것이라는 소문이 퍼졌다. 비석에는 이런 묘비명이 새겨져 있었다. "대니얼 스톳, 1881년 6월 12일 61세의 나이로 아

---

* 일리노이주 졸리엣에 있던 교도소. 1858년부터 2002년까지 운영되었으며 영화 〈블루스 브러더스The Blues Brothers〉, TV 드라마 시리즈 〈프리즌 브레이크〉 등 여러 범죄 소재 작품의 배경이 되었다.

내와 닥터 크림에 의해 독살당하다.”

종신형을 선고받았지만, 크림은 미국 땅에서 수감 생활을 하며 생을 마칠 사람이 아니었다. 1891년, 수감된 지 겨우 10년 만에 일리노이 주지사 조셉 W. 파이퍼가 모범수라는 이유로 크림의 형기를 17년으로 감형해주었다. 크림이 거의 즉시 석방될 수도 있다는 의미였다. 일설에 의하면 크림이 연줄과 뇌물을 동원해 주지사로 하여금 형기를 감형하고 즉시 석방하도록 손을 썼다는 주장도 있었다. 크림은 아버지가 사망한 후 1만 6000달러를 상속받아, 요즈음 가치로 따진다면 대략 40만 달러 정도가 되는 돈을 가지고 있었다. 일리노이주와 시카고의 정치적 부패상을 생각한다면(일리노이 주지사 중 네 명이 부패 혐의로 유죄 판결을 받은 역사가 있다), 이런 주장도 진실일 가능성이 충분했다.

석방되자마자 영국으로 돌아가기로 결정한 그는 1891년 10월 1일 리버풀 항구에 도착했다. 기차 편으로 런던에 도착해 워털루 지역에 있는 램버스 팰리스 로드 130번지에 집을 얻었다. 다시 자유의 몸이 되었지만 10년의 수감 생활은 크림에게도 적지 않은 흔적을 남겼다. 우선 시급한 두 가지 문제가 있었다. 하나는 감옥에서 시작된 약물 습관을 충족시키는 것이었고, 나머지 하나는 그가 ‘거리의 여인들’이라 부르던 사람들과 관련된 문제를 해결하는 일이었다.

크림이 런던에 도착하고 얼마 후, 매춘부 세 명이 스트리크닌 중독으로 끔찍하게 죽어나갔고 한 사람은 흔적도 없이 사라졌다. 독살범은 잡히지 않았다.

'램버스의 독살자'를 추적하는 기사들이 온 신문의 1면을 도배했지만, 대중의 호기심을 충족시키기에는 충분하지 않았다. 런던의 시민들은 남녀노소를 불문하고 자신이 직접 이 사건을 해결하겠다고 나섰다. 존 헤인즈John Haynes는 뉴욕에서 형사로 일했는데, 당시에는 런던에서 살고 있었다. 그는 런던 경찰청 형사가 될 기회라고 보고 램버스의 독살자 사건을 해결하기 위해 필사적으로 매달렸다. 그 과정에서 이 사건과 관련 있는 독극물에 관심을 가지고 있다는, 토머스 닐이라는 내과 의사와 친분을 트게 되었다. 공개된 정보에 대해 의견을 주고받거나 가능성 있는 추론을 내세우며 여러 시간을 보냈는데, 바로 그렇게 나눈 대화들이 이 사건을 푼 결정적인 단서가 되었다.

닐은 이 사건에 대해 헤인즈는 물론이고 런던 경찰청에서도 알지 못하는 사실들을 이야기하기 시작했다. 심지어 헤인즈를 끌고 살인 사건 현장 투어를 다니기도 했다. 놀랍게도, 닐은 죽은 매춘부 셋, 루이자 하비, 마틸다 클로버, 엘런 돈워스를 직접 만난 적이 있다고 헤인즈에게 말했다. 하지만 그건 있을 수 없는 일이었다. 그 시점까지 알려진 마틸다 클로버의 사인은 알코올 중독이었지 독극물에 의한 중독사는 아니었다. 그리고 루이자 하비는 실종되었을 뿐, 그녀가 사망했다는 증거는 발견된 적이 없었다.

닐에 대한 의심에, 자신의 커리어에 대한 욕심이 더해져서 헤인즈는 경시청을 찾아가 형사들에게 자신이 들은 이야기를 전했다.

마틸다 클로버의 이웃 주민들을 집집마다 찾아다니며 탐문한 형사들은 그녀의 마지막 순간을 목격한 증인을 발견했다. 증언에 따르면 마틸다는 발작과 경련으로 고통스러워했고 등이 활처럼 휘었다고 했다. 엘런 돈워스, 앨리스 마시, 에마 슈리벨 등이 겪었던 스트리크닌 중독과 비슷한 증상이었다. 클로버의 친구들을 탐문한 결과, 그녀가 죽기 직전 닐과 함께 있는 모습을 보았다는 증언이 나왔다. 이렇게 증거와 증언이 쌓이자 결국 1892년 5월 6일에 마틸다의 시신을 무덤에서 발굴했고, 부검을 책임진 병리학자는 보고서를 제출하는 데 3주가 걸릴 정도로 꼼꼼하고 철저하게 주의를 기울였다. 클로버의 간과 위에서 절편을 채취해 갈아서 죽처럼 만들었다. 테스트를 위해 액상으로 만든 것이었다. 그 액체를 직접 맛본 부검의는 쓴맛을 확인하고 알칼로이드의 일종이라고 확신했다. 하지만 정확히 무엇일까? 부검의가 남은 시료를 액상 추출물로 만들어 개구리에게 주입하자 개구리는 전형적인 스트리크닌 중독 증상인 경련과 발작을 보이다가 죽었다. 마틸다 클로버는 닐이 이미 밝혔던 것처럼, '램버스의 독살자'의 손에 살해된 또 한 명의 희생자임이 분명했다. 하지만 닐은 그 사실을 어떻게 알았을까?

런던 경찰청은 바로 그 질문에 대한 답을 찾고 싶었다. 마틸다 클로버 사건에 대한 심리는 6월 22일에 열렸다. 배심원은 마틸다 클로버가 스트리크닌 중독으로 죽었다는 결론을 내렸을 뿐 아니라 닐을 그 죽음의 배후로 지목했다. 닐이 경찰서에 구금되어 있는 동안, 캐나다와 미국으로부터 매우 흥미로운 정보가 도착했다. 토머스 닐의 정체는 토머스 닐 크림이었다.

크림은 이제 마틸다 클로버 살인 사건의 범인으로 재판을 받게 되었다. 영국의 법 제도상 온전히 그녀의 살인 사건과 직접 관련된 증거만 법정에 제출될 수 있었다. 그러나 올드 베일리 법원(런던의 중앙 형사 법원)에서 이 재판을 맡은 판사 헨리 호킨스 경은 검찰 측에 크림의 과거 범죄와 관련된 증거까지 제출할 수 있도록 폭넓은 재량권을 허락해주었다. 크림에게 적용된 범죄 사실은 마틸다 클로버 살인 사건뿐이었지만, 검찰 측은 엘런 돈워스, 앨리스 마시, 에마 슈리벨 그리고 루이자 하비 살인 사건이 크림이 스트리크닌을 써서 매춘부들을 조직적으로 살인했음을 보여준다고 주장했다.

이어서, 영국 법 역사에서 가장 드라마틱한 사건이 벌어졌다. 검찰 측에서 비밀리에 준비한 증인이 법정에 출두했던 것이다. 이 핵폭탄급 증인은 피살자로 추정되었던 인물 중 한 사람, 루이자 하비였다. 하비는 이 사건과 관련하여 자신의 이름이 거론된 신문 기사를 보고 법정 증언대에 서서 크림이 자신을 죽이려 했다는 사실을 분명하게 진술해야 할 순간이라고 판단했다. 하비는 크림이 자신에게 약을 건네며 먹으라고 강권했던 장면, 그 약을 삼키는 척하다가 마지막 순간에 뱉어버렸다는 사실을 진술했다. 배심원들뿐 아니라 크림 본인도 완전히 넋을 잃고 말았다. 자신이 몇 달 전에 죽었다고 생각했던 여인이 바로 자기 눈앞에 나타나 증언을 하고 있었으니!

배심원들은 10분 만에 마틸다 클로버가 스트리크닌 중독으로 사망했으며 그 독극물은 크림이 피해자를 살해할 목적을 가지고 준비한 것이라는 결론을 내렸다. 또한 루이자 하비 살인 미수뿐 아니라 돈워스, 마시, 슈리벨 살인 사건에 대해서도 유죄 판결이 내려졌다. 일리노이주의 교도소에서 석방된 지 18개월도 못 된 1892년 11월 15일, 토머스 닐 크림은 뉴게이트 감옥에서 교수형을 당했다.[4] 《캐나다 의학협회 저널Canadian Medical Association Journal》에 실린 한 보고서에서는 "크림은 약물 중독자였으며 아마 그것이 습관적으로 살인을 저지르게 된 요인 중의 하나일 것이다. 그는 자신이 가진 의학적 지식을 불운한 피해자들의 목숨을 빼앗는 데 이용했다. 그를 졸리엣 교도소에서 석방했던 미온적이고 섣부른 미치광이만 아니었다면, 피할 수도 있었던 희생이었다"라고 썼다.

💧 스트리크닌은 어떻게 사람을 죽이나

　　살인에 쓰이는 여러 독약 중에서도 스트리크닌은 아마 가장 끔찍한 약물일 것이다. 희생자에게 너무나도 고통스러운 죽음일 뿐 아니라 목격자에게도 잊을 수 없는 충격과 공포의 기억을 남긴다. 죽어가는 사람 앞에서 어떠한 도움도 위안도 줄 수 없기 때문이다. 스트리크닌은 끝내 죽음이 지상의 지옥으로부터 구원해줄 때까지 피해자에게 극단적인 경련과 발작 그리고 온몸을 갈가리 찢는 듯한 통증으로 고통을 준다. 주사든 흡입이든 섭취든, 스트리크닌에 노출되면 몇 분 안에 첫 증상이 나타나기 시작하며, 온몸의 근육이 뒤틀리고 사지가 뻣뻣하게 굳는 증상이 나타났다 사라지기를 반복한다. 턱 근육의 경련과 마비로 입 주변이 굳어버리고 안면 근육 역시 뒤틀리고 마비되면서 그로테스크한 미소를 띤 듯한 얼굴로 굳어버린다. 이것을 경소痙笑, risus sardonicus라고 하기도 한다. 경련과 마비가 풀리는 듯하다가 몇 분 만에 증상이 다시 찾아오고, 마치 밀물과 썰물이 번갈아 일어나듯이 3~4분 간격으로 반복된다. 증상이 멎으면 잠시 편해지는 듯하지만 곧바로 새로운 고통의 파도가 덮쳐온다. 스트리크닌에 노출되고 두세 시간이 흐르면 결국 죽음이 찾아와 그 고통을 멈춰준다.

　　사람의 등 근육은 복부 근육보다 훨씬 힘이 좋다. 스트리크닌에 노출되어 등과 복부의 양쪽 근육이 한꺼번에 수축되면 몸이 뻣뻣하게 굳으면서 등이 활처럼 휘는 후궁반장opisthotonos이 일어난다. 이 증상이 나타나면 환자는 뒤통수 윗부분과 발꿈치만 땅에 닿은 채 목, 어깨, 등, 허리, 엉덩이, 허벅지, 무릎이 모두 위로 뜨기 때문에, 옆에서 보면 몸이 마치 활처럼 휘어진 모양이 된다.

크림의 재판에서 마틸다 클로버와 같은 집에 세 들어 살던 한 친구가 증인으로 나와 클로버가 죽던 날을 회상했다. "자려고 자리에 누웠는데 갑자기 비명 소리가 들렸어요. 저는 클로버가 자는 방 아래층 뒤쪽 방에서 잤거든요." 증인은 집주인을 깨웠고, 두 사람이 함께 클로버의 방으로 갔다고 진술했다. "마틸다는 침대를 가로질러 누워 있었는데, 머리가 매트리스와 벽 사이에 끼어 있었어요. 고통 때문에 끔찍한 비명을 지르면서요. 그러다가 고통이 멈춘 것처럼 보였는데, 금방 다시 또 고통스러워했어요. 온몸이 막 뒤틀리는 것 같았어요."[5] 마틸다의 끔찍한 죽음을 직접 목격한 증인에게는 크나큰 불행이었겠지만, 경찰과 검사에게는 그 목격담이야말로 마틸다 클로버의 죽음이 크림의 잔악무도한 독살극과 연결되었다는 분명한 증거였다.

앞에서 언급했듯이, 스트리크닌은 피해자에게서 나타나는 특징적인 경련의 드라마틱함 때문에 애거사 크리스티가 즐겨 쓰던 살인의 도구였다. 처음 발표한 소설 《스타일스 저택의 괴사건》에서 크리스티는 에밀리 잉글소프 부인의 충격적인 죽음을 이렇게 묘사했다. "마지막 경련이 시작되자 뒤통수와 발꿈치만 침대에 닿은 채 몸이 침대에서 붕 뜨면서 아주 기괴한 모양으로 활처럼 휘었다."

스트리크닌 중독 피해자는 종종 아주 건장한 사람처럼 혈색 좋은 얼굴로 죽어가는데, 그것은 경련과 발작으로 움직임이 과도했던 근육이 산소를 고갈시키고 이에 대한 반응으로 혈관이 활짝 열리기 때문이다. 중독의 과정에서 심장 박동이 불규칙해지면서 혈압이 상승하고 숨이 가빠진다. 최종적인 죽음의 원인은 질식이다. 횡격막이 지친 나머지 수축을 멈추기 때문이다. 죽는 순간까지 의식이 또렷한 피해자는 살기 위해 숨을 쉬려고 발버둥 치지만, 완전히 지쳐서 나가떨어진 온몸의 근육은 주인의 말을 듣지 않는다. 스트리크닌 중독이 더욱 잔인한 이유는, 피해자의 감각이 평소보다 더 예민해져서 죽음을 향해 감겨 올라가는 고통의 나선에서 순간순간 모든 것을 그대로 느끼고 인식하기 때문이다.

스트리크닌은 뇌에서 몸으로 가는 메시지를 보내주고, 몸에서 뇌로 보내는 메시지를 받아오는 신경 네트워크, 즉 중추 신경계의 신경에 영향을 준다. 중추 신경계에는 '운동 신경 세포motor neuron'라 불리는 특별한 신경의 집합이 있다. 이름에서 알 수 있듯이, 근육에 무언가 일을 하라고 주문하는 메시지를 전달하는 데 관여한다. 예를 들면, 이 책의 페이지를 넘기라고 하거나, 의자에서 일어나 차를 끓이라는 등의 명령을 전달한다. 운동 신경 세포로 가는 신호의 강도는 일정하지 않고 근육 수축의 강도에 따라 증가하거나 감소한다. 라디오나 스마트폰을 통해 흘러나오는 음악을 생각해보자. 다이얼을 돌리면 볼륨을 키우거나 조용히 만들 수 있다. 중추 신경계가 하는 일이 바로 그런 일이다. 중추 신경계에서 신경 화학 물질이 신호를 증폭시키거나 감소시킨다. 덕분에 같은 손과 팔의 근육이라도 아기를 안을 때는 살포시, 도끼를 잡을 때는 힘주어 꽉 잡을 수 있는 것이다.

신호의 강도를 최소화하는 여러 가지 경로 중 하나에 글리신 glycine이라는 간단한 화학 물질이 등장한다. 글리신은 모든 아미노산 중에서 가장 간단한 형태로, 운동 신경 세포로 가는 신호의 강도를 감쇄시키는, 일종의 브레이크와 같은 구실을 한다. 신경의 막에는 글리신 수용체라는 특별한 단백질이 들어 있는데, 이 단백질은 글리신 분자를 알아보고 아주 단단하게 결합한다. 글리신이 신경과 결합하면, 신경이 강한 신호를 보내는 것을 더 강력하게 막는다. 신호가 약해지면 그에 따라서 근육 수축의 강도도 약해진다. 이렇게 되면 지나치게 작은 자극은 신경이 무시하게 된다는 의미이므로 좋은 일이지만, 근육이 수축하게 만들려면 분명하게 메시지를 보내야 한다.

스트리크닌이 글리신 수용체에 달라붙는 힘은 글리신보다 세 배나 강하지만, 글리신은 신호를 조절하는 데 반해 스트리크닌은 메시지를 증폭시키는 역할을 해서 아주 작은 신호에도 근육이 오랫동안 아주 강하게 수축하도록 만든다. 만약 턱 근육에 이런 신호가 전달되면 아래턱이 벌어지지 않는 개구 장애가 일어난다. 미세한 뇌 활동만 일어나도 등과 복부의 근육이 함께 수축해서 스트리크닌 중독의 전형적인 증상인 후궁반장이 일어난다. 근육 경련은 대개 파도가 치듯이 밀려왔다가 물러가기를 반복하는데, 횟수가 거듭될수록 더욱 격렬해진다. 결국 횡격막이 지쳐서 호흡이 멈추고 피해자는 사망에 이른다. 제어할 수 없는 근육 경련도 끔찍하지만, 눈과 귀로부터 나오는 신호도 더욱 증폭되고 강해지기 때문에 피해자는 자기 주변에서 일어나는 일과 자기 몸에서 벌어지는 모든 것을 더욱 예민하게 감각한다. 스트리크닌 중독의 증상은 매우 빠르고 드라마틱하게 진행되므로, 이 물질에 노출된 즉시 처치하지 않으면 피해자가 생존할 가능성은 매우 희박해진다.

스트리크닌 중독의 결과는 이토록 끔찍한데, 어떻게 이 물질이 강장제로 쓰인 걸까? 힘줄이 파열될 정도로 근육에 경련을 일으키는 약물을 성능 강화 약물이라고 보기는 힘들 것 같다. 그러나 1장에서 언급했듯이, 약이냐 독이냐를 가르는 것은 '용량'이라는 파라켈수스의 말처럼, 저용량의 스트리크닌은 근육 수축을 강화함으로써 운동선수들의 성적을 향상시키는 데 도움을 줄 수도 있다. 저용량의 스트리크닌이 장어나 올챙이가 헤엄치는 속도를 크게 높여주는 것은 분명하다. 그러나 이런 현상이 사람에게까지 확장 적용된다고 확언할 수는 없다. 1904년 세인트루이스 올림픽 마라톤에서 토머스 힉스가 결승선을 통과한 후 쓰러졌을 때, 그의 우승이 경기 전에 매니저가 주었던 2밀리그램의 스트리크닌 때문이었는지 아니면 경기 도중 마셨던 다량의 브랜디 때문이었는지는 분명치 않다.

주목할 점은, 실력을 강화하게 위해 스트리크닌을 쓴 올림픽 선수가 힉스로 끝나지 않았다는 사실이다. 1992년 바르셀로나 올림픽에서는 중국의 배구 선수 우단이 도핑 결과 스트리크닌 성분이 발견되어 실격으로 처리되었다. 2016년 리우 올림픽에서는 키르기스스탄의 역도 선수 이잣 아르티코프가 스트리크닌 검출로 동메달을 박탈당했다. 스트리크닌이 진짜 효험 있는 강장제라는 주장은 과학적인 근거가 없는 허풍에 불과할 확률이 더 높다.

🌢 스트리크닌 중독의 치료

안타깝지만 스트리크닌 중독에는 특별한 해독제가 없다. 다만 그 증상을 완화시키는 데에 초점을 두고 치료할 뿐이다. 운동 신경 세포가 지극히 예민해지므로, 환자를 안정시키고 조명을 어둡게 해서 신경이 불필요한 자극을 받지 않도록 하는 것이 때로는 도움이 된다. 근육 이완제는 경련을 멈추게 해주기 때문에 환자의 몸이 스스로, 천천히 독을 제거할 수 있게 해준다. 그러나 이런 이완제는 횡격막도 이완시키기 때문에 치료가 진행되는 몇 시간 동안은 환자에게 인공호흡을 실시해야 한다. 발륨Valium이라는 이름으로 더 잘 알려져 있는 디아제팜도 중추 신경계의 신경을 진정시키고 근육을 이완시킴으로써 최악의 경련을 막는 데 쓰일 수 있다. 스트리크닌 중독에 특화된 처치법은 아니지만, 활성탄을 환자에게 투여하면 위장과 장 속에 남아 있는 스트리크닌을 흡수해서 더 이상 몸에 흡수되는 것을 막을 수 있다. 활성탄은 본질적으로 구멍이 숭숭 뚫린 숯 덩어리라고 할 수 있는데, 스트리크닌뿐 아니라 거의 모든 독극물 또는 화학 물질을 빨아들여 그 구멍 속에 가둔다.

오늘날에는 환자에게 쓰일 신약을 평가하는 임상 실험이 매우 엄격한 규제 아래서 진행된다. 신약 또는 새로운 치료법의 안정성과 효율성을 테스트하는 데 자원한 피실험자를 보호하기 위해 필요한 모든 보호 조치가 강구되어야 한다. 그러나 몽펠리에 출신의 약사였던 피에르 투리Pierre Tourey 교수가 스트리크닌 중독을 치료하는 데 있어서 활성탄의 효과를 실험했던 19세기 프랑스에서는 지금보다 그 기준이 훨씬 느슨했다. 1831년, 투리는 프랑스 의학 아카데미 회원들 앞에서 치사량의 열 배가 넘는 스트리크닌에 활성탄 15그램을 섞어 복용했다. 자신의 신념을 믿은 것이었든 무모한 도전이었든, 투리는 스스로 빠져든 스트리크닌 중독에서 살아남았다. 스트리크닌 치료법을 직접 시연했다는 점에서 영웅 대접을 받았을 거라고 생각하는 독자가 있을지도 모르지만, 투리는 그 시연 결과를 믿지 못한 회원들 때문에 아카데미에서 쫓겨났다.

투리는 자신보다 18년 앞서서 똑같은 시연을 해보였던 또 다른 프랑스인, 미셸 베르트랑Michel Bertrand을 흉내냈던 것이 틀림없다. 베르트랑은 비소 중독 치료에 활성탄을 썼다는 것이 다를 뿐이었다. 그는 삼산화비소 5그램(치사량의 40배)을 약간의 활성탄과 함께 삼켰다. 베르트랑도 전형적인 비소 중독 증상을 보이지 않고 살아남았다. 19세기 프랑스 의사들이 왜 활성탄 치료법을 거부했는지는 확실하지 않지만, 이때의 시연은 활성탄이 독을 치료하는 데 유용하다는 증거가 되었다. 오늘날에도 독극물에 중독되거나 약물을 과다 복용했을 때 그 물질을 제거하기 위해 활성탄이 사용된다.

이 장에서는 강장제로 알려졌던 물질이 어떻게 크림의 손에서 독약으로 쓰였는지, 그리고 그가 어떻게 올드 베일리 법원의 법정에 살인범으로 서게 되었는지를 살펴보았다. 다음 장에서도 올드 베일리 법원에서 열렸던 두 건의 재판을 다룬다. 그 재판에서 심판을 받은 두 명의 살인자들도 독약을 무기로 사람을 해쳤으며, 두 건의 재판 모두 전국적인 관심을 끌었다. 이 두 재판 사이의 커다란 차이가 있다면, 그것은 첫 번째 재판과 두 번째 재판 사이에 있었던 130년이라는 세월이다.

Case 04

아코나이트
싱 부인의 커리

포터, 몽크스후드와 울프스베인의 차이는 뭐지?

—J. K. 롤링스, 《해리 포터와 마법사의 돌》, 1997

아코나이트의 짧은 역사

　미국에서 발행되는 홈 인테리어 잡지인《베터 홈스 앤드 가든스》웹사이트에 이런 문장이 올라와 있다. "당당하게 푸른 뾰족한 꽃잎을 가진 다년생의 이 꽃을 어떻게 사랑하지 않을 수 있는가?" 투구꽃은 상당히 매력적인 식물이다. 늦여름부터 가을 사이에 긴 고깔처럼 생긴 보라색 또는 푸른색의 꽃을 피운다. 투구꽃의 영어 이름 '몽크스후드monkshood'는 중세 수도사들이 쓰던 고깔모자와 닮았다고 해서 붙여진 이름이다. 그러나 투구꽃을 가리키는 이름은 몽크스후드만이 아니다. 역사를 쭉 훑어보면 만나게되는, 이 꽃에 붙여진 여러 가지 이름은 기이하고 오싹하기 그지없다. 울프스베인wolfsbane, 레오파드스 베인leopard's bane, 데블스 헬멧devil's helmet. 베인bane은 '독'이라는 뜻이다. 이 식물에서 얻은 독을 화살촉 끝에 발라 늑대를 비롯한 맹수들을 사냥하는 데 썼던데서 붙은 이름이다. 몽크스후드라고 부르든 울프스베인이라고부르든, 이 식물은 늑대에게만 위험한 것이 아니라 사람에게도 매우 위험하다. 그래서 '독약의 여왕'이라는 별명이 붙었다.

　투구꽃속을 이르는 학명 아코니툼*Aconitum*은 그리스어 'Aκόντιο'에서 온 듯하다. 이 말은 '날카로운 창끝' 또는 '투창'을 뜻하는데, 이런 창끝에는 대개 독약을 바른다. 또는 '바위가 많은 땅'을 의미하는 'akonae'에서 온 말일 수도 있는데, 이 식물이 바로 그런 땅에서 자라는 것으로 여겨졌기 때문이다. BC 762년에 쓴 《일리아드》에서 호머는 헤라클레스가 지하 세계의 괴물 케르베로스를 잡아오는 장면을 묘사했다. 케르베로스는 머리가 셋이나 달린 개인데, 이 개를 사로잡아 산 자의 세계로 끌고 오는 것이 헤라클레스가 받은 시험 과제 중 하나였다. 헤라클레스가 이 흉측하고 끔찍한 괴물을 제압할 때 세 개의 주둥이에서 흐른 유독성 타액이 땅바닥에 닿자마자 독을 품은 투구꽃이 솟아올랐다고 한다.

투구꽃속 또는 아코나이트aconite에는 꽃을 피우는 200개 이상의 식물종이 포함되어 있다. 주로 유럽, 아시아, 북아메리카의 습지 또는 반쯤 그늘진 지역에서 자란다. 이 식물들은 모두 알칼로이드의 일종인 아코니틴aconitine을 품고 있는데, 다른 식물성 알칼로이드와 마찬가지로 아코니틴도 식물의 생장에 반드시 필요한 성분은 아니지만, 동물에게 먹혀 사라지는 것을 막아주는 효과가 있다. 아코니틴은 대개 이런 식물들의 뿌리에서 발견되지만, 이런 식물의 어떤 부분이라도 섭취하면 위험하다. 실수로 뿌리를 섭취하는 사고도 생각보다 자주 일어나는데, 이 식물의 뿌리가 양고추냉이의 뿌리와 매우 흡사하기 때문이다. 그 유명한 스코틀랜드의 네스호로부터 북쪽으로 50킬로미터쯤 떨어진 시골 마을 딩월에서 1856년 어느 날 디너 파티가 있었다. 하인 한 명이 요리사가 시키는 대로 뒷마당 텃밭에 나가 로스트비프용 소스에 쓸 양고추냉이 몇 뿌리를 캤다. 그러나 이 조심성 없는 하인이 캔 것은 양고추냉이가 아니라 투구꽃 뿌리였다. 그 차이를 미처 깨닫지 못한 요리사는 별생각 없이 그 뿌리를 갈아 소스에 넣었다. 디너 파티의 손님이었던 두 명의 사제가 그 자리에서 사망했고, 사제들보다 섭취량이 적었던 나머지 손님들 몇몇도 고초를 겪었지만 다행히 살아남았다. 1882년 《영국 의학 저널British Medical Journal》에 황당한 사건 기사가 실렸다. 지나가던 마차에서 떨어진 뿌리 채소를 주운 한 남자가 양고추냉이인 줄 알고 다른 남자 셋과 자기 누이에게까지 나눠주었다. 그러나 그 채소가 들어간 음식을 먹자마자 입의 감각이 무뎌지고 사지가 부분적으로 마비되는 증상을 호소하면서 다섯 명이 모두 인근 병원으로 실려갔다. 증상이 모두 사라지고 천천히 회복세를 보일 때까지 환자들 모두가 네 시간가량 인공호흡기를 달고 있었다. 그들이 양고추냉이인 줄 알고 먹었던 것은 투구꽃 뿌리로 밝혀졌다.

투구꽃은 수백 년 전부터 통풍을 치료하는 약초로 쓰여왔다. 아마도 투구꽃 추출물에 국소 마취 성분이 들어 있어서 통증을 가라앉히는 데 효과가 있기 때문이었을 것이다. 19세기에는 의사들이 류머티즘, 신경통, 편두통 심지어는 치통에 이르기까지 모든 통증에 투구꽃으로 만든 연고나 고약을 처방했다. 노보카인이나 리도카인 같은 국소 마취제가 나오기 전의 치과 의사들은 투구꽃 분말을 충치가 생겨 통증이 있는 치아에 뿌리도록 처방하기도 했다. 다행히 오늘날의 치과 의사들은 이런 옛날 진통제에 의존하지 않는다.

투구꽃에서 추출한 아코나이트 알칼로이드에도 마취제 성분이 들어 있기는 하지만, 통증을 죽이느냐 실수로 환자를 죽이느냐는 종이 한 장 차이에 지나지 않는다. 1880년에 한 의사가 아코나이트 성분의 점안액을 어린 소년에게 처방한 일이 있었다. 약을 쓴 직후 소년은 극심한 고통을 호소하며 한기로 온몸을 떨고 발작을 일으켰다. 소년의 모친이 의사에게 달려와 엉터리 처방으로 자기 아들을 죽일 뻔했다고 항의했다. 환자의 가족으로부터, 게다가 여자로부터 무례한 항의를 받은 의사는 그 약이 100퍼센트 안전한 약임을 보여주겠다면서 직접 그 약병의 내용물을 복용했다. 네 시간 후, 의사는 아코나이트 중독으로 사망했다.

대부분의 의사들은 아코나이트를 진통제로 처방하는 것에 만족했지만, 의사이자 교수였던 한 사람은 아코나이트가 독약으로 쓰일 수도 있음을 점점 걱정했다. 그의 관심은 순전히 학문적인 것이었지만, 그의 학생 중 하나는 교수의 이론을 실행에 옮겼다.

💧 완전 살인

로버트 크리스티슨Robert Christison은 50년 이상을 에든버러 대학 의대 교수로 봉직했고, 마지막에는 에든버러 왕립 의과 대학

학장을 지냈다. 에든버러에서 교수로 지낼 때, 그는 독약과 독물학에 흠뻑 빠져서 《독약 논고 A Treatise on Poisoning》라는 매우 유명한 책을 냈다. 이 책은 4판까지 개정 출판되었다. 이런 관심이 그를 법의학으로까지 이끌었고, 그래서 종종 살인 사건 재판에 전문가 증인으로 불려가기도 했다. 한 재판에서 그가 변사체로부터 독성분을 쉽게 검출할 수 있는지에 대해 증언을 하고 있을 때였다. 크리스티슨은 판사를 보며 말했다. "존경하는 판사님, 사후의 인체에서 우리가 그 흔적을 만족할 만큼 찾아낼 수 없는 종류의 치명적인 약물은 단 하나입니다. 그것은….."

갑자기 판사가 그의 증언을 제지했다. "그만! 그만! 크리스티슨 씨, 그만하세요." 판사는 거의 비명을 지르듯이 말했다. "더 이상은 대중에게 공개하지 않는 것이 좋겠습니다!"

그 이후 에든버러 의대생들 앞에서 강의를 할 때, 크리스티슨은 판사가 제지하는 바람에 말하지 못했던 '절대로 검출할 수 없는 독약'은 바로 아코나이트였다고 말했다. 이 유명한 의사의 제자들 중 몇 명은 훗날, 그 강의를 듣던 학생 중에 유독 한 명이 아코나이트에 대한 크리스티슨 교수의 이야기를 부지런히 받아 적었다고 말했다. 우리는 이제 곧 그 학생을 만나게 될 것이다.

"톤틴식 배당이 뭔지 사전에서 찾아봤어요." 루시가 말했다.

"그럴 줄 알았지." 미스 마플이 침착하게 대꾸했다.

루시는 천천히, 사전의 내용을 인용하며 말했다. "'1653년, 이탈리아 은행가 로렌조 톤티가 고안한 연금 배당 방식. 가입자가 사망하면 그가 받을 연금은 생존한 가입자들에게 균등하게 나뉘어 배당된다.' 유언장을 톤틴식으로 작성하면, 마지막에 살아남은 생존자가 유산을…."

_ 애거사 크리스티, 《패딩턴발 4시 50분》, 1957

크리스티의 미스터리 소설에서처럼, 처가 일족을 제거하고 그들이 받을 유산을 가로챈 한 남자가 19세기에 실제로 있었다. 1852년, 조지 램슨George Lamson은 뉴욕의 목사 윌리엄과 줄리아 사이에서 태어났다. 조지가 아직 어린아이였을 때, 램슨 일가는 대서양을 건너 영국으로 이주했다. 조지는 매우 영리한 아이였다. 열여덟 살에 명문 에든버러 대학의 의대에 입학했다. 대학을 졸업한 후, 램슨은 영국군 소속 외과 군의관으로 19세기 말에 유럽과 발칸 반도에서 일어났던 여러 전쟁에 참전했다. 램슨은 8년 동안 군의관으로서 뛰어난 활동을 했던 것으로 보인다. 보불전쟁에서의 활약으로 받은 레지옹 도뇌르 훈장을 시작으로 그는 여러 개의 훈장을 받았다. 그러나 가슴 가득 훈장을 달고 전쟁터에서 돌아온 램슨은, 훈장만 달고 귀국한 것이 아니었다. 아편 중독이라는 비밀도 간직하고 있었다.

1878년, 영국의 빅토리아 여왕이 매우 사랑했다는 영국 남부 해안의 작은 섬에서 램슨은 케이트 조지 존이라는 웨일스 출신의 여성과 결혼을 했다. 케이트는 부유한 직물 상인의 딸로 태어났으나 부모는 이미 세상을 떠났고, 빅토리아 시대의 법에 따라 결혼과 동시에 부모가 남긴 유산에 대한 권리를 주장할 수 있었다. 그 유산은 케이트와 결혼한 남편의 것이기도 했다. 케이트에게는 세 명의 남매가 있었고. 그녀를 포함한 네 명이 부모의 유산을 각각 균등하게 물려받게 되어 있었다. 케이트의 언니는 1년 전에 이미 결혼해서 자기 몫의 유산을 가져갔다. 그리고 두 명의 남동생, 허버트와 퍼시가 있었는데 아직 미성년자였으므로 그들 몫의 유산은 신탁으로 관리되고 있었다. 고전적인 톤틴 방식에 따라, 남매 중 누군가가 결혼 전 또는 스물한 살 성년이 되기 전에 사망하면 망자의 몫은 남아 있는 남매들이 균등하게 나눠 갖게 되어 있었다.

1880년, 램슨은 케이트에게 남아 있던 유산의 일부를 가지고 본머스의 해안 마을에 개인 병원을 차렸다. 본머스 대학에서 최근에 진행한 연구에 따르면, 그 마을은 상류층 마약 중독자들이 마약을 즐기기 위해 자주 찾는 조용하고 한적한 마을이었다고 한다. 램슨이 살던 집에서 불과 몇 미터 떨어진 곳에 있었던 파 약국Parr's Pharmacy의 기록에 따르면, 호텔 투숙객들은 이 약국에서 주기적으로 모르핀을 구입했었다. 처음에는 램슨도 마약 중독 사실을 잘 숨겼고, 뛰어난 군대 경력을 바탕으로 본머스와 햄프셔의 의용 포병대 지휘를 맡을 정도로 지역의 유지가 되었다. 그러나 겉으로는 병원이 잘되는 것처럼 보여도 마약을 사느라 계속 돈을 쓴 데다 사치스러운 생활 습관 때문에 빚이 점점 늘어 결국에는 거대한 빚더미에 앉게 되었다. 집주인은 미지불 임차료로 40파운드(오늘날 가치로 따지자면 약 5000파운드)를 가져갔다. 램슨에게 빚을 받을 사람은 집주인만이 아니었다. 마약을 구하기 위해 램슨은 시계는 물론 의료 행위에 필요한 도구들까지 전당포에 맡기고 현금을 마련했다. 지인들에게 돈을 빌리거나 부도 처리 되고 말 수표를 써주고 현금을 선지급 받는 방법으로 현금을 마련하려고 발버둥 쳤다. 결국 본머스 은행은 더 이상 그의 수표를 받지 않았고, 짐꾼, 회계사, 와인 중개상 심지어는 낯선 사람에게 진 빚까지 고스란히 남게 되었다. 돈이 다급해진 데다 모르핀 중독으로 제정신이 아니었던 램슨은 처가 식구들의 유산으로 관심을 돌리게 되었다. 램슨에게는 처남의 죽음이 절실하게 필요했다.

1879년 6월, 하늘이 램슨을 도왔는지 허버트가 갑자기 사망하면서 그가 받았어야 할 유산 3000파운드, 오늘날의 가치로 37만

파운드가 남은 남매들에게 공평하게 분배되었다. 아직 살아 있던 열아홉 살의 처남 퍼시는 심한 척추 만곡증으로 고생하고 있었다. 이동할 때는 휠체어를 태우거나 안아서 옮겨야 했다. 다리는 거의 쓰지 못했지만, 상체는 매우 튼튼했고 전반적으로 좋은 건강 상태를 유지하고 있었다. 부모가 남겨준 유산 덕분에 퍼시는 런던의 윔블던에 있는 블렌하임하우스라는 사립 기숙학교에 다닐 수 있었다. 이제 곧 스물한 살이 되면, 퍼시는 톤틴식 유산 분배에서 제외될 참이었다. 그러나 만약 퍼시가 성인이 되기 전에 갑자기 죽는다면, 그에게 남겨졌던 유산 3000파운드는 남은 두 자매가 똑같이 나눠 받게 되고, 그것은 램슨이 즉시 1500파운드를 손에 넣을 수 있다는 뜻이었다. 그를 짓누르던 재정적인 문제를 해결하는 데 큰 도움이 될 액수였다. 램슨의 생각이 여기까지 미친 순간 퍼시의 운명은 결정된 셈이었다.

램슨은 자신과 처남의 유산 사이를 가로막고 있던 유일한 장애물을 제거하기로 마음먹었다. 첫 단계는 적당한 독약을 손에 넣는 것이었다. 램슨은 런던의 약제사에게 12.5파운드(오늘날 가치로 1500파운드)를 주고 아코나이트 2그레인(약 130밀리그램)을 샀다. 램슨에게는 다행스럽게도 약사가 램슨이 의사라는 것을 알아보았고, 그 약의 사용처 같은 불편한 질문은 하지도 않았다. 환자에게 쓸 진통제라고 지레짐작했던 것이다. 독약을 구입한 램슨은 퍼시에게 곧 해외로 나갈 예정이니 출국하기 전에 인사차 잠시 만나고 싶다는 내용의 편지를 썼다.

1881년 12월 3일, 램슨은 퍼시가 있는 기숙학교를 방문했다. 다이닝룸에서 퍼시를 기다리는 동안, 램슨은 자신이 사온 스코틀랜드의 전통적인 과일 케이크인 던디 케이크를 꺼내 자르기 시작했다. 학교의 교장 베드브룩이 나와 퍼시와 손님에게 케이크와 함께 마실 차와 셰리주를 내주었다. 램슨은 밝은 얼굴로 셰리주 잔을 받으면서, 술기운을 누그러뜨리기 위해 셰리주에 설탕을 약간 타서 마시는 버릇이 있다고 말했다. 베드브룩 교장은 램슨의 특이한 버릇을 전혀 이상하게 생각하지 않고, 다만 까다로운 손님이라고 생각하며 하인을 불러 램슨에게 설탕을 가져다주라고 지시했다.

대화를 하던 도중에 램슨은 자신이 손에 넣은 새로운 젤라틴 캡슐로 화제를 바꾸었다. 안에 약을 채워서 닫으면 쓴맛의 약을 복용하기가 한결 수월했고, 기숙학교 학생들에게 쓴 약을 먹이기에도 안성맞춤이었다. 자신이 한 말을 입증이라도 하려는 듯, 램슨은 캡슐에 설탕을 채운 후 양쪽을 서로 맞물려 닫은 뒤 퍼시에게 주며 말했다. "자, 퍼시, 너는 약도 잘 먹는 아이니까, 이걸 삼키는 게 얼마나 쉬운지 베드브룩 교장 선생님께 한번 보여드려봐."[1] 퍼시가 캡슐을 삼키자마자 램슨은 기차를 놓치겠다며 서둘러 자리를 떴다.

베드브룩이 램슨을 배웅해주었는데, 교문까지 걸어가는 사이에 램슨은 의사로서의 의견이라면서 퍼시가 아무래도 그리 오래 살지 못할 것 같다고 넌지시 말했다. 퍼시가 매우 건강하다고 생각하고 있었던 베드브룩으로서는 뜻밖의 이야기였다. 그런데 램슨이 떠나고 채 몇 분도 지나지 않아, 퍼시가 가슴의 통증을 호소하기 시작했다. 침대로 옮겨졌지만, 증상은 더욱 심해지기만 했다. 한 시간 후, 침대 밑으로 떨어져 바닥에서 극심한 고통에 몸부림치고 있는 퍼시의 모습이 발견되었다. 그는 검은색 액체를 토하고 있었다. 온몸이 경련을 일으키는 바람에 사지를 붙잡고 있어야 할 정도였다. 의사 두 명이 왔지만, 둘 다 증상의 원인을 설명하지 못했다. 나중에서야 그들은 아코나이트가 인체에 미치는 영향에 대해 전혀 몰랐다고 실토했다. 해줄 것이 없었던 의사들은 퍼시의 통증을 진정시키기 위해 모르핀 주사를 놓았으나, 몇 시간 동안 극심한 통증으로 신음하던 퍼시는 11시 30분경 끝내 의식을 잃었고 곧이어 사망하고 말았다.

퍼시를 진찰했던 의사들은 아코나이트가 뭔지 몰랐지만, 퍼시가 독약에 중독된 것이 확실하다고 여겼다. 그들이 아는 한 독약이 아니고서는 그렇게 순식간에 사람을 죽게 만들 수 있는 것이 없었다. 램슨은 가장 먼저 의혹의 대상이 되었으나 그는 완강하게 무고함을 주장했다. 퍼시의 시신을 부검하라는 명령이 떨어졌지만, 이 젊은이의 직접적인 사인을 밝혀줄 만한 명백한 증거는 포착되지 않았다. 식물성 알칼로이드가 쓰였음이 분명하다고 판단한 경찰은 알칼로이드계 독극물에 대한 전문가이자 런던 대학에서 가르치고 있던 토머스 스티븐슨Thomas Stevenson 박사를 증인으로 요청했다. 알칼로이드를 검출하는 데 쓰인 당시의 화학적 테스트는 조잡하고 정확도도 떨어졌는데, 스티븐슨은 맛으로 알칼로이드를 감지하거나 구분하는 재주를 가지고 있었다. 스티븐슨은 오랜 세월에 걸쳐서 80종이 넘는 알칼로이드 물질을 수집했고, 화학적 테스트로 알칼로이드 화합물의 정체를 알아내는 다른 동료들에 맞서서 맛으로 판별해내는 자신의 방식으로 대결을 벌이기를 좋아했다. 대결의 결과는 언제나 스티븐슨의 승리였다.

맛으로만 알칼로이드를 판별해내는 것은 대단히 기이한 방법이기는 했지만 한편으로는 아주 인상적이었다. 스티븐슨은 다양한 종류의 체액에 섞인 알칼로이드를 판별해낼 수 있었다. 퍼시의 토사물, 위장 속의 내용물, 소변 등에서 추출한 검체가 19세기의 최첨단 분석 기구, 즉 '스티븐슨의 혀'로 테스트를 거쳤다. 경험 많고 노련한 소믈리에가 '테이스팅'으로 와인의 빈티지뿐 아니라 그 포도의 산지까지 구별하는 것처럼, 스티븐슨도 '테이스팅'을 시작했다. 퍼시의 위장 내용물에서 추출한 샘플을 맛본 스티븐슨은 "타는 듯한 느낌이 위장까지 타고 내려가는 느낌…. 아코니티아aconitia가 분명합니다"[2]라고 평가했다. 스티븐슨에게 이 테스트는 체내에 들어간 독성분이 모두 제거될 때까지 거의 일곱 시간 동안이나 중독 증상을 참아내야 했을 만큼 대단한 헌신이었다. 스티븐슨이 퍼시의 소변에서 뽑아낸 샘플로 생쥐에게 피하 주사를 놓자 그 생쥐는 30분 만에 죽어버렸다. 이로써 스티븐슨은 자신의 결론이 옳았음을 증명했다. 앞선 실험에 대한 대조군으로, 몇 마리의 생쥐에게 미리 준비한 아코나이트 용액을 피하 주사로 주입하자 퍼시의 소변 샘플을 주사했던 생쥐와 똑같은 증상을 보이며 쥐들이 죽어갔다. 이제 도달할 수 있는 유일한 결론은 퍼시의 죽음은 아코나이트 중독이라는 것뿐이었다.

램슨은 1882년 2월에 퍼시의 살인범으로 체포되어 재판에 넘겨졌다. 그는 변호사 몬태규 윌리엄스를 앞세워 무죄를 항변했다. 윌리엄스는 이 사건과 관계된 어떤 의사나 화학자도 이전에 아코나이트 중독 사건을 다룬 적이 없었고, 따라서 퍼시가 실제로 아코나이트 중독으로 사망했다고 단정 지을 위치에 있지 않다고 지적했다. 아코나이트가 사인이었든 아니든 램슨이 처남에게 치사량의 독약을 먹이거나 주입한 장면을 본 사람도 아무도 없었다. 피고 측 변호인은 퍼시의 장기에서 추출한 아코나이트에 대한 스티븐슨 교수의 '테이스팅'에도 의문을 제기했다. 볼로냐 대학 법의학과 교수인 프란체스코 셸미가 증인으로 나와 독성 알칼로이드는 사체가 부패하는 과정에서 망자의 위장에서 자연 발생하기도 한다고 주장했다. 셸미 교수가 '사체'를 뜻하는 그리스어에서 유래되어 '프토마인ptomaine'이라고 이름 붙인 사체 알칼로이드가 바로 스티븐슨 교수가 발견한 물질이기 쉽다는 것이었다.

법무차관 폴랜드가 이끈 검찰 측은 스티븐슨 교수를 다시 증인으로 불렀고, 그는 자기 분야에서의 대가다운 면모로 배심원단을 분명히 설득시켰다. 그가 퍼시의 샘플에서 발견한 것이 사체 알칼로이드일 수 있는지 질문이 나오자, 그는 사체 알칼로이드 문제는 아직도 전문가들 사이에서 의견이 갈리는 문제이며, 사체 알칼로이드가 식물성 알칼로이드와 비슷한 면은 있지만 아코나이트와 같은 성질의 사체 알칼로이드는 알지 못한다고 답변했다. 어떤 경우든 폴랜드는 검체가 채취될 때까지 퍼시의 사체는 보존되고 있었으며 부패가 시작되기 전이었다고 반박함으로써 피고 측의 주장을 무력화시켰다.

램슨에게 불리한 또 다른 증거가 제출되었다. 그에게 아코나이트를 판매한 약사가 그때의 상황을 명확하게 기억하고 있었던 것이다. 마지막 재판이 있던 날 오후 6시 정각, 배심원단은 평의에 들어간 지 30분 만에 유죄 평결을 내렸다. 평결에 대해 할 말이 있느냐고 묻자 램슨은 이렇게 대답했다. "신만이 나의 무고함을 아실 것입니다." 그러자 판사도 이렇게 대꾸했다. "잔인하고 저열하며 비인간적인 범죄의 비참한 정황을 내가 자세히 되풀이할 필요는 없을 것으로 보입니다. … 피고는 전능하신 신과 만날 준비를 하시기 바랍니다."

교수형 집행일은 4월 4일로 정해졌는데, 그 전에 미국에서 중재안이 날아왔다. 램슨에게 유전성 정신 질환의 가족력이 의심되므로(램슨의 조모와 다른 가족들이 뉴욕의 블루밍데일 정신병원에 수차례 드나든 기록이 있었다) 그에게 해당 범죄의 책임을 온전히 물을 수는 없다는 주장이었다. 그러나 그 소식만으로는 교수형을 늦출 수 없었다. 재판 도중에 피고 측에서 정신 이상이라는 탄원을 제기한 적이 없었으므로 판결은 그대로 유지되었다. 1882년 4월 28일 금요일, 원즈워스 교도소의 하늘에는 짙은 먹구름이 낮게 드리워 있었다. 램슨은 여느 날과 같은 시간에 일어나 아침 식사로 커피, 달걀과 토스트를 먹었다. 오전 8시 45분, 보슬비가 내리기 시작한 가운데 램슨은 교수대로 향하는 계단을 올라갔다.

램슨 같은 사람이 살인과 교수대의 올가미보다 빚과 모르핀 중독에 맞서기를 더 두려워했다니, 이해할 수 없는 일이다. 램슨의 부친은 런던의 여러 신문사에 편지를 써서 누구든 요구만 한다면 아들이 진 빚을 모두 갚아줄 의향이 있다고 호소했다. 감옥에 갇혀 있는 동안 램슨은 어쩔 수 없이 모르핀을 끊었고, 형이 집행되기 나흘 전에 정신이 맑은 상태에서 자신이 퍼시를 죽였노라고 자백했다. 램슨이 왜 아코나이트를 살인의 도구로 선택했는지도 결국 밝혀졌다. 램슨의 재판에서 제출된 핵심 증거는 아코나이트 중독 증상을 자세하게 기록하고 거기에 이 물질은 검출이 불가능하다고 적어놓은 공책이었다. 아코나이트는 검출할 수 없다는 내용과 아코나이트에 대한 에든버러 의대 로버트 크리스티슨 교수의 설명을 조지 헨리 램슨이라는 의대생이 꼼꼼하게 받아적던 1870년대에는 그게 맞는 말이었다. 그러나 아코나이트를 검출할 수 없던 시기는 그리 오래가지 않았으므로, 만약 램슨이 과학 문헌들에 계속해서 관심을 가지고 새로운 문헌을 접했더라면, 다른 독약을 선택했거나 아예 독살이라는 범죄를 꿈도 꾸지 않았을 것이다.

🌢 알칼로이드 논쟁

알칼로이드는 탄소, 수소 그리고 질소로부터 자연적으로 생성되며 이 원소들이 한데 뭉쳐 사람과 다른 동물들에게 생리적으로 심대한 영향을 끼치는 분자가 만들어진다. 식물성 화합물을 설명하는 데 가장 먼저 중요한 전진을 이룬 과학자는 독일의 화학자 프리드리히 제르튀르너Friedrich Sertürner였다. 1804년, 제르튀르너는 '모르피움morphium'이라는 이름의 최면성 물질을 분리해냈다. 모르피움이라는 이름은 그리스 신화 속 꿈의 신, 모르페우스에서 딴 말이었다. 알칼로이드alkaloid라는 용어는 1819년에 도입되었는데, 일부 식물에서 추출된 물질을 물에 녹이면 염기성 용액이 만들어진다는 관찰 결과에 근거한 것이었다. 1818년부터 1860년 사이, 여러 종류의 알칼로이드가 식물로부터 정제되었다. 스트리크닌(1818), 퀴닌과 카페인(1820), 니코틴(1828), 아트로핀(1829) 그리고 코카인(1860)이 차례로 등장했다.

여러 식물로부터 알칼로이드를 추출하고 정제하는 과학자들의 능력은 점점 더 발전했지만, 사체에서 그 화합물을 검출하는 방법에 대해서는 전혀 진전이 없었다. 스티븐슨의 맛보기 테스트가 나름대로 인정받고 있었지만, 그 방법을 쓰려면 경험과 전문성이 필요했다. 게다가 대단히 주관적이었고, 사체에서 알칼로이드의 존재 여부는 밝힐 수 있었지만 얼마나 많은 양이 있는지는 알아낼 수 없었다. 모르핀 독살 사건의 범인을 놓고 유죄 판결을 받아내지 못한 프랑스의 한 검사는 법정에서 이렇게 외쳤다. "이제부터 우리는 독살을 꿈꾸는 범인들에게 식물성 독약을 쓰면 된다고 말해줍시다. 당신의 범죄는 처벌받지 않을 테니 아무것도 겁낼 필요 없다고 말입니다. 식물성 독약이라면 범죄의 명백한 증거corpus delecti는 결코 발견되지 않을 거라고 말입니다." 독물학의 창시자이자 독약과 그 검출법에 대한 최초의 책을 쓴 저자인 스페인의 화학자 마티외 오르필라Mathieu Orfila마저도 사체에서 알칼로이드를 검출하는 것은 불가능한 일일지도 모른다고 한탄했다. 그러니 범죄자들에게는 파란불이 켜진 것이나 다름없었다. 훗날, 19세기 영국에서 기소된 독살 사건들을 분석한 결과를 보면 다른 어떤 수단보다도 식물성 알칼로이드가 압도적으로 인기 있는 범죄 수단이었다.

1851년, 벨기에의 한 살인 사건 재판에서 알칼로이드는 검출할 수 없다는 믿음에 처음으로 금이 가기 시작했다. 이폴리트 비사르트 데 보카르메라는 사람이 처남을 니코틴으로 살해한 사건이었다. 벨기에 화학자 장 스타스Jean Stas가 검찰 측으로부터 이 사건의 해결을 위해 피해자의 사체에서 니코틴의 존재 여부를 증명해달라는 요청을 받았다. 스타스는 3개월 동안 인체의 조직으로부터 니코틴을 분리할 방법을 연구해서 드디어 조직 추출물을 에테르와 클로로포름으로 처리하면 니코틴을 검출할 수 있다는 사실을 발견했다. 스타스는 시신에서 추출한 소량의 니코틴을 비둘기와 제비에게 먹여서 그 독성을 입증했다. 니코틴을 먹은 새들은 그 자리에서 발작을 일으키다가 몇 분 내로 죽었다.

니코틴 독살범의 유죄 판결은 세 가지 결과를 가져왔다. 첫째는 이폴리트 백작을 단두대로 보냈다는 것(수천 명의 군중이 그 광경을 보러 모여들었다), 둘째는 잠재적인 범죄자들도 자신이 선택한 독약이 생각처럼 검출 불가능하지 않을 수 있다는 것을 깨달았다는 것이다. 그리고 셋째는 사체로부터 니코틴을 추출하는 방법을 찾아내는 데 있어서 스타스가 공헌한 바를 기리기 위해 이 기술을 '스타스 방법Stas process'이라 부르게 되었다는 것이다. 니코틴 검출은 성공한 듯 보였음에도 불구하고, 니코틴과 다른 알칼로이드, 이를 테면 아코나이트나 스트리크닌 등의 분자 사이에는 구조적으로 큰 차이가 있으므로 한 가지 알카로이드의 검출 과정이 모든 조직으로부터 모든 알칼로이드를 추출하는 데 유용하다고 볼 수는 없었다. 사실상 식물성 알칼로이드를 사체로부터 분리해 판별할 수 있는지의 여부는 오랜 세월 논쟁거리였다. 피해자의 사인이 알칼로이드 중독이라고 판단하려면 화학적인 연구 못지않게 피해자가 사망에 이르기까지의 증상을 알아야 한다는 것도 문제인 데다, 알칼로이드를 검출하고 분석하는 방법은 20세기 중반까지 개발되지 않았다.

살인 사건 피해자에게서 아코나이트를 검출하는 문제는 1853년 뉴욕에서 아내를 살해한 혐의로 재판을 받은 존 헨드릭슨John Hendrickson 사건에서 집중 조명을 받았다. 헨드릭슨은 딸을 가진 부모라면 행여 딸과 눈이라도 맞을까 걱정할 법한 인물이었다. 그는 일정한 직업도 없이 술을 끼고 살았으며, 아내가 임신을 하자 다른 여인들의 품을 전전하며 욕구를 풀었다. 이러한 남편의 행태에 절망한 헨드릭슨의 아내는 이혼하고 얼마 전 아버지가 돌아가시고 홀로 되신 친정 어머니의 집으로 들어가 살겠다고 말했다. 그러나 그 계획을 실행에 옮기기도 전에 마리아 헨드릭슨은 남편의 침대에서 시신으로 발견되었다.

마리아의 죽음은 자연사일 리 없다는 의구심이 대두되었다. 고인의 시신은 입관 후 어머니의 집으로 옮겨졌고, 거실에서 부검이 진행되었다. 기초 조사에서 사인은 중독사로 밝혀졌다. 매장하기 전에, 추가적인 분석을 위해 마리아의 내장 일부를 적출했다. 화학적 분석을 위해서는 조직이 더 필요하다는 판단이 내려지자 검시관은 매장 닷새 만에 마리아의 시신을 발굴하여 내장 전부를 적출했다.

비소, 청산가리 외에도 몇 가지 독극물에 대한 기초 테스트를 진행했으나 모두 음성이었다. 경찰은 마리아를 죽인 독극물이 무엇인지를 확정하지 못하고 막다른 골목에 부딪쳤다. 수십 권의 의학 서적을 샅샅이 뒤진 끝에 의문의 독극물은 아코나이트일 수도 있다는 의견이 나왔다. 그러나 아코나이트를 검출할 방법이 있을까? 아코나이트는 화학적으로 니코틴의 사촌 격이니 스타스 방법을 써볼 수도 있었다. 그러나 그 방법이 니코틴만큼 아코나이트에도 효과적이라는 증거는 없었다. 사실 파리 약학 대학에서 아코나이트 검출법을 고안하는 사람에게 거액의 상금을 걸어두고 있었지만, 아직 아무도 그 상금에 도전한 사람이 없었다.

이러한 상황도 검찰 측의 스타급 증인인 제임스 H. 솔즈베리 James H. Salisbury 박사를 막지는 못했다. 솔즈베리 박사는 경험 많은 의화학자로 여러 건의 독살 사건에서 의학 전문 증인으로 활약한 바 있었다. 그는 피해자의 위장 내용물을 고양이에게 먹여본 뒤 피해자가 아코나이트 중독으로 사망했다는 결정적인 증거를 확보했다는 결론을 내렸다. 변호인이 피고 측도 테스트를 할 수 있도록 샘플을 제공해달라고 요구하자 검찰 측 전문가 증인은 남은 샘플이 없다고 답변했다. 증인은 "맛을 보고, 또 맛을 보고 그리고 아코나이트가 검출되었다는 것을 확인했다"고 말했다.

변호인이 피해자의 위장 내용물을 먹은 고양이가 어떻게 되었느냐고 묻자, 솔즈베리는 그 고양이는 죽지 않고 살아 있으며 멀쩡하다는 것을 인정했다. 법정 속기록에는 현란한 19세기풍 웅변조의 변론이 남아 있다.

> 솔즈베리 박사의 자신감을 보십시오. 이분은, 본인이 말하기로 자신이 아코나이트를 발견했다고 합니다. 아주 큰 문제를 해결하셨습니다. 그러나 이분의 발견을 함께 목격한 증인이나, 그것을 확인해줄 증인은 한 사람도 없습니다. 이분은 너무나 급했습니다. 기다릴 수 없었던 것이죠. 그래서 샘플을 모두 고양이에게 줘버렸습니다. 자신의 이름이 널리 유명해지기를 바라는 욕심에 기다릴 수 없었습니다. 단 한순간도 더 기다리지 못하고, 피고 측이 검토할 샘플은 한 방울도 남기지 않은 채 모두 고양이에게 줘버렸던 것입니다!(…)그 고양이는 토하지도 않았고 자신이 먹은 것을 소화시켰으며 세 시간이 지나자 멀쩡해졌습니다. 얼마나 대단한 고양이입니까! 얼마나 대단한 박사님이십니까! 그런 사실에 기반한 의견이라니! 솔즈베리 박사의 의견을 인정하자면 그 고양이는 죽었어야 했습니다. 그게 아니라 고양이가 살아 있다는 사실을 인정하자면 박사는 자신의 주장을 철회해야 할 것입니다![3]

전문가 증인이 아코나이트를 검출했다는 주장에 대해 의심이 있었음에도 불구하고, 헨드릭슨은 1854년 5월 5일 올버니카운티 교도소 안마당에서 교수형에 처해졌다. 마지막 순간까지 그는 무고함을 주장했다.

◐ 아코나이트는 어떻게 사람을 죽이나

아코나이트를 섭취하면 몸이 스스로 이 치명적인 독약을 제거하기 위한 작용을 시작하면서 위장과 장이 금방 요동치기 시작한다. 물리적으로 아코나이트를 제거하려는 작용과 함께 오심, 구토, 위경련, 설사 등의 증상이 동시다발적으로 일어난다. 그러나 독약의 일부가 이미 혈류에 섞여 흐르기 시작하면 이런 시도는 모두 무위로 끝난다. 아코나이트가 혈류에 섞여 온몸을 돌아다니면서 첫 번째 치명적인 증상이 나타난다. 먼저 입 주변을 마치 바늘로 콕콕 찌르는 것 같은 느낌으로 시작해 얼굴 전체에 저린 증상이 확산된다. 때로는 마치 고춧가루를 뿌린 것처럼 혀가 아린 느낌으로 찾아오기도 한다. 두 눈이 초점을 잃고 시야가 흐릿해지면서 희미해지고 심지어는 거의 실명 상태에 이른다. 마치 팔다리를 절단한 듯, 사지의 정상적인 감각이 사라진다.[4]

아코나이트가 온몸을 돌아다니며 작용하는 동안, 피부는 점점 차가워지고 끈적끈적해진다. 숨쉬기가 힘들어지고 공포심이 피해자를 압도한다. 심장으로 돌아오는 혈액에는 독이 들어 있고, 처음에는 심계항진이 찾아오지만 곧 심장 박동이 점점 빨라지다가 불규칙해진다. 그리고 결국은 심장이 완전히 멈춰버린다. 아코나이트 중독의 효과는 매우 빠르게 나타난다. 보통 섭취 후 몇 분 이내로 나타나기 시작하지만 아주 드물게 한 시간가량 후에야 나타나기도 한다. 치사량의 아코나이트가 체내로 들어가면 남아 있는 유일한 문제는 '심장 마비로 죽느냐, 횡격막의 마비로 인한 질식으로 죽느냐'뿐이다. 1~2밀리그램, 식용 소금 알갱이 100개에서 200개 정도의 소량만으로도 사람을 죽일 수 있다. 병원에서 치료와 조력을 받는다 해도 아코나이트 중독 환자의 95퍼센트는 죽음에 굴복한다. 아코나이트는 매우 위험한 독약이며 그래서 '독약의 여왕'이라는 별명으로 불린다.

아코나이트는 신경 세포와 심장 세포의 세포막에 있는 특별한 단백질에 달라붙는다. 신경 세포나 심장 세포 모두 정상적으로 작용하려면 전류가 있어야 한다. 아코나이트는 이 생물 전기에 간섭함으로써 신경 세포와 심장 세포를 파괴한다. 전선의 전기는 연속적으로 전선을 타고 흐르지만, 신경은 자기 길이만큼만 신호의 파동을 보낸다. 신호가 신경 끝까지 흘러왔으면 신경은 새로운 신호를 보내기 전에 리셋되어야 한다. 마찬가지로, 심장도 한 번의 박동이 끝날 때마다 새로운 수축 작용으로 혈액을 뿜어내기 전에 찰나의 휴식을 갖고 리셋한다. 신경이나 심장이 적절히 리셋되지 못하면 금방 문제가 발생한다. 아코나이트가 방해하는 것이 바로 이 리셋의 과정이다.

신경 세포에서 신호가 발사되면 신경 세포의 나트륨 이온과 칼슘 이온이 자리를 바꾼다. 정상적인 상태에서라면 나트륨 이온은 세포 안에 드문드문 들어 있는데, 세포 외부에 있던 나트륨 이온이 세포 내부로 흘러 들어가면 칼슘 이온은 신경 세포 밖으로 탈출한다. 나트륨이 들어가고 칼슘이 나가면서 일어나는 이온의 교환을 '탈분극depolarization'이라고 하며, 신경의 신호 체계를 제어하는 것이 바로 탈분극이다. 나트륨은 신경 세포 안으로 아무렇게나 흘러 들어가지 않는다. 나트륨 통로sodium channel라 부르는 세포막 속의 특별한 단백질을 통해 치밀하게 제어된 방식에 따라서 유입된다. 새로운 신호를 발신할 수 있도록 신경을 리셋하기 위해서는 재분극repolarization 과정이 일어나야 한다. 재분극이 일어나면 나트륨 통로가 닫혀서 나트륨이 세포로 유입되는 것을 차단하며, 들어온 나트륨은 밖으로 내보내려는 작용이 일어난다. 심장 근육 세포에 나트륨이 유입되면 근육 수축을 일으킨다. 심장의 모든 근육 세포가 조화를 이루면서 수축하면 심장이 박동하게 된다. 심장이 한 번씩 수축할 때마다 수축이 끝난 후에는 세포의 재분극이 일어나야 하며 나트륨 통로는 차단되어야 한다.

이제 이 나트륨 통로가 닫히는 것을 방해하는 어떤 일이 벌어졌다고 상상해보자. 아코나이트가 바로 그런 작용을 한다. 아코나이트는 마치 문버팀쇠가 문이 닫히지 않도록 버티듯이, 나트륨 통로에 단단히 달라붙어서 신경과 심장 근육 세포의 재분극과 리셋을 막는다. 먼저 나트륨 통로가 열리면 나트륨이 세포 안으로 유입되어서 신경 신호가 발신되거나 심장 세포가 평상시처럼 수축한다. 100만분의 2~3초 후, 이 시스템의 리셋을 위해 나트륨 통로가 닫혀야 하지만, 아코나이트가 이 통로가 열려 있도록 고정해버린다. 신경과 근육 세포는 나트륨 펌프(이 펌프에 대해서는 나중에 다루기로 한다)로 나트륨 이온을 방출하려고 애쓴다. 그러나 들어오는 통로가 넓게 열려 있는 상태에서 그 노력은 마치 수돗물을 틀어놓은 채 욕조의 물을 빼려고 하는 것과 같다.

아코나이트가 그렇게 치명적이라면, 애초에 이 물질이 의학적으로 쓰인 이유는 뭘까? 모든 신경이 뇌에서 몸으로 정보를 보내는 것은 아니다. 어떤 신경은 감각 신경이어서, 우리 몸의 감각 기관으로부터 뇌로 정보를 보낸다. 통각 신경도 여기에 해당한다. 통각 신경은 우리 몸이 해를 입지 않도록 예방하는 데 굉장히 큰 도움을 주지만, 장기적인 통증은 매우 불편하다. 감각 신경도 나트륨의 유입과 탈분극에 의존하기 때문에, 이 신경들의 나트륨 통로가 차단되는 것을 막으면 통증 신호가 제거되는 것이나 마찬가지다. 아코나이트를 기반으로 한 약초 진통제가 바로 이런 논리에 근거한 것이다. 그러나 불행하게도 아코나이트로 통증을 잠재울 때의 용량과 사람을 죽일 만큼 치명적인 용량의 사이에는 거의 차이가 없고, 아코나이트가 위험한 것도 바로 그 때문이다. 아코나이트 중독의 몇몇 사례 덕분에 아코나이트를 약초로 사용할 때 품질 관리와 순도 측정의 기준이 세워졌다.

💧 아코나이트와 싱 부인의 커리

조지 램슨이 처형된 후, 아코나이트와 그 독성은 대중들의 뇌리에서 서서히 잊혀갔다. 그러나 '살인'과 '아코나이트'의 메아리는 130년 후 바로 그 올드 베일리 법정에서 다시 울렸다.

라크비르 카우르 싱Lakhvir Kaur Singh은 인도의 암리차르에서 태어나 영국으로 이민을 왔으며 런던의 사우설 자치구에서 자리를 잡았다. 사랑 없는 중매 결혼에 아이 셋을 낳아 기르던 싱 부인은 자신의 인생이 마치 덫에 걸린 듯 답답한 기분이었다. 결국 그녀는 자신에게 필요한 것은 인생의 자극이라고 결론지었다. 얼마 후, 싱 집안과 혼맥으로 연결된 먼 친척인 라크빈더 치마가 싱 부부의 집에 하숙인으로 들어와 살게 되었다. '럭키'라는 애칭으로 불리던 라크빈더와 싱 부인은 차츰 연인 사이로 발전했다. 잠깐만 생각해보면, '럭키'라고 불린 것부터가 운명의 시험이었다는 느낌을 지울 수 없다. 싱 부부의 집에서 몇 년을 살던 럭키는 드디어 자기 집을 마련해 나갔고, 비용을 충당하기 위해 자신도 하숙인을 들이기 시작했다. 럭키가 따로 살게 되었어도 싱 부인에게는 어려울 것이 없었다. 그녀는 여전히 럭키의 집을 매일 드나들며 청소를 하고 요리를 하고 세탁을 하면서 헌신적인 정부로서의 역할을 이어갔다.

두 사람의 관계는 2008년 럭키가 영국으로 갓 이민 온 스물한 살의 처녀 구르지트 카우르 추그를 소개받으면서 흔들리기 시작했다. 럭키는 미래의 신붓감으로 구르지트를 소개받았고, 그때부터 럭키의 행운은 바닥을 보이기 시작했다. 처음 만나고 겨우 한 달 만에, 럭키는 일부러 싱 부인이 가족과 친지들을 만나러 인도로 여행 간 틈을 타서 구르지트와의 약혼을 발표했다.

럭키의 약혼 소식은 수천 킬로미터 떨어진 곳에 있던 싱 부인의 귀에까지 들려왔다. 분노와 질투심에 거의 이성을 잃은 싱 부인은 럭키에게 문자 메시지 폭탄을 보내 자신에게 돌아오라고 애원했다. 한 문자 메시지에서 싱 부인은 이렇게 호소했다. "내 마음을 이렇게 갈가리 찢어놓기 전에 내 마음은 이미 다른 누구에게도 쓸모가 없어졌다는 건 생각이라도 해봤나요?" 그녀는 또한 럭키에게 그의 젊은 약혼녀는 오로지 영국 영주권을 합법적으로 얻을 욕심으로 그와 결혼하려는 것일 뿐이라고 설득했다. 온갖 호소와 애원으로도 통하지 않자 싱은 결국 자신이 럭키를 가질 수 없다면 아무도 갖지 못하게 하겠다고 마음먹기에 이르렀다. 얼마 후 한 약초상을 찾아간 싱은 아코니툼 페록스*Aconitum ferox*

또는 인도산 아코나이트라 불리는 분말을 구입했고, 영국으로 돌아올 때 몰래 숨겨서 가지고 들어왔다.

집으로 돌아온 싱 부인은 한동안 럭키의 집을 감시하며 그가 언제 집에서 나가고 언제 돌아오는지를 염탐했다. 럭키의 일상에 대한 정보를 충분히 파악한 후, 2009년 1월 27일 싱은 럭키가 집에서 나와 차를 타고 떠나기를 조용히 기다렸다. 오래전에 럭키로부터 받은 열쇠로 문을 열고 들어간 싱 부인은 하숙인 중 한 사람을 마주치자 손을 흔들어 인사를 하고는 곧장 주방으로 들어갔다. 냉장고를 열어보니 치킨 커리가 든 플라스틱 밀폐 용기가 있었다. 그 용기를 꺼내 뚜껑을 열고, 싱 부인은 조심스럽게 죽음의 가루, 아코나이트 분말을 뿌렸다.

집으로 돌아온 럭키는 한 하숙인으로부터 그가 없는 사이에 싱 부인이 다녀갔다는 이야기를 들었다. 럭키는 그 하숙인에게 알려줘서 고맙다고 인사를 하고는 싱 부인이 또 찾아와 해코지를 하기 전에 현관문의 자물쇠를 바꿔야겠다고 생각했다. 하지만 냉장고 속의 커리에는 이미 죽음의 가루가 뿌려졌으니, 럭키가 처한 이 상황이야말로 소 잃고 외양간 고치는 격이었다. 그날 밤 10시, 럭키와 약혼녀는 냉장고에 있던 커리를 따뜻하게 덥혀서 늦은 저녁을 먹기 위해 마주 앉았다. 2주 후 밸런타인데이로 날을 잡은 결혼식 이야기를 하며, 럭키는 커리를 두 그릇이나 먹었다. 저녁 식사를 마치고 얼마 지나지 않아 두 사람 모두 극심한 위경련에 시달리기 시작했다. 럭키는 가까운 응급실로 전화를 걸어 떨리는 목소리로 누군가가 음식에 독을 탄 것 같다며 구급차를 불렀다. 구급차가 너무 오래 걸릴 것 같다는 생각에, 럭키는 조카 둘에게 자신과 구르지트를 병원으로 데려가달라고 부탁했다.

몸은 부분 마비가 진행되었고 시야가 점점 소실되어 가는 상태로, 럭키와 약혼녀는 조카들이 운전하는 차를 타고 병원으로 향했다. 의사들이 기록한 초기 증상으로는 입 주변을 바늘로 찌르는 듯한 통증, 시력 소실, 근무력증, 발한, 복통, 심한 구토 등이 있었다. 항구토제를 투여했음에도 불구하고 두 환자의 구토는 멈추지 않았다. 병원에 들어온 지 한 시간 만에 럭키의 상태는 매우 불안정해졌고 심장 박동이 빨라지기 시작했다. 럭키의 심장 박동을 모니터하던 기계는 전기 활동의 급격한 변화를 보여주었고, 그러한 변화로 인해 심장이 불규칙하게, 그리고 더욱 중요한 것은 비효율적으로 수축하고 있었다. 럭키의 혈압은 뚝 떨어졌으며 발작을 시작하더니 입원 두 시간 만에 사망하고 말았다.

의사들은 럭키가 중독된 독극물이 무엇인지 몰랐지만, 구르지트의 위장에 남아 있을지도 모르는 모든 약물을 제거하기 위한 조치를 시작했다. 의사들은 의학적 혼수상태를 유도했고, 구르지트는 사흘 동안 혼수상태로 있었다. 그녀가 죽음을 피할 수 있었던 것은 오직 죽은 약혼자보다 커리를 적게 먹었기 때문이었다.[5] 매우 빠른 증상의 진행과 독극물의 치명도에 놀란 병원 스태프들과 경찰은 공기로 전파될 위험성 또는 화학적 위협의 가능성에 대비해 럭키 치마와 싱 부인의 집을 봉쇄했다. 경찰은 싱 부인의 코트에서 갈색 가루가 든 비닐 백을 발견했는데, 싱 부인은 약초 가루일 뿐이라고 주장했다.

처음에 법의학 화학 전문가들은 그 가루의 정체가 무엇인지 확신하지 못했지만, 그것이 무엇이든 커리와 럭키의 토사물에도 들어 있음을 확인했다. 히말라야에서 자란다는 아코니툼 페록스의 알칼로이드가 아닐까 하는 의문이 제기되었지만, 법의학 화학 전문가들이 그 의문을 답을 찾기 위해 히말라야까지 날아가서 샘플을 채취할 수는 없는 노릇이었다. 그런데 다행히도 가까운 곳에 아코니툼 페록스의 샘플이 있었다. 큐 가든, 즉 왕립 식물원에서 싱 부인의 갈색 가루와 대조할 샘플을 구할 수 있었던 것이다. 대조한 결과 그 두 분말은 동일한 물질로 밝혀졌다. 럭키의 죽음은 아코니툼 페록스의 아코나이트로 인한 중독사였다.

라크비르 싱은 럭키 치마 독살, 구르지트 추그 살인 미수로 올드 베일리 법정에서 재판을 받았다. 1882년 조지 헨리 램슨이 유죄 판결을 받은 지 130년 만에 영국에서 아코나이트 중독 살인 재판이 열렸으니, 이 재판에 쏟아지는 대중의 관심은 엄청날 수밖에 없었다. 배심원은 럭키 치마를 살해하고 구르지트 추그에게는 고의로 심각한 신체적 손상을 입힌 데 대해 싱에게 유죄 평결을 내렸다. 판결을 선고하며 판사는 이렇게 말했다. "피고는 냉혹하고 치밀한 복수를 계획했습니다. 아코나이트가 얼마나 치명적인지 알고 있었고, 그 효과가 얼마나 고통스러운지도 알고 있었습니다." 싱은 최소 23년 수감의 종신형을 선고받았다. 130년의 차이를 두고 벌어진 이 두 건의 살인 사건은 모두 아코나이트를 살인의 수단으로 썼고, 똑같은 법정에서 재판이 진행되었으며 범인은 모두 유죄 판결을 받았다. 그나마 싱 부인에게 다행스러운 것은 교수형이 더 이상 집행되지 않는다는 것이었다.

독살범과 독물학자 사이의 쫓고 쫓기는 게임에서 19세기에는 독살범이 우위에 있었던 것이 사실이다. 식물성 독약을 포함한 모든 독극물은 아주 쉽게 구할 수 있었고, 누군가 독살당했다는 의심이 든다 해도 기소에 필요한 법의학적 증거를 찾아낼 수단은 걸음마 수준에 머물러 있었다. 그러나 20세기가 시작되면서 화학자들과 독물학자들의 실력은 이전 세기와는 비교할 수 없을 만큼 발전했고, 몇 년 전만 해도 살인범을 찾을 수 없었던 피해자에게서도 어떤 독약이 사용되었는지 밝혀낼 수 있을 정도가 되었다. 최첨단 검출 장비를 갖춘 오늘날의 현대적인 독물학 실험실에서 끝끝내 검출할 수 없는 물질은 없다.

다음 장에서는 아코나이트와 맞먹을 정도로 치명적이지만 아코나이트와는 전혀 다른 방식으로, 우리 몸을 이루고 있는 30조 개에 달하는 세포 하나하나의 중요한 활동을 방해함으로써 사람을 죽이는 독약에 대해 이야기해보려고 한다.

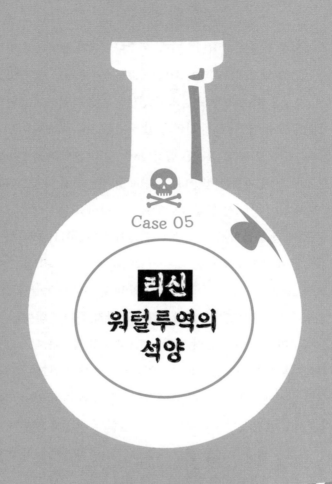

Case 05

리신
워털루역의
석양

독약에는 어떤 매력이 있다. … 리볼버의 총알이나 둔기의 조악함을 찾을 수 없다.

_애거사 크리스티, 《마술 살인》, 1952

🝆 랩 넘버원

영화에서, 그리고 실제로도 스파이는 늘 흔적 없이 적을 제거할 수 있는 새로운 방법을 고안하느라 머리를 굴린다. 그중에서도 가장 악명 높은 집단이 구소련의 KGB(국가 보안 위원회), 현재 러시아 연합의 FSB(연방 보안국)이다. 이 두 기관은 안보에 위협이 되는 존재라면 오직 제거만을 해결책으로 간주하는 강경한 정책을 펼쳤고, 그들을 암살하는 데 있어서 핵심적인 요소는 자연사를 가장한 죽음이었다. 감지, 식별, 추적이 극도로 어려운 특수한 독극물을 개발, 생산하는 것이 '랩(Laboratory) 넘버원'이라 알려진 모스크바 일급비밀 연구 기관의 기능이었다. 이 실험실은 모스크바의 KGB 루비안카 본부와 가까운 바르소노페브스키 레인에 있었다. 한번은 랩 넘버원의 수장이 동물 실험만 거친 독약이 사람에게도 항상 똑같은 효과가 있는 것은 아니라고 불평을 했다. 그러자 스탈린 시대 KGB의 실권자였던 라브렌티 베리아가 제임스 본드 영화 속에서 무엇이든 제멋대로 하고야 마는 악당처럼 야심이 그대로 드러나는 음흉한 미소를 지으며 말했다. "사람한테는 실험하지 말라고 누가 그랬나?"

랩 넘버원의 트레이드 마크는 기존의 독약을 가져다가 검출하기 어렵거나 러시아와 연결할 수 없는 방식으로 사용하는 것이었다. 이 실험실에서 개발된 독약으로 얼마나 많은 사람이 독살되었는지 파악하기는 불가능하지만, 그중 몇몇은 악명 높은 사례로 기록되었다. 1957년 뮌헨에서 반공산주의 운동가 레프 레베트가 접은 신문지 사이에 숨긴 스프레이건에서 발사된 청산가리 연기를 얼굴에 맞았다. 이 암살 작전은 성공을 거두어서, 레베트의 사인은 심장 마비에 의한 자연사로 결론지어졌다. 사건이 있은 지 4년 후에야 서방으로 망명한 암살자가 그 작전을 폭로함으로써 레베트의 죽음이 살인이었다는 것이 밝혀졌다. 서방으로 망명한 전직 KGB 니콜라이 코클로프는 1957년 독일에서 열린 공식 연회에서 오염된 커피를 마시고 쓰러져 중태에 빠졌다. 혈액 검사 결과 쥐약에 쓰이는 금속성 독성 물질인 탈륨이 발견되었으나 온갖 노력에도 불구하고 치료에 효과는 없었다. 환자는 독일 프랑크푸르트에 있는 미국 육군 병원으로 이송되었고, 거기서 의사들은 코클로프의 혈액 속에 든 탈륨은 체내에서 천천히 분해되도록 방사능에 노출시켰던 물질임을 밝혀냈다. 겉으로는 심한 위장염처럼 보이지만, 환자는 천천히 죽어가고 있었다. 소련에서 탈출한 게오르기 오콜로비치는 독이 묻은 탄환이 빗나가는 바람에 가까스로 암살을 피하고 목숨을 건질 수 있었다. 그 탄환은 담뱃갑 속에 숨길 수 있을 정도로 작은 미니어처 권총에서 발사된 것이었다.

스프레이건, 죽음의 커피, 담뱃갑 속의 미니어처 권총은 랩 넘버원에서 개발한 기상천외한 독약 공격 시스템의 극소수 사례에 불과했다. 그러나 이런 모든 장치 중에서도 가장 악명 높은 사례는 우산으로 실행에 옮긴 암살이었다. 이 우산은 불가리아 비밀경찰국이 개발해 반체제 인사 게오르기 이바노프 마르코프 Georgi Ivanov Markov를 제거하는 데 이용되었다.

🌢 피마자콩 이야기

피마자기름 한 숟갈이면 어린아이들이 겪는 수많은 통증에 만병통치약이었다. 지금도 가정상비약으로 인기가 높다. 그러나 약 먹기 싫어하는 수많은 아이들이 안전하게 복용할 수 있는 약인 피마자기름도 피마자로 만들지만, 사람에게 알려진 가장 위험한 독소도 바로 이 식물로부터 만들어진다.

맛은 지독하게 쓰지만, 피마자기름은 의사의 처방전 없이도 살 수 있는, 안전하고 상대적으로 순한 변비약이다. 사실 그 쓴맛은 피마자기름 자체의 맛이 아니라 이 기름이 공기와 만나 상호작용을 함으로써 생긴 맛이다. 베니토 무솔리니의 파시스트 정권이 지배하던 이탈리아에서는 피마자기름이 완벽한 형벌의 수단으로 악용되었다. 파시스트들이 적에게 모욕을 주는 수단으로 피마자기름을 애용했던 것이다. 무솔리니의 검은 셔츠단Black Shirts 단원들은 정적이나 반체제 인사들에게 다량의 피마자기름을 억지로 먹게 했다. 피마자기름을 먹여놓고 곤봉으로 매질을 가하는 경우도 있었지만, 피마자기름만으로도 사람들은 종종 탈수증으로 사망하기까지 했다. 과거에는 피마자기름이 장의 내벽을 자극해 장염을 일으키는 것이 문제라고 생각했지만, 지금은 피마자기름이 특별한 수용체와 결합해 장의 평활근 수축을 증가시킨다는 사실이 밝혀졌다.

화학적인 처리를 거쳐 피마자기름은 리시놀레산ricinoleic acid으로 만들어지며, 식품과 가죽을 보존하는 데도 쓰이고 브레이크 오일, 페인트, 잉크, 중장비 윤활유 제조에도 쓰이기 때문에 상업적으로도 큰 가치가 있다. 피마자로부터 만들어지는 또 다른 생산물 중에 리신ricin이 있다. 리신은 피마자기름 같은 상업적 또는 의학적 가치는 없을 뿐 아니라 지극히 소량으로도 생명에 위협을 줄 수 있다.

피마자는 몸체가 크고 병충해나 기후 변화에 강한 관목의 일종으로, 한 계절에만 키가 1.8~4.5미터까지 자랄 수 있다. 윤기가 도는 피마자 씨앗은 '피마자콩'이라고 불리며 모양이 매우 아름답고 섬세하다. 치명적인 리신은 피마자 나무 전체에서 소량이 발견되지만, 그 대부분이 피마자콩에 몰려 있다. 특히, 리신은 피마자기름과 함께 피마자 씨앗의 발아에 필요한 영양원인 내배유 안에서 발견된다. 모든 식물성 알칼로이드처럼, 리신도 피마자가 씨앗이나 어린 묘목이 동물에게 먹히지 않도록 방해하기 위해서 만들어내는 물질일 수 있다(오리나 닭, 비둘기 같은 조류는 리신 중독에 상대적으로 면역이 되어 있다). 피마자기름은 피마자 씨앗을 섭씨 140도에서 20분가량 가열해 추출한다. 가열 과정에서 리신 단백질을 파괴하거나 비활성화시킨 뒤 으깨고 압착해서 기름을 뽑아낸다. 남은 찌꺼기는 비료로 쓸 수는 있지만 가축의 사료로는 쓰지 못한다. 약간의 리신이 남아 있기 때문이다.

피마자콩을 수확하는 것도 위험이 따르는 일이다. 리신의 존재도 위험하거니와 피마자 나무 자체가 꽃가루를 많이 뿜어낸다. 피마자 꽃가루에는 천식을 일으키는 알레르겐이 들어 있다. 피마자 나무의 수액, 꽃 그리고 잎도 피부에 닿으면 고통스러운 피부 발진을 일으킬 수 있다. 이런 알레르겐에 장기적으로 노출되면 영구적인 신경 손상을 입을 염려도 있다. 이런 이유로 많은 기업이 리시놀레산의 대체 원료를 찾거나 유전자 공학을 통해서 리신이나 알레르겐 걱정 없이 필요한 기름을 얻을 수 있는 피마자 나무의 개발을 추진하고 있다.

💧 살해당한 진실

게오르기 이바노프 마르코프는 1929년 3월 1일에 불가리아의 수도 소피아에서 태어났다. 십대 시절부터 그는 조국이 일당

독재 사회주의 국가가 되는 것을 목격하며 자랐는데, 1960년대 중반에 이르자 토도르 지브코프 대통령은 불가리아를 철두철미한 소련의 동맹 국가로 만들면서 바르샤바 조약국 중에서도 가장 억압적인 방식으로 통치하기에 이르렀다. 마르코프는 대중들이 환호하는 소설가, 극작가로 성장했으며 그의 첫 소설 《멘Men》은 누구나 인정하는 불가리아 작가 동맹으로부터 1962년에 '올해의 작가상'을 수상했다. 공산주의 정부도 그의 작품에 우호적이었으며, 마르코프는 공산당 지도부의 사회적 엘리트와 고위 정치 지도자들의 세계를 자유롭게 드나들 수 있는 인물이 되었다.

불가리아에서 소수 특권층의 삶을 누리고 있었음에도 불구하고 마르코프는 불가리아 정부의 부패와 자유를 억압하는 통치 체제에 점점 염증을 느끼기 시작했다. 1969년부터는 비밀리에 새로운 연극을 무대에 올릴 준비를 하고 있었는데, 이 연극은 공산당 지도부에서 결코 반가워할 내용이 아니었다. 첫 공연이 끝난 후, 마르코프는 이 연극의 반공 선전 내용에 대한 심문에 답하라는 문화 위원회의 소환을 받았다. 마르코프는 현명하게 출두를 거부하고 서방으로 탈출했다. 피고 없이 진행된 궐석 재판에서 그는 조국 불가리아에 대한 반역 혐의로 유죄 판결을 받았다.

마르코프는 우선 이탈리아로 피신했다가 거기서 잠시 동생과 시간을 보낸 후 최종적으로 런던에 도착해 작가 겸 저널리스트로서 새로운 삶을 시작했다. 1975년에는 CIA의 지원을 받는 자유 유럽 라디오 네트워크의 방송인이 되었다. 주간 프로그램 진행자로서 마르코프는 강한 반공 의식을 표현했으며 자신의 작가적 재능을 발휘해 불가리아 정부 고위층의 부패상을 폭로함으로써 조국에서도 많은 청취자를 확보했다. 불가리아가 인권을 짓밟고 민주주의를 억압하고 있다는 마르코프의 고발에 지브코프 정권이 불만을 가진 것은 말할 것도 없었다. 어머니의 임종을 위해 일시 귀국을 허락해달라는 마르코프의 요청을 불가리아 정부가 거부하자, 마르코프는 불가리아 정부가 아니라 지브코프 대통령 개인을 공격하는 방송을 연속적으로 내보냈다. 불가리아 정부는 마르코프의 주장이 사실이 아니라는 입장을 취했으며, 1978년에 결국 영화 〈대부〉에 나오는 고전적인 대사처럼 마르코프에게 '거절할 수 없는 제안'을 하기에 이르렀다.

그 제안은 간단했다. 자유 유럽 라디오의 방송을 중단하거나 처형당하거나, 택일하라는 것. 마르코프가 제안을 거절하자, 불가리아 정부는 그의 입을 막아야 한다는 결정을 내렸다. 불가리아 비밀경찰 기구인 DS의 수뇌부는 비밀경찰계의 큰 형님뻘인 소련의 랩 넘버원에 이 문제를 해결할 최선책이 무엇인지 조언을 구했다. 돌아온 답은 냉전 시대임을 감안하더라도 매우 섬뜩한 방법이었다. 마르코프의 사후, 그의 라디오 방송 대본은 모두 수집돼 《살해당한 진실The Truth That Killed》이라는 제목으로 출판되었다.[1]

🌢 마르코프 제거 작전

1978년 8월 말, 마르코프는 괴이하고 의심스러운 전화를 한 통 받았다. 전화를 건 사람은 마르코프에게 그가 곧 죽게 될 것이며, 자연사처럼 보이겠지만 실은 결코 평범하지 않은 죽음일 것이라고 말했다. 그로부터 2주 후인 9월 7일 목요일, 그날은 지브코프 대통령의 생일이었다. 불가리아 비밀경찰은 그들의 지도자에게 아주 특별한 생일 선물을 상납할 계획이었다. 그 선물은 바로 마르코프의 죽음이었다.

마르코프는 평소처럼 정오 즈음에 템스강 사우스뱅크에 있는 워털루역에 차를 주차했다. 주차장에서 나와 매주 한 번 라디오 방송국으로 출근할 때 버스를 타는 정류장까지 짧은 거리를 걸어갔다. 버스를 기다리고 있는데 갑자기 오른쪽 허벅지 뒤쪽에서 벌레에 쏘인 듯한 통증을 느끼며 뒤를 돌아다보았다. 아마도 지나가던 사람의 우산 꼭지에 찔린 모양이었다. 어떤 남자가 땅에 떨어진 우산을 줍고 있었다. 그 남자는 마르코프에게 외국인의 억양이 느껴지는 말투로 미안하다고 인사를 하고는 택시를 타고 사라졌다.

마르코프는 BBC 월드 서비스 건물로 가는 버스를 타고 방송국으로 갔고, 그날의 방송을 마쳤다. 오후가 지나고 저녁 시간이 다가오면서 그는 감기라도 걸린 것처럼 점점 몸이 불편해졌다.

그날 밤 집에 도착해서도 전혀 나아질 기미가 없었지만 아내가 걱정하게 만들거나 감기를 옮겨서는 안 되겠다는 생각에 서재에 잠자리를 만들고 잠이 들었다. 새벽 2시에 마르코프의 아내 애너벨은 남편이 격렬하게 토하는 듯한 소리에 잠이 깼다. 남편은 열이 펄펄 끓어 체온이 40도에 가까웠다. 남편의 상태가 걱정스러웠던 애너벨은 전화로 의사에게 도움을 청했다. 증상을 듣고 마르코프가 독감에 걸렸다고 판단한 의사는 침대에 누워 휴식을 취하고 수분을 충분히 섭취하라고 조언했다. 마르코프가 국제적인 암살 작전의 목표 인물이며 그의 몸은 치명적인 독약에 대한 반응으로 서서히 기능을 잃어가고 있다는 것을 의사는 알 리가 없었다.

다음 날, 마르코프의 상태는 더욱 나빠졌고, 오후가 되자 말도 제대로 하지 못했다. 1978년 9월 8일, 마르코프는 런던 남부 밸럼에 있는 세인트제임스 종합 병원에 입원했다. 교통사고, 자상, 심장 발작, 위경련 등 일상적인 응급 환자들 사이에서 한 남자가 자신은 KGB에 의해 죽어가고 있다고 주장했다.

내과의사 버나드 라일리는 자신이 불가리아에서 탈출한 사람이기 때문에 불가리아에 자신을 해치려는 적이 있고, 친구로부터 KGB가 자신을 '제거'하려 한다는 경고를 받았다며 설명하는 마르코프를 보고 어리둥절했다. 라일리가 보기에 응급실의 이 이상한 환자는 편집증이거나 과대망상인 것 같았다. 환자는 이미 열에 들뜬 채 체온은 계속 오르고 있었지만, 고열은 인플루엔자나 위염 같은 일반적인 감염이 원인일 수도 있었다. 고열 외에도 마르코프는 계속 메스꺼움을 호소하고 구토도 멈추지 않았다. 전날의 일을 돌이켜볼 때 마르코프는 허벅지에 독이 든 무언가를 맞은 것이 틀림없다고 생각했지만, 허벅지에 뭔가에 찔려서 생긴 듯한 작은 구멍을 검사하고 엑스선 사진을 찍어봐도 어떠한 이물질도 발견되지 않았다.[2]

9월 9일 토요일 저녁에도 마르코프의 상태는 계속 악화되었고, 결국 중환자실로 옮겨졌다. 혈압은 70/40. 정상 혈압 120/80에 비해 위험할 정도로 낮았고 심장 박동 수는 분당 160회에 이를 정도로 치솟았다. 땀을 비 오듯이 흘리면서도 춥다고 호소했다. 혈액 샘플을 분석하니 백혈구(감염에 대항하는 혈구) 수치가 2만 7000(정상 수치는 5000~1만)에 달했다. 깜짝 놀랄 정도로 높은 수준이었다. 이런 증상들을 모두 종합해볼 때 패혈증 쇼크거나 전신성 감염증일 가능성이 있었지만 최대한으로 항생제를 투여해도 마르코프의 상태는 나아지지 않았다. 계속해서 토했고, 나중에는 혈액이 점점이 섞여서 올라왔다. 위장과 장의 내벽이 서서히 떨어져 나가기 시작하면서 내출혈이 일어나고 있다는 신호였다. 그날 밤 무렵, 소변이 더 이상 나오지 않았다. 신장 기능이 멈추기 시작했다는 의미였다.

마르코프의 신장이 기능을 멈추자 폐 주변의 공간에 체액이 차오르기 시작했고, 호흡은 더욱 힘들고 효율이 떨어져갔다. 다음 날, 심전도 검사 결과 심장도 기능을 잃어가면서 심장 박동이 빈맥과 서맥을 오가며 불규칙해졌다. 월요일 이른 아침, 마르코프는 의식이 불분명한 채 착란 증상을 일으키면서 자신의 정맥주사를 뽑아내기까지 했다. 오전 9시 45분, 심장 발작이 일어나자 의료진이 혼신을 다해 소생술을 시도했음에도 불구하고 9월 11일 10시 40분, 워털루 다리에서의 일이 있은 지 나흘 만에 게오르기 마르코프의 사망 선고가 내려졌다. 그의 나이 겨우 마흔아홉 살이었다.

🜄 펠릿 속의 죽음

마르코프는 유명한 망명객이었고, 최근에 살해 위협을 받은 일도 있었기 때문에 런던 경찰청은 의사들보다 훨씬 심각하게 암살의 가능성을 받아들였다. 마르코프가 정말 독살당했는지 알아보기 위해 부검 명령이 떨어졌다. 내무부 소속 병리학자 루퍼스 크롬튼 박사는 마르코프의 심장, 폐, 간, 장과 췌장에서 광범위한 손상과 더불어 다른 장기에서도 심각한 내출혈을 확인했다. 특히 마르코프가 따끔한 기운을 느꼈던 오른쪽 다리의 사타구니 부근 임파선이 부풀어 오른 것으로 보아 무언가가 다리 뒤쪽에서 들어가 임파선을 타고 순환계로 섞여든 것 같았다. 임파선이 심하게 부었다는 것은 마르코프의 몸이 정체불명의 독소와 싸웠다는 뜻이었다.

런던 경찰청은 더 깊이 검사하려면 전문가가 필요하다고 판단하고 냉전 시대에 생물학 무기 연구를 위해 설립한 국방부 소속 최고의 연구 기지, 포튼 다운 연구소의 과학자들을 불렀다. 마르코프의 시신을 샅샅이 검사한 군의관 로버트 골 박사는 마르코프의 허벅지에서 볼 베어링 모양의 아주 작은 물체를 발견했다. 아주 작은 금속 구슬인데 가운데에 드릴로 뚫은 듯한 구멍이 두 개 있었다. 이 펠릿이 이리듐-플라티늄 합금으로 만들어진 이유는 아마도 인체의 면역 시스템에 감지되지 않도록 하기 위해서인 것 같았다. 가운데 뚫린 두 개의 구멍에 어떤 독소를 넣고 그 독극물이 새어 나오지 않도록 젤라틴을 씌워놓았던 것으로 보였다. 용량을 계산해보니 펠릿 내부에 약 400나노리터(1나노리터는 10억분의 1리터)의 액체 또는 500마이크로그램(1마이크로그램은 100만분의 1그램)의 물질을 담아둘 수 있었지만, 펠릿 내부는 비어 있었고 그 안에 들어 있었을 치명적인 내용물은 흔적도 남아 있지 않았다.

혈액의 박테리아 검사 결과는 음성이었으므로 그 펠릿에 박테리아가 들어 있었다고 볼 수는 없었다. 그렇다면 바이러스? 펠릿의 내부가 다수의 바이러스 입자를 쟁여 넣기에 충분할 만큼

넓은 것은 사실이었지만, 마르코프의 죽음은 너무나 갑작스러웠고 그가 겪은 증상들은 바이러스에 의해 유발되었다고 보기에는 진행 속도가 너무 빨랐다. 그렇다면 박테리아 독소는 아니었을까? 가능성이 있는 독소로는 디프테리아 독소와 파상풍 독소가 있지만, 이 독소들은 마르코프에게서 나타났던 것과 같은 증상들을 일으키지 않는다. 그리고 그렇다 하더라도 대부분의 사람들은 그 두 가지 독소에 대해 예방 접종을 했으므로 이미 면역력을 갖고 있을 터였다. 비소나 청산가리 같은 화학 독소도 생각해보았지만, 이들이 매우 위험한 독소이기는 해도 만약 청산가리였다면 그 펠릿에 들어갈 만한 양으로는 치사량의 10분의 1에 미치지 못했다. 위대한 탐정 셜록 홈스가 말했듯이, "불가능한 것들을 제거하고 나면, 남아 있는 것들이 무엇이든 그것이 아무리 있을 법하지 않더라도 그것이 진실일 수밖에 없다". 이제 남아 있는 것은 천연 식물성 독소뿐이었다. 그중에서 피마자에서 나는 리신이 가장 가능성이 높았다. 하지만 그 펠릿 안에 사람을 죽이기에 충분한 양의 리신이 들어갈 수 있었을까?

어쩌다가 우연히, 실수로 피마자콩의 독에 중독되었을 때의 증상에 대한 정보는 과학자들도 확보하고 있었지만, 마르코프의 경우에는 누군가가 의도적으로 농축된 순수 리신을 주입한 첫 번째 케이스였다. 마르코프가 리신에 중독되었을 가능성을 판별하기 위해 과학자들은 소량의 순수 리신으로 동물 실험을 해보았다. 돼지는 사람과 몸무게가 비슷하고 순환계도 매우 유사하다. 돼지에게 마르코프의 몸에 주입되었을 것으로 보이는 양과 같은 양의 리신을 주입했지만 처음 여섯 시간 동안은 아무 변화도 나타나지 않았다. 그러다가 갑자기 돼지의 상태가 극도로 나빠지기 시작했다. 고열이 나더니 백혈구 수치가 치솟았다. 마르코프에게서 나타났던 증상의 진행과 판박이였다. 돼지의 증상은 매우 심각했고, 심전도 그래프 역시 마르코프가 그랬던 것처럼 비정상적인 리듬을 보여주었다. 돼지는 겨우 24시간 만에 죽었다. 부검 결과 돼지도 마르코프와 똑같이 내부 장기가 손상되어 있었다. 리신이 펠릿 속에 들어 있었던 죽음의 물질이라고 단정적으로 확언하기는 어려웠지만, 검시관은 가장 가능성 있어 보이는 증거를 바탕으로 마르코프는 450마이크로그램의 리신 독소에 의해 독살되었다고 판단했다.

조각들을 그럴듯한 사건의 연속으로 이어보니, 내용물이 누출되는 것을 막기 위해 왁스로 캡슐을 코팅했던 것 같았다. 캡슐이 마르코프의 몸속에 들어가자 체온으로 코팅이 서서히 녹으면서 누출된 리신이 혈류로 섞여들었던 것이다. 하지만 그 펠릿이 애초에 어떻게 마르코프의 몸속으로 들어갈 수 있었는지가 의문이었다. 사람의 몸에 박힌 총알과는 달리 그 펠릿은 원형이 망가지지 않은 채였다. 게다가 마르코프가 입고 있었던 청바지에는 화약에 탄 흔적이 없었으므로, 통상적인 총기류를 발사했을 가능성도 낮았다. 결론은 압축 공기 또는 스프링 장전식 장치가 쓰였다는 것인데, 그렇다면 그 장치는 어떻게 감추었을까?

뭔가를 숨기기에 가장 좋은 장소는 모두가 볼 수 있거나 모두가 가진 것이라는 말이 있는데, 런던에서 누구나 가지고 다니는 물건은 바로 우산이다. 병원에 입원하던 날에 있었던 일을 마르코프 자신의 기억을 바탕으로 복기해보면, 그날 버스 정류장에서 그의 허벅지를 찔렀던 그 우산이 사실은 암살자가 독약을 발사한 압축 공기식 에어건이었을 가능성이 컸다. 우산 끝을 마르코스의 허벅지로 향하게 하고 독약이 든 펠릿을 발사해서 마르코프의 바지를 뚫고 허벅지에 박히게 했던 것이다. 치명적인 독소와 예상 밖의 전달 시스템의 조합은 의심의 눈초리가 곧바로 랩 넘버원로 향하게 만들었다.[3]

💧 리신은 어떻게 사람을 죽이나

사람을 죽이는 데 필요한 리신 가루의 양은 놀랍게도 식용 소금 몇 알갱이 정도의 적은 양에 불과하다. 세포막에 들어 있는 특정 단백질 분자의 작용을 방해함으로써 신경 세포 밖에서 작용하는 리신은 이 책에서 지금까지 다루었던 다른 독약들과는 달리 모든 체세포를 공격한다. 그러나 리신도 파괴적인 힘을 발휘하기 전에 우선 세포 안으로 침투해야 한다.

리신은 세포의 가장 깊숙한 내부, 생명 유지에 필요한 단백질이 만들어지는 공장까지 우리를 안내한다. 머리카락과 손톱이 자라게 하고 소화 기관에서 음식을 소화시키는 효소를 생산하는 등, 인체가 정상적으로 기능하기 위해서는 단백질이 필요하다. 단백질은 우리 몸의 구석구석까지 중요한 메시지를 전달하고 심장 근육이 몸과 두뇌에 산소를 보내게 하는 신경 세포를 만든다. 그 외에도 단백질은 외부에서 침입한 병원체로부터 우리 몸을 보호하는 항체를 만든다.

알파벳을 특정한 순서로 나열해서 영어로 된 문장을 만들 듯이, 단백질은 아미노산을 특정한 순서로 나열해서 만든다. 한 문장 안에서 각각의 위치는 스물여섯 개의 알파벳 중 하나가 차지하지만, 단백질의 경우 각각의 위치는 스무 개의 아미노산 중 하나로 제한된다. 문자를 조합했다고 해서 그 모든 조합이 문장으로 완성되는 것은 아니듯이, 아미노산의 조합도 모두가 단백질로 만들어지는 것은 아니다. 사람의 몸에는 10만 개의 독특한 아미노산 배열로 만들어진 약 10만 개의 개별적인 단백질이 존재하는 것으로 추정된다. DNA 안에 한 사람의 존재를 위한 청사진이 들어 있고 DNA가 우리 몸의 단백질을 구성하는 모든 아미노산의 순서를 결정한다는 지식은 일반적인 상식에 속한다.

세포에 어떤 단백질이 필요한 상황이 발생하면, DNA가 가지고 있는 청사진의 특정 부분에 대한 복사본이 세포핵 안에서 만들어지는데, 이 과정을 전사transcription라고 한다. 이렇게 만들어진 복사본을 메신저 RNA라고 하고, 복사본은 번역 과정을 거쳐 단백질로 변환된다. 번역 과정의 핵심은 리보솜이라 불리는 세포 속의 특수한 복합체다. 리보솜은 단백질과 핵산의 커다란 복합체로, 유전자 암호를 읽어들인 다음 그 암호에 따라 아미노산을 올바른 순서로 연결한다. 기계처럼, 우리 몸속 세포 안의 단백질도 만들어졌다가 닳아지면 새로 만들어진 단백질로 교체된다. 어떤 단백질은 겨우 몇 시간 만에, 또 어떤 단백질은 며칠 만에 교체된다. 그러나 어떤 단백질이든 결국은 소모되기 때문에 교체되어야 한다. 만약 단백질을 교체하는 기제가 작동하지 않으면, 세포는 점차 소모되어서 손상되고 결국은 죽는다.

리신은 리보솜을 파괴함으로써 새로운 단백질을 생산할 수 없게 만든다고 해서 리보솜 차단 단백질(RIP)로 분류된다. 리신은 두 개의 단백질 체인(A와 B로 구분된다)으로 이루어져 있는데, 가운데서 두 개의 황 원자를 묶어주는 단일 화학 결합에 의해 만들어진다. 리신을 구성하는 이 두 성분은 마치 문자 폭탄처럼 작용한다. 한 부분은 폭탄이 가야 할 목표물의 주소, 다른 한 부분은 목표물에 도달하면 폭발하는 폭약이다. 리신의 B체인은 모든 세포막에 들어 있는 단백질과 단단하게 결합하는 반면, A체인(폭탄)은 손상을 일으킨다. 세포의 정상적인 작용을 가로채면서 리신은 세포 내부로 흡수되고, 세포 내부에서 단백질을 번역할 장소를 찾는다. 여기서 단백질의 두 체인이 분리되면서 A체인이 풀려난다. A체인이 독자 행동을 시작하면, 리보솜을 찾아 파괴의 목표물로 설정한다. 총알은 한 번 쓰이면 다시 쓰일 수 없지만, 리신의 A체인은 하나의 리보솜 분자에서 화학적 붕괴를 일으킨 다음 파괴시킬 다른 리보솜을 찾아 세포 안을 헤집고 다닌다. 이런 방식으로 리신 A체인의 분자 하나가 1분 안에 1500~2000개의 리보솜을 파괴할 수 있다.

이런 속도로 진행되면 순식간에 세포 안의 모든 리보솜을 죽일 수 있다. 리보솜이 비활성화되면 새로운 단백질이 만들어지지 않고, 따라서 우리 몸의 세포도 빠른 속도로 붕괴되기 시작한다. 리신은 리보솜을 하나씩 하나씩 차례로 파괴하기 때문에, 리신 분자 하나만으로도 세포 하나를 죽이기에 충분하다. 충분히 많은 수의 세포가 죽으면, 조직이 망가지면서 조직 손상과 출혈이 일어나고 혈액이 장과 소변에 스며든다. 세포가 더 많이 죽으면 간, 심장, 신장 심지어는 뇌까지도 정상적으로 기능하는 데 필요한 세포가 부족하게 된다.

하지만 우리 몸도 싸워보지도 않은 채 가만히 당하고만 있지는 않는다. 면역 시스템은 외부 침입자인 리신을 감지하면 백혈구를 내보내서 리신 분자를 공격해 죽이는 한편, 리신이라는 침입체를 파괴할 항체도 만들어낸다. 이런 작용 때문에 혈중 백혈구 수치가 큰 폭으로 증가한다. 그러나 리신 A체인의 분자 하나가 그토록 큰 손상을 일으킨다는 것은 지극히 적은 양의 독소만으로도 충분히 생명을 위협할 수 있다는 뜻이다. 이론상, 리신 3마이크로그램에는 우리 몸속의 모든 세포를 죽이기에 충분한 리신 분자가 들어 있다.

리신 중독으로 어떤 증상이 나타나느냐는 리신이 몸에 침투한 경로나 방법에 따라 다르다. 리신을 흡입하였을 경우에는 기도와 폐에 염증이 생기고 출혈이 일어난다. 손상이 진행되면 고열이 나고 혼수상태에 빠진다. 혈액과 체액이 폐에 스며들면서 호흡은 점점 더 힘들어지고 결국에는 호흡기 부전으로 사망에 이르게 된다. 리신이 주사로 체내에 들어오면 주사 부위에는 국소적인 손상이 일어나지만, 독소가 체내로 확산되면서 고열, 오심, 출혈이 일어나고 장기 부전이 오면서 죽음이 찾아온다. 리신을 음식이나 음료와 함께 먹었을 경우, 오심과 구토가 일어나고 위장과 장에서 출혈이 발생하면서 쇼크가 온다. 리신에 노출된 후 대개 사흘에서 닷새 사이에 사망한다. 하지만 리신을 섭취했을 경우에는 다른 두 경로에 비해 위험이 덜하다. 소화 시스템이 리신 단백질의 상당량을 분해해 비활성화시키기 때문이다. 리신을 음식에 섞어 사람을 죽이려면 주사할 때보다 100배 이상 많은 양을 써야 한다. 흥미롭게도, 보리나 밀을 포함해 많은 식물에도 리신 A체인이 들어있다. 그러나 B체인과 연결되지 않으면 단백질 수용체와 결합하지 못하기 때문에, A체인만으로는 세포 안으로 침투하여 세포를 파괴하지 못한다. 따라서 보리와 밀은 먹어도 안전하다.

암살범들이 리신을 선호하는 이유는 적은 양으로 목적을 달성할 수 있다는 점뿐 아니라 리신 중독에는 정확한 해독제나 치료법이 없다는 데서도 찾을 수 있다. 리신에 중독된 환자에게 해줄 수 있는 것은 나타난 증상을 치료하는 대증 요법과 고통을 줄여주기 위한 진통제 처방이 전부다. 현재는 과거보다 민감하게 리신을 검출하는 방법이 개발되고 있으며 백신 임상 실험도 진행 중이다. 그러나 백신은 일차적인 예방 수단일 뿐, 일단 리신이 피해자의 몸에 침입한 후에는 소용이 없다.

🖤 누가 마르코프를 죽였나

마르코프의 암살에 대한 배후로 KGB의 조력을 받은 불가리아 당국이 지목되었다. 물질적 증거가 아닌 정황 증거가 전부였지만, 모든 증거의 조각을 맞춰보면 충분히 설득력이 있었다. 결정적인 물증이 부족했지만, 그 물증은 철의 장막 뒤편에 감춰져 있었다. 1979년이 저물 무렵, 마르코프 살인 사건에 대한 조사는 중단되었다.

10년이 흐르도록 새로운 정보가 없었다. 그러다가 드디어 동유럽의 공산주의 블록이 해체되고 베를린 장벽이 무너졌다. 공산주의 체제하에서 자신들이 저지른 행위를 감추려는 불가리아 비밀경찰의 방화로 비밀경찰국의 문서들이 소실되었다. 그러나 결국 마르코프 암살에 불가리아 정부가 개입되었다는 문서가 발견되었을 뿐 아니라, 실제로 암살 작전을 수행한 사람이 누구인지까지도 특정되었다. 암호명 '피카딜리'로 불렸던 그 요원은 덴마크를 거점으로 활동하면서 불가리아 비밀경찰국으로부터 마르코프를 제거하기 위한 '특수 훈련'을 받았다. 임무를 완수한 후, 피카딜리는 두 개의 훈장과 여러 번의 포상 휴가와 함께 3만 달러의 포상금을 받았다.

그렇다면 이 피카딜리라는 요원은 누구였을까? 마르코프가 암살된 지 27년 후, 피카딜리는 골동품 거래상으로 위장한 덴마크 국적의 사업가 프란체스코 굴리노로 밝혀졌다. 굴리노는 1978년 덴마크에서 영국을 여러 번 오갔으며, 불가리아 비밀경찰 문서에 따르면 마르코프가 '제거'되던 당시 런던에 있었던 유일한 요원이었다. 굴리노는 작전을 수행한 다음 날 로마로 이동했고, 거기서 성 베드로 광장의 특별한 위치에 서서 자신을 지휘하는 불가리아 측 담당자에게 임무가 완수되었음을 알렸다.

굴리노는 결국 체포되어 덴마크, 영국 그리고 불가리아 경찰의 심문을 받았지만, 증거 불충분으로 석방되었다. 그를 암살범으로 지목하는 정황 증거는 많았지만, 그는 마르코프 사건과의 연관성을 완강히 부인했고, 마르코프 암살설은 냉전 시대 불가리아를 모함하려는 정교한 음모이며 반공 선전이었다고 주장했다.

🌢 죽음의 은퇴 계획

버몬트주 셸번의 목가적인 풍광 속에 자리 잡은 챔플레인 호숫가의 한 양로원에서 정적을 제거하기 위한 냉전 시대 스파이의 작전에 버금가는 일이 벌어졌다. 이 사건에 연루된 사람과 동기는 스파이들의 그것과는 큰 차이가 있었지만, 선택된 독약은 똑같았다. 바로 리신이었다.

주로 고소득 노인층이 머무는 웨이크 로빈 양로원은 그곳의 입소자들을 '자신의 정체성을 지킬 수 있는 공동체 속에서 생동감 있게 살며 취미 생활에 몰두하는 사람들'이라고 광고했다. 대부분의 입소자들은 한가로운 잡담이나 찾아온 친지들과의 대화로 시간을 보내는 데 만족했지만 70세의 백발 노인 베티 밀러Betty Miller는 새로운 취미를 개발했다. 은퇴 후의 여가 시간을 자기 아파트 주방에서 독약 만드는 실험으로 보내고 있었던 것이다.

밀러는 작은 아파트의 벽난로 위에 꼼꼼하게 내용물을 적어 라벨을 붙인 유리 단지를 나란히 올려두었다. 체리 씨앗, 사과 씨앗, 주목 씨앗, 피마자 씨앗 그리고 리신. 은퇴한 노인의 수집품치고는 대단히 별난 물건들이었다. 더욱 의심스러운 것은, 주방의 고리버들 바구니 뒤에 숨겨놓은 여러 개의 약병이었다. 그중 '리신'이라는 라벨이 붙은 병에는 노란색이 감도는 흰색 가루가 들어 있었는데, 병이 반이나 비어 있었다. 베티 밀러가 인터넷에서 리신 만드는 방법을 부지런히 검색한 흔적이 있었다. 경찰은 그녀가 '리신 만드는 방법'이라는 제목의 인터넷 게시물을 다른 입소자의 컴퓨터로 프린트한 흔적도 찾아냈다.

밀러는 웨이크 로빈의 사유지에서 자라는 피마자 나무에서 피마자콩 30~40개를 수확해 리신을 만들었다. 그녀가 자기 아파트의 주방에서 만든 리신은 큰 숟가락으로 두세 스푼 정도의 분량이었다. 2017년 11월, 밀러는 웨이크 로빈에서 일하는 보건 복지사에게 동료 입소자들을 상대로 자신이 만든 리신을 써서 몇 번에 걸쳐 독약 실험을 해보았다고 털어놓았다. 몇 주 전부터 다른 입소자의 식사와 음료에 여러 번 리신을 섞어보았다는 이야기였다. 요양원의 직원들은 즉시 경찰에 연락을 했고, 경찰은 리신의 위험성 때문에 FBI에 연락했다.

신고한 지 몇 시간 만에 경찰, FBI, 버몬트주 위험 물질 대응팀, 주 방위군 제15민병대가 밀러의 집으로 집결했다. 이해하기 힘든 일이지만, 요양원에서는 밀러가 직접 버몬트 대학 병원까지 운전을 해서 진단평가를 받으러 갈 수 있게 허락해주었다. 다음 날, 밀러는 FBI의 심문을 받았는데, 그해 여름부터 식물성 독약에 관심을 갖기 시작했노라고 진술했다. 리신을 만든 이유와 그것을 다른 입소자에게 먹인 이유를 묻자, 자신의 원래 목적은 리신으로 자살을 하는 것이었지만 먼저 다른 사람에게 그 효과를 시험해보고 싶었을 뿐이라고 대답했다.

다행히 입소자들에게 큰 사고는 나지 않았다. 리신을 '섭취' 했기 때문에 그 효과가 가장 약하게 나타난 덕분이었다. 한 사람이 리신 검출 테스트에서 양성 반응을 보였을 뿐, 나머지 사람들 중 리신 중독 증상을 보인 사람은 한 명도 없었다. 인터넷에서 제조법은 잘 찾아냈지만 밀러에게는 리신을 정제하는 데 필요한 실험 장비가 없었던 데다, 위와 장에서 리신이 분해되었던 것이 다행히 요양원 입소자들에게 심각한 증상을 일으키지 않았던 이유였다. 자신이 실험했던 피해자들에게서 아무런 증상도 나타나지 않자, 밀러는 리신을 더 진하게 탄 용액을 친구의 찻잔에 슬쩍 떨어뜨렸다. 그 친구는 약간의 위통을 겪었지만, 다행히 영구적인 손상은 입지 않았다.

밀러는 체포되어 정부의 인가 없이 생물학적 독소를 소지한 혐의로 기소되었으나 독약을 이용한 살인 미수 혐의로 기소되지는 않았다. 판결을 내리는 자리에서 판사는 리신이 '대량 학살 무기로 간주될 만큼 심각한 독성 물질'임을 지적하면서 베티 밀러에게 "타인의 생명을 마음대로 좌우하려 한 죄는 결코 가볍지 않다"고 꾸짖었다. 하지만 베티가 정신 건강을 위한 치료를 받고 있었음을 인정했다. 최종적으로 베티 밀러는 유해 물질 정화 비용으로 웨이크 로빈 요양원에 9만 달러를 배상하고, 추가로 1만 달러의 벌금을 납부하라는 판결을 받았다. 웨이크 로빈은 그 후 요양원 모든 시설이 리신 오염으로부터 안전하다는 당국의 인정을 받았음을 공지하면서 경영진은 추후 입소자들의 안전과 비밀을 보장하기 위한 모든 조치를 취하겠다고 발표했다. 조경을 목적으로 심었던 피마자 나무는 요양원의 입소자들을 보호하기 위해 모두 뽑아냈다.

🩸 치료제로서의 리신

100여 년 전, 노벨상을 수상한 파울 에를리히Paul Ehrlich는 '마법의 탄환'이라는 개념을 내놓았다. 암세포나 감염된 세포 등 목표로 설정된 세포로 곧장 다가가 죽이는 약물에 '마법의 탄환'이라는 이름을 붙인 것이었다. 이 탄환은 주변의 정상적인 세포에는 전혀 영향을 미치지 않는다. 리신은 세포를 죽이는 데는 매우 탁월한 물질임이 분명하지만, 특정한 목표 세포를 선별적으로 죽이는 능력은 없다. 이 문제를 극복하기 위해 과학자들은 '나쁜' 세포까지 리신을 배달할 '셔틀'을 찾아야 했다. 가장 널리 쓰이는 셔

틀은 항체다. 항체는 세포 표면의 특정 단백질을 찾아가 달라붙는 데 뛰어난 능력을 가지고 있다. 1976년, 보스턴 의과 대학의 한 연구진이 리신과 항체, 양쪽의 효율성을 전혀 손상시키지 않으면서 리신 A체인의 독소를 항체와 연결시키는 방법을 발견했다. 트로이 사람들이 자신의 성 안으로 들여놓은 그리스군의 목마처럼, 암은 항체-리신 복합체를 자기 세포 속으로 들어오게 했고 리신은 그 안에서 종양을 죽였다. 에를리히의 마법의 탄환이 현실화될 날이 성큼 다가온 것이다. 리신을 이용한 최첨단 치료법은 가장 치명적인 물질이라는 리신의 오명을 씻고 치료제로서 리신의 명예를 회복시켜줄지도 모른다.

현재로서는 리신 중독의 치료제가 없다. 그러나 프랑스에서 진행된 최근의 연구로 희망의 실마리가 잡히고 있다. 1만 6480가지의 서로 다른 화합물들을 연구한 결과 그중 두 가지 물질이 치사량의 리신을 주입한 생쥐를 구해냈다. 그 화합물로 인간에게 효과가 있는 약물을 만들 수 있을지를 확인하려면 더 많은 연구가 필요하지만, 이 약물들이 리신과 비슷한 방식으로 세포에 침투하는 시가 독소Shiga toxin 같은 독성 물질에 대한 대응책으로 유용할지도 모른다. 시가 독소라고 하면 낯선 이름일 수도 있는데, 이 독소를 만들어내는 박테리아와 이 독소가 일으키는 증상은 아마 낯설지 않을 것 같다. 시가 독소는 대장균E. coli이라 불리는 세균에 의해 만들어지며 때로는 피가 섞인 심한 설사를 일으킨다. 식중독을 일으키는 이 세균 때문에 많은 식품이 리콜되기도 한다.

　　다음 장에서는 오랜 세월 비밀에 가려져 있던 약물을 소개하고자 한다. 이 약물 또한 파라켈수스가 적은 양을 쓰면 약이지만 많은 양이 쓰이면 독이라고 했던 또 하나의 예다. 심장이 박동하면서 우리의 몸 구석구석까지 어떻게 혈액을 나르는지를 짚어가다 보면, 이번 여행을 통해 문제의 심장부까지 가닿을 수 있을 것이다.

Case 06

**디곡신
죽음의 천사**

정맥 주사로 다량의 디곡신이 혈류에 갑자기 섞여들면
심장 마비로 즉사할 수도 있다.

_ 애거사 크리스티, 《죽음과의 약속》, 1938

디곡신과 디기탈리스 이야기

디기탈리스*Digitalis purpurea*는 서유럽 전역과 서아시아, 중앙아시아 그리고 북서 아프리카에서 볼 수 있는 다년생 초본 식물이다. 야생에서도 자라지만, 다양한 색깔과 특이한 모양의 꽃이 피기 때문에 상업용으로 재배하거나 일반 가정의 정원에서도 기른다. 영어권에서 '여우장갑foxglove'이라는 일반 명칭으로도 불리는데, 어쩌다가 이런 이름을 갖게 되었는지는 미스터리다. 이 이름의 기원에 대해서는 여러 가지 설이 있지만 식물의 이름으로서가장 오래된 기록은 거의 1000년 전인 1120년까지 거슬러 올라간다.[1] 디기탈리스는 매우 매력적인 식물이기는 하지만, 사실은어두운 비밀을 감추고 있다. 아름다운 꽃을 피우면서도 잎에는치명적인 독을 품고 있다. 디기탈리스의 독이 심부전 치료에 쓰일 수 있다는 것이 알려지면서 지난 200년 동안 이 독의 명성이새롭게 되살아났다. 하지만 공교롭게도, 의학적으로 유용한 디기탈리스의 성분은 또한 사람을 죽이는 데에도 쓰일 수 있다.

여우장갑, 또는 과학적으로 말하자면 디기탈리스 속의 식물들은 배당체glycoside라는 화학 물질을 가지고 있다. 이 성분은 식물성 알칼로이드처럼 동물이 해당 식물을 먹지 못하게 만드는 일종의 퇴치제로 작용한다. 디기탈리스에서 추출된 배당체는 특히심장에 아주 드라마틱한 효과를 갖고 있어서, 강심배당체cardiac glycoside로 알려져 있다. 아트로핀이 아트로파 벨라돈나로부터 파생된 이름이듯이, 여우장갑의 잎에서 나는 독에는 이 식물의 속명인 '디기탈리스'를 그대로 붙여서 부른다. 사실 디기탈리스는 여러 배당체의 혼합물인데, 가장 중요한 두 성분의 이름이 디지톡신digitoxin과 디곡신digoxin이어서 헷갈리기 쉽다. 디지톡신은 디곡신보다 효율이 떨어질 뿐 아니라 부작용이 많고 체내에서 배출하는 데에도 더 오래 걸리기 때문이 지금은 의학적으로 거의 쓰이지 않는다(게다가 환자들은 '~톡신'이라는 이름이 붙은 약물이 자기 몸에 주입되는 것을 싫어한다). 디지톡신은 이제 의학적으로 거의 쓰이지 않는데 반해, 디곡신은 오늘날 모든 병원에서 일상적으로 쓰인다.

의학적인 목적으로 디곡신을 쓰기 시작한 것은 잉글랜드 슈롭셔에 살던 내과의사 윌리엄 위더링William Withering이 처음이었다. 위더링은 수종dropsy으로 고생하는 환자들을 치료할 방법을 찾고 있었다. 부종edema이라고도 불리는 수종에는 몇 가지 원인이 있지만 가장 심각한 원인은 허약해진 심장 또는 심부전이다. 듣기에는 무시무시하지만, 심부전이라고 해서 심장이 곧장 멈춰버린다는 뜻은 아니다. 그보다는 심장이 점점 비효율적으로 움직이는 증상이다. 허약하고 비효율적인 심장은 온몸에 산소가 가득 든 혈액을 활발하게 보내주지 못할 뿐 아니라 심장 근육이 점점 두꺼워지고 뻣뻣하게 굳어진다. 혈액 순환이 원활하지 못하면 신장도 정상적으로 기능하지 못한다. 신장의 여러 가지 기능 중 하나가 우리 몸에서 남아도는 수분을 제거하는 것이므로, 신장이 제대로 기능하지 못하면 연조직 주변에 체액이 쌓인다. 그 결과 하퇴, 발목, 발 등이 부으면서 통증이 오고 사지가 물컹물컹해지는데, 이런 증상을 부종이라고 한다. 폐 주변의 공간에도 체액이 쌓일 수 있는데, 그렇게 되면 폐가 제대로 팽창하기 힘들어지고 따라서 호흡이 짧아지면서 쉬이 피로감을 느낀다. 이런 증상들을 통틀어서 울혈성 심부전congestive heart failure, CHF이라고 부른다.

위더링은 숲에 살면서 약초를 우린 물로 심장병을 다스린다는 한 여인의 이야기를 들었다. 그 여인의 약초로 치료를 했더니, 위더링이 돌보던 수종 환자 여러 명이 정말로 눈에 띄게 차도를 보였다. 관심이 커진 위더링은 그 여인에게 약초를 쓰는 방법을 알려달라고 설득해서 디기탈리스 추출물의 중요한 재료를 알아냈다. 위더링은 디기탈리스로 환자를 치료하는 일련의 실험을 시작했고, 저용량부터 시작해서 환자의 증상이 호전될 때까지 조금씩 용량을 늘려갔다. 지금의 기준으로 보면 위더링의 연구는 최초의 약물 임상 시험이라 할 수 있으니, 그는 약물 발견의 개척자였다.

위더링은 또한 소량의 디기탈리스는 치료에 효과를 보이지만, 용량을 늘리면 독성이 나타난다는 사실을 알아냈다. 오늘날에도 환자에게 디기탈리스(또는 요즈음의 디곡신)를 쓸 때 매우 조심스럽게 모니터하는 이유는 치료 효과가 있는 용량과 독성 부작용을 일으키기 시작하는 용량에 거의 차이가 없기 때문이다.

🩸 죽음의 천사

2006년 3월 2일, 찰스 컬런Charles Cullen이 뉴저지주 서머싯 카운티의 법정에 들어섰다. 판사의 선고가 예정되어 있는 날이었다. 피해자의 유족들이 그가 저지른 만행이 그들의 삶을 얼마나 비참하게 만들었는지 통곡하며 하소연하는 동안 컬런은 미동도 없이 앉아 입을 굳게 다물고 땅바닥만 내려다보았다. 분노한 판사의 호된 질책에도 그는 항변하지 않았고, 결국 그에게는 여덟 번의 연속 종신형, 주 형무소에서 가석방 없이 397년이라는 징역형이 선고되었다.

경찰에서 심문을 받을 때, 컬런은 16년 동안 병원 일곱 곳을 옮겨 다니면서 벌인 연쇄 살인으로 약 40명의 환자를 죽였노라고 자백했다. 그러나 수사관들은 실제 피해자의 수가 400명에 가까울 거라고 믿었다. 컬런의 피해자들은 모두 그가 중환자실 간호사로 일하던 병원에 입원해 있다가 변을 당했다. 연령도 스물한 살에서 아흔한 살까지로 광범위했고 남녀 구분도 없어서 피해자들 사이에는 공통점이 거의 없었다. 어떤 이는 위독한 상태였고, 어떤 이는 곧 퇴원해 집으로 갈 예정이었다. 재판이 진행되면서 언론에서는 그를 '죽음의 천사'라고 칭했다. 하지만 그는 냉혹한 킬러였다.

　찰스 컬런은 1960년 뉴저지주 웨스트오렌지에서 8남매 중 막내로 태어났다. 삶은 그에게 공정하지 않았다. 아버지는 그가 젖먹이일 때 세상을 떠났고 어머니마저 그가 열일곱 살 때 교통사고로 사망했다. 찰리라는 애칭으로 불렸던 그는, 종종 불운했던 어린 시절을 한탄하곤 했다. 어머니가 세상을 떠난 후 찰리는 학교를 중퇴하고 해군에 입대해 잠수함 승조원으로 포세이돈 탄도미사일 운용팀에서 복무했다. 군에 있을 때부터 그의 정신적인 불안정 상태가 표면으로 드러나기 시작했다. 한번은 근무 교대를 해야 할 시간에 군복 대신 의무실 캐비닛에서 훔친 수술 가운을 입고 마스크와 장갑까지 착용한 채 나타났다. 당연히 그의 지휘관은 그가 탄도 미사일 운용팀에서 복무하기에 적합한 병사가 아니라고 판단했고 해상 보급선 보직으로 전출시켰다. 결국 그는 1984년에 의병 전역으로 군을 떠나야 했다. 다시 민간 사회로 돌아온 찰리는 뉴저지주의 마운틴사이드 간호 학교에 입학했다.

　간호 학교를 졸업한 후 여덟 곳의 병원을 전전했는데, 그중 여섯 곳에서 환자에게 해를 입혔다는 의심을 받았지만 그러한 의심 사항은 그가 이직한 다른 병원으로까지 전달되지는 않았다. 거의 모든 병원에서 경찰의 힘을 빌리기보다 눈 가리고 아웅 하는 식의 자체 조사에 유명무실한 결론으로 덮어버렸다. 병원 경영진은 살인범 간호사를 고용했다는 사실이 알려지면 온갖 소송전에 휘말릴 것을 두려워했다. 컬런을 의심할 만한 상황이 벌어질 때마다 병원 측은 사실을 규명하기보다는 사직서를 받은 후 다른 병원에 골칫덩어리를 떠넘겨버렸다. 1990년대에는 간호사 인력이 매우 부족했기 때문에 컬런은 어디서나 쉽게 새 직장을 찾았다. 게다가 그는 간호사들 사이에서 가장 인기 없는 야간 고정 근무를 자원했다.

1993년에 컬린은 뉴저지주 필립스버그에 있는 워런 병원에서 일하고 있었다. 그는 여러 병원 중에서 이 병원의 심장내과 중환자실 간호사 자리를 선택했는데, 그 이유는 심장내과 중환자실이야말로 죽음이 드물지 않은 곳이라 다른 사람의 눈에 띄지 않고 사람을 죽이기가 쉽기 때문이었다. 게다가 중환자실에서는 디곡신에 접근하기도 쉬웠다.

헬렌 딘 부인은 유방암 수술을 받고 회복실에 입원 중이었던 고령 환자였지만 예후가 좋아서 그다음 날 퇴원할 예정이었다. 헬렌의 아들 래리는 어머니가 입원해 있는 동안 지극정성으로 어머니를 간병했고, 한시도 어머니의 병상을 떠나지 않았다.

컬런이 병실에 들어왔을 때도 래리가 어머니의 병상을 지키고 있었다. 래리는 컬런이 들어오는 것을 보고 뭔가 이상하다고 생각했다. 어머니가 입원한 후 꽤 여러 날이 흐르는 동안 같은 병동에 근무하는 간호사는 모르는 사람이 없을 정도였는데 컬런은 처음 보는 간호사였다. 그러나 컬런이 잠시 자리를 비켜달라고 요청하자 래리는 간호사가 시키는 대로 병실에서 나와 커피를 마시러 카페테리아로 갔다. 그때 컬런의 손에는 디곡신 앰플 세 개 분량, 즉 정상적인 투여량의 세 배에 해당되는 1.5밀리그램의 디곡신이 든 주사기가 감추어져 있었다. 헬렌도 곧 집에 간다는 걸 알고 있었기 때문에 왜 또 주사를 맞아야 하는지 이해할 수 없었지만 간호사를 믿고 주사를 맞았다.

래리가 돌아왔을 때 컬런은 이미 병실에서 나간 후였다. "또 주사를 놨어!" 헬렌이 투덜거렸다. 환자복을 걷어 올리면서, 헬렌은 아들에게 컬런이 주사를 놓은 자국을 보여주었다. 허벅지 안쪽에 분홍색으로 주삿바늘 자국이 남아 있었다. 래리는 의사를 불렀고, 주삿바늘 자국을 대충 들여다본 의사는 아마 벌레에 물린 자국인 것 같다고 대수롭지 않게 말했다.

다음 날 아침, 헬렌은 퇴원할 예정이었지만 상황이 의외의 방향으로 흘러갔다. 헬렌의 상태가 갑자기 위중해졌고, 땀을 비 오듯이 흘리며 녹초가 되어갔다. 심장 박동이 매우 불규칙해지더니 갑자기 멈추었는데, 그렇게 멈춘 후 다시 소생하지 못했다. 완전히 넋을 잃어버린 래리는 어머니를 치료했던 종양학과 의사를 찾아갔다. 의사는 헬렌에게 어떠한 주사도 처방한 적이 없다고 확인해주었다. 다른 간호사에게 하소연하던 도중에 그 미스터리한 남자 간호사의 이름을 알 수 있었다. 래리 딘은 어머니에게 누군가가 악의적인 행위를 저질렀고, 그 행위에 대해 책임질 사람은 바로 찰스 컬런이라고 확신했다. 래리는 워런카운티 검사실을 찾아가 어머니가 아무래도 살해당한 것 같다고, 그리고 범인이 누구인지도 알 것 같다고 진술했다.

컬런은 헬렌 딘을 담당했던 종양학과 의사, 병원 관리자, 간호부장, 워런카운티 검찰청 중대 범죄 수사실 수사관 등으로부터 심문을 받았다. 그들 모두가 컬런에게 딘의 죽음에 이르기까지 있었던 일들을 세세히 복기해볼 것을 주문했다. 컬런은 헬렌에게 어떤 약물도 주사한 적이 없다고 강변했고, 심지어는 거짓말 탐지기까지 통과했다. 한편, 법의학 조사실에서는 헬렌의 허벅지에 난 주삿바늘 자국 주변에서 샘플을 채취해 온갖 검사를 실시했다. 거의 100가지에 가까운, 가능성이 있어 보이는 모든 독성 화학 물질에 대한 검사를 해보았으나 어쩐 일인지 디곡신은 검출되지 않았다. 화학 물질이 전혀 발견되지 않자 헬렌 딘의 죽음은 결국 자연사로 결론이 났다. 래리는 여전히 어머니가 살해되었다고 믿었고, 그 후 7년 동안 컬런의 유죄를 증명하기 위해 애썼다. 래리 딘은 어머니의 죽음에 대한 진실을 밝히기 위해 노력하다가 2001년에 사망했다. 그의 집 냉동고에는 헬렌 딘의 혈액과 조직 샘플이 여전히 보존되어 있었다. 컬런이 헬렌 딘을 살해한 혐의로 유죄 판결을 받기까지는 5년이 더 흘러야 했다.

1998년 12월에 컬런은 필라델피아주의 이스턴 병원에서 간호사로 일하고 있었다. 일흔여덟 살의 오토마 슈람은 베들레헴 스틸에서 은퇴한 노인이었는데, 발작을 일으켜 양로원에서 이스턴 병원으로 이송된 후 치료를 받고 있었다. 슈람의 딸 크리스티나는 남자 간호사가 아버지의 상태를 체크하러 들어왔을 때 아무런 의심도 하지 않았다. 하지만 간호사가 그녀에게 '검사를 하는 동안' 병실 밖으로 나가 있으라고 하자 뭔가 미심쩍다는 느낌이 들었다. 간호사는 들고 있던 주사기는 '심장 마비를 대비한' 주사기일 뿐이라고 설명했다. 중환자 병동에 입원한 대부분의 환자들은 체내 수분을 유지하고 다른 약물을 쉽게 투여할 수 있도록 링거 주사를 꽂고 있었기 때문에 컬런은 환자가 이미 달고 있는 링거 줄이나 수액 주머니에 디곡신 주사기를 슬쩍 찌르기만 하면 되는 상황이었다. 그가 주사한 디곡신은 주머니 속의 수액과 섞여 천천히, 그러나 마지막 한 방울까지 슈람의 혈류 속으로 흘러 들어갔다.

그 후 크리스티나가 다시 슈람에게 돌아왔을 때, 슈람은 상태가 매우 안 좋아 보였다. 병원에 처음 들어설 때보다 더 나빠진 것 같았다. 분명한 패턴도 없이 심장 박동이 빨라졌다 느려졌다 하면서 불규칙하게 뛰었다. 혈압은 급격히 떨어졌고 상태는 걷잡을 수 없는 하향 나선을 그리기 시작했다. 크리스티나는 아버지의 주치의로부터 이상한 전화를 받았다. 병원 직원 중 누군가가 승인을 받지도 않은 채 슈람의 혈액 테스트를 하라는 오더를 내렸는데, 테스트 결과 디곡신이 발견되었다는 이야기였다. 디곡신은 오토마 슈람에게 처방된 적이 없었다. 사실 디곡신은 슈람에게 절대로 처방해서는 안 될 약이었다. 그는 심장 박동 조절 장치를 이식한 환자였다. 슈람의 혈액에서 디곡신이 발견되었을 뿐만 아니라 그 수치도 차트에 표시조차 할 수 없을 만큼 높았다. 새벽 1시 25분, 크리스티나는 또 다른 전화를 받았다. 아버지의 혈액 테스트 결과 아직도 디곡신에 양성이었고, 아버지가 사망했다는 소식이었다.

💧 처방 등록기를 해킹하다

컬런은 환자를 살해하는 데 인슐린이나 리도카인 같은 약물도 썼지만, 강력한 심장 약인 디곡신을 가장 선호했다. 디곡신은 중환자 병동에 늘 준비되어 있는 약물이었고, 또한 그에게는 누구한테도 들키지 않고 디곡신을 손에 넣을 수 있는 방법이 있었다.

의약품은 잠긴 수납장에 보관하는 것이 아니라 픽시스 메드스테이션Pyxis MedStations이라는, 전산으로 자동 관리되는 이동식 수납장 안에 보관되어 있었다. 픽시스 메드스테이션은 커다란 금전 등록기처럼 생긴 기계인데, 컴퓨터 모니터와 키보드가 위에 설치되어 있었다. 그러나 픽시스가 열리면 그 안에는 현금이 아니라 의약품이 들어 있는 것이다. 각 간호사의 약품 사용을 효율적으로 감시하고 각각의 의약품이 어떤 환자에게 얼마나 쓰였는지를 추적하기 용이할 뿐 아니라, 약제비 명세서도 간단하게 작성할 수 있고 모든 약품의 재고 상황과 재주문이 필요한 약품을 한눈에 알아볼 수 있게 정리해주기 때문에 병원 관리자들은 픽시스를 매우 좋아했다. 모든 기계나 장치가 그렇듯이, 사람들에게 쓰이기 시작하면 그 시스템 주변을 맴돌며 약점을 파고들어서 이용하려고 하는 사람이 나타난다. 찰스 컬런은 핵 잠수함에서 일한 적이 있으므로 어떤 기계 장치도 낯설지 않았다.

하지만 놀랍게도 컬런이 디곡신을 손에 넣기 위해 픽시스를 사용했음을 가리키는 기록은 전혀 없었다. 컬런은 환자를 위해 디곡신 인출 오더를 넣었다가 곧바로 오더를 취소해도 오더는 취소되지만 약품 서랍은 열린다는 사실을 간파하고 있었다. 그 뒤로 그는 픽시스에 아무런 기록도 남기지 않고 디곡신을 손쉽게 인출할 수 있었다. 나중에 수사팀은 컬런이 픽시스 시스템에서 디곡신을 인출한 적은 없지만 유난히 자주 오더를 취소했었다는 사실을 알아냈다. 수사팀이 자신의 해킹 사실을 알게 되었음을 눈치챈 컬런은 갑자기 '오더-취소' 방식을 멈추었다. 그러나 불행히도 살인은 멈추지 않았다. 컬런은 '오더-취소' 대신 타이레놀을 자주 인출하기 시작했다. 하지만 그는 왜 한 번에 한 알씩 타이레놀을 오더하는 수고를 했을까? 다른 간호사가 픽시스 시스템에 아세트아미노펜(타이레놀의 화학 물질명)을 오더하면서 컬런의 계략이 드러났다. 그 간호사가 '입력' 버튼을 누르자 약품 서랍이 열렸는데 아세트아미노펜 옆에 디곡신이 있었다. 머릿글자가 A인 약품부터 D인 약품이 들어 있는 약품 서랍에 아세트아미노펜과 디곡신이 나란히 들어 있었던 것이다. 컬런이 오더한 약품은 아세트아미노펜이었지만, 인출해 간 약품은 디곡신이었다.

🌢 꼬리가 밟히다

2002년 9월, 컬런은 뉴저지주 서머싯 병원의 중환자 병동 간호사로 고용되었다. 놀랍게도 이 병원의 인사 부서에서는 컬런의 어두운 과거에 대해 전혀 모르고 있었다. 그가 이전에 여섯 곳의 다른 병원에서 해고를 당한 사실도, 권고사직을 당한 사실도, 심지어는 환자를 해친 혐의로 조사를 받은 사실도 몰랐다. 그가 새로 일하게 된 병원의 원장으로서는 컬런이 이미 수십 건의 살인을 저질렀다는 사실도, 서머싯 병원에서도 십여 건의 살인을 저지르게 되리라는 것도 상상조차 하지 못한 일이었다.

플로리안 골 목사는 38도가 넘는 고온과 임파선 부종으로 중환자 병동에 입원했다. 폐의 박테리아 감염이 폐렴으로 진행되었기 때문에 호흡을 보조하기 위해 산소 호흡기를 달고 있었다. 또한 골 목사의 심장은 심방이 혈액으로 가득 차기 전에 수축해버려서 폐와 전신으로 혈액이 효율적으로 전달되지 못하게 되는 심방세동의 징후를 보이고 있었다. 심장 전문의는 골 목사의 심장 수축 속도를 늦추기 위해 디곡신을 처방했다. 물론 의사의 처방은 골 목사에게 해가 되지 않는 안전한 양이었다.

처음 디곡신이 투여된 후, 골 목사의 상태는 나아지는 듯이 보였지만, 한밤중이 되자 갑자기 호흡이 힘들어지기 시작했다. 정상적이고 안정적인 리듬 대신, 골 목사의 심장 박동은 불규칙하고 불안으로 떨리는 듯이 비효율적으로 요동쳤다. 혼란스러운 심장 수축으로 산소가 전신으로 공급되지 못하면서 환자는 숨이 쉬어지지 않는다고 호소하기 시작했다. 6월 28일 오전 9시 32분, 목사의 심장은 갑자기 완전히 멈춰버렸다. 응급 소생팀이 달려와 즉시 소생술을 실시했지만 30분에 걸친 사투에도 결국 골 목사의 호흡은 돌아오지 않았다. 소생팀은 최선을 다했지만, 목사의 심장은 전혀 반응을 보이지 않았고 결국 오전 10시 10분, 사망 선고가 내려졌다.

골 목사의 사망 당시에 채취한 혈액을 분석한 결과 디곡신 수치가 이례적이라 할 정도로 높았고, 입원 후 주기적으로 검사했던 결과들을 종합적으로 분석해보면 더욱 이상했다. 6월 20일에 골 목사의 디곡신 수치는 1.2, 21일에는 1.08, 23일에는 1.33이었는데 사망 당일인 28일 채취한 혈액의 디곡신 수치는 무려 9.61이 었다. 디곡신 수치는 2.5 이상이면 독성으로 간주된다.

스티븐 마커스는 뉴저지주의 독극물 통제 센터 소장이었다. 서머싯의 한 약사로부터 디곡신 수치가 단시간에 그렇게 높아질 수 있는지를 묻는 전화를 받고, 그는 디곡신 과잉 투여가 아닐까 하는 의심이 들었다. 약사가 이야기한 환자의 혈중 디곡신 수치 변화는 너무나 이례적이어서, 마커스는 듣자마자 뭔가 범죄 행위 가 개입된 것이 틀림없다고 판단했다. 그는 서머싯 병원의 관리 자와 통화를 해 즉시 경찰을 불러야 한다고 알렸다. 병원 관리자 들은 경찰을 끌어 들였다가는 '병원 전체가 혼돈에 빠질 것'[2]이라 며 우려했고, 어떤 쪽이든 판단을 내리기 전에 내부에서 조사하 기를 원했다. 서머싯 병원도 나중에는 경찰에 연락하는 것에 동 의했으나 그사이에 시간은 3개월이나 흐른 뒤였다.

서머싯 카운티 경찰서의 형사들이 병원 관리자와 접촉해 중 환자 병동에서 사망한 환자들에 대해 조사했다. 형사들이 중환자 병동의 픽시스 시스템 기록을 요구하자 병원 관리자들은 30일 저 장 후 폐기된다며 소용없는 일이라고 대답했다. 그러나 병원 측 의 응답과는 달리, 픽시스 시스템 제조사인 헬스에서는 그 기록 은 30일 이후에도 삭제되지 않는다고 형사들에게 알려왔다. 컬 런의 비정상적인 픽시스 접근 기록을 결정적인 증거로 확보한 형 사들은 서머싯 병원 측에 컬런이 핵심 용의자임을 알렸다. 그러나 병원 측의 대응은 컬런을 해고해 그와 선을 긋는 것이었다.

컬런은 해고당해 병원에서 자취를 감추고 병원 측에서는 협조하지 않으려 하자 형사들은 중환자 병동에서 컬런과 친하게 지냈고 종종 야간 근무도 함께 했던 한 간호사와 접촉했고, 컬런을 체포하기에 충분한 핵심 정보를 입수할 수 있었다. 12월 12일, 컬런이 드디어 체포되었다. 심문이 시작되자 컬런은 길고 길었던 살인의 향연을 자백했고 재판 끝에 2006년에 징역형이 선고되었다.

병원들은 컬런을 둘러싸고 의문스러운 죽음이 발생하면 먼저 그를 눈앞에서 치우는 데 급급했다. 한 병원을 그만두고 다른 병원에 취업할 때마다 간호사로 취업하기에 충분할 정도의 무난한 추천서가 발급되었고, 죽음과 의심, 사직과 추천서 발급 그리고 재취업이 계속 반복되었다. 만약 그 많은 병원 중 단 한 곳이라도 소송을 두려워하기보다 환자의 안전을 우선시했더라면 얼마나 많은 생명을 구할 수 있었을지, 안타까운 일이다. 2005년에 뉴저지주 주지사는 '주 보건 전문 종사자의 의무와 신고법'에 서명했다. 이 법은 병원이 보건 관련 종사자의 의심스러운 행동을 인지했을 경우 즉시 관계 당국에 신고하고 모든 종사자의 범죄 기록과 보건 관련 면허를 검토할 것을 의무화했다. 이 법안은 '컬런법'으로도 불리고 있다.

🌢 심장이 망가지면

심장은 정말 놀라운 기관이다. 시간당 대략 4800회 박동하면서 전신에 혈액을 공급한다. 1년이면 4200만 번 박동하고, 수명을 80년으로 가정한다면 평생 30억 번 박동한다. 매일 심장을 통과해 드나드는 혈액의 양은 대략 7570리터 정도가 된다. 이에 비해 평균적으로 차 한 대가 1년 동안 소모하는 연료는 2270리터 정도다.

사람들은 대개 심장이 하나의 펌프로만 혈액을 온몸으로 펌프질해 보내는 것으로 생각한다. 하지만 사실 심장은 두 개의 펌프로 이루어져 있다. 오른쪽 심장이 온몸에 산소를 배달하고 탈산소화 된 혈액을 다시 받아들여 폐로 들여보내면, 적혈구는 폐에서 산소를 다시 충전한다. 폐에서 나온, 산소가 가득 충전된 혈액은 왼쪽 심장으로 들어가고 왼쪽 심장은 이 혈액을 펌프질해 온몸 구석구석으로 배달한다. 양쪽 심장은 다시 두 개의 방으로 나뉘는데, 작은 방을 심방, 큰 방을 심실이라 부른다. 혈액은 일단 심방을 거쳐서 심실로 들어가는데, 전신으로부터 돌아온 혈액은 우심방을 거쳐 우심실로 들어가고, 폐에서 나온 혈액은 좌심방을 거쳐 좌심실로 들어간다.

심장이 효율적으로 제 할 일을 하기 위해서는 심방의 수축과 심실의 수축 타이밍이 서로 완벽하게 맞아 돌아가야 한다. 그래야만 심장이 수축 사이클로 들어가기 전에 심방에서 나간 혈액이 심실을 가득 채우는 일을 마무리하고, 심장이 수축한 뒤에는 심장 시스템 전체가 리셋되면서 전체적으로 새로운 수축 사이클을 시작할 수 있다. 이렇게 잘 조응된 수축 사이클을 조절하는 것이 심장을 통해 흐르는 전기 신호인데, 이 전기 신호 시스템이 붕괴되면 심방과 심실의 수축 사이클이 무질서해지고 혼돈 상태에 빠지리라는 것은 쉽게 상상할 수 있다. 심방과 심실이 조응하며 심장이 한 사이클 수축하는 데에는 1초도 채 걸리지 않는다. 심실의 수축력은 매우 강력해서, 만약 대동맥(심장의 왼쪽에서 나가는 주요 동맥)을 칼로 찌르거나 절단하면 그 상처로부터 피가 3미터 이상 치솟을 정도다.

🌢 사람을 살리기도, 죽이기도 하는 디곡신

디곡신은 두 가지 방법으로 심부전을 치료한다. 첫째는 수축의 사이클마다 수축력을 강화시키는 것이고 둘째는 심장의 전기 신호 발신 속도를 늦추는 것이다. 심장의 근육은 대부분 심근 세포라는 특수한 세포로 이루어져 있는데, 실제로 심장에서 혈액을 짜내도록 수축시키는 것이 바로 이 세포들이다. 심장을 포함해 모든 근육의 세포들이 제대로 기능하기 위해 필요한 것들 중의 하나가 바로 칼슘이다. 사람들은 보통 칼슘이라고 하면 치아나 뼈의 성장과 건강에만 필요한 것으로 생각하지만, 사실 칼슘은 우리 몸에서 대단히 많은 일을 한다. 근육 수축에도 칼슘이 꼭 필요하다.

심장 박동에서 칼슘의 중요성을 가장 먼저 발견한 사람은 시드니 링거Sydney Ringer였다. 1880년대에 링거는 개구리의 심장을 자세히 연구하기 위해, 심장을 개구리에서 적출한 뒤에도 심장이 오래도록 뛰게 만들 수 없을지 고민하고 있었다. 그러다가 우연히 심장을 담가둔 용액에 칼슘이 들어 있지 않으면 심장이 제대로 뛰지 않는다는 사실을 발견했다. 칼슘이 들어 있으면 적출 후 다섯 시간까지도 잘 뛰었다. 심장이 계속 박동하게 만드는 링거의 초기 실험은 훗날 오토 폰 뢰비가 '수프와 스파크' 논쟁(2장 참조)을 끝낸 연구에 결정적인 역할을 했다.

디곡신 같은 강심배당체의 역할 중 하나가 심장의 수축을 돕기 위해 심장 근육 안에 칼슘의 양을 증가시키는 것이다. 칼슘이 많이 존재할수록 수축력이 강해진다. 디곡신은 세포막에 있는 단백질 두 가지의 작용을 방해하는 간접적인 방법으로 그 일을 해낸다. 그 두 단백질 세포 중 하나는 나트륨 펌프이고 나머지 하나는 나트륨-칼슘 교환기다.

나트륨-칼슘 교환기의 작용은 이름이 의미하는 바 그대로다. 나트륨이 세포 안으로 들어오면, 그 대가로 반드시 칼슘을 내보내야 한다. 세포 안에 나트륨이 많이 들어올수록 수축을 도와줄 칼슘은 점점 적게 남는다. 하지만 세포 안에 들어오는 나트륨의 양을 줄일 수 있는 방법이 있다면?

여기서 디곡신이 등장한다. 디곡신은 나트륨 펌프라 불리는 단백질의 작용을 중단시킨다. 이 나트륨 펌프가 하는 일 중 하나가 나트륨-칼슘 교환기에 나트륨을 공급하는 것이다. 나트륨이 없으면 나트륨-칼슘 교환기도 없는 셈이다. 심장 근육에 칼슘이 많아진다는 것은 심장이 더 강하고 효율적으로 뛴다는 뜻이고, 심부전으로 고생하는 환자의 치료에는 더할 나위 없이 효과적이다. 그러나 앞으로 보게 되겠지만, 디곡신도 부작용을 일으킨다. 우리 몸의 거의 모든 세포에 나트륨 펌프가 있기 때문이다. 물론 나트륨 펌프를 완전히 멈추게 하는 것보다 적당한 정도까지만 억제하는 것이 가장 좋은 방법이다. 디곡신 중독의 증상은 어지러움, 정신적 혼란, 오심, 구토 그리고 흐린 시야 등 여러 가지로 나타난다.

디곡신이 심장을 돕는 방법은 칼슘 수치를 높여주는 것만이 아니다. 앞에서도 이야기했듯이, 심장은 심방과 심실의 수축이 서로 잘 조응하도록 하기 위해 전기적으로 연결된 시스템을 갖고 있다. 어쩌다가 이 전기 신호에 교란이 발생하면 메시지가 잘못 발신되면서 심장이 비효율적으로 불규칙하게 뛴다. 심방세동은 아주 흔하게 일어나는 증상인데, 심방이 빠르고 불규칙하게 수축할 때 일어난다. 심방세동이 일어나면 심방과 심실이 제각각 제멋대로 수축하게 된다.

디곡신은 심장 전체의 전기 신호를 늦추는데, 기본적으로 신호를 진정시켜서 수축의 조응이 회복되도록 돕는다. 디곡신 같은 강심배당체는 심장 근육의 칼슘 수치를 높이고 전기 신호를 진정시킴으로써 수축력을 강화한다. 수축이 강할수록 심장박동의 효율이 높아지고 울혈성 심부전의 증상이 호전된다.

그러나 디곡신은 치료의 안전 범위가 매우 좁다. 환자에게 유익한 투여량과 심각한 문제를 일으키기 시작하는 유해한 투여량의 차이가 매우 적다는 뜻이다. 정량의 디곡신은 심장의 칼슘을 증가시켜서 필요한 만큼만 근육의 수축력을 증가시키지만, 디곡신의 양이 지나치게 많아지면 칼슘 수치도 지나치게 높아지기 시작한다. 칼슘 수치가 비정상적으로 높아지면 심장의 전기 신호에 문제가 생기기 시작한다. 디곡신은 특히 심장 박동의 속도를 높이는 신호를 증강시킨다. 심장 박동이 점점 더 빨라지면, 점점 더 조응력이 떨어지고 수축이 불규칙해지다가 결국은 심장이 아예 멈춰버린다. 디곡신은 심장 안으로 들어가는 신호를 바꿔놓을 수도 있지만, 심장 안에서의 신호에도 영향을 미칠 수 있다. 심실이 수축하기 전에 심방이 먼저 수축해야 한다고 앞에서 이야기했는데, 이 과정은 심방에서 심실로 가는 신호의 중계 기지 역할을 하는, 방실 결절이라 불리는 심장 내부의 특별한 조직에 의해서 이루어진다. 독이 되는 수준의 디곡신은 이 방실 결절의 기능을 무력화시킨다. 의사들은 이런 상황을 방실 차단이라고 부른다. 방실 차단이 일어나면, 환자는 어지러움, 호흡 곤란, 흉통 같은 증상과 함께 심장 박동이 중간중간 끊어지는 듯한 불안감을 느낀다. 방실 결절의 기능 저하를 제때 치료하지 않으면 심장 수축이 멈출 수도 있고 심장 박동이 영원히 끊어질 수도 있기 때문이다. 우리가 심장 마비라고 부르는 상황이 오는 것이다.

심장이 약해져서 마비가 오면, 산소가 든 혈액이 더 이상 전신으로 운반되지 못하고 호흡 곤란이 뒤따른다. 이어서 뇌가 일시적으로 기능을 멈추고 결국은 완전히 무의식 상태에 빠진다. 디곡신 중독 환자가 뇌사 상태에 빠지고 심정지가 오면 사망 선고가 내려진다.

● 디곡신과 1억 달러짜리 그림

나트륨 펌프는 우리 몸의 세포마다 갖고 있다고 앞에서 이미 이야기한 바 있다. 그러나 우리 눈의 망막에 있는 세포의 경우에는 더욱더 철저하다. 망막 세포 하나 하나가 모두 나트륨 펌프를 갖추고 있어서, 망막에는 최대 3000만 개의 나트륨 펌프 분자가 들어 있다.

망막은 두 종류의 세포, 간상세포와 추상세포로 이루어져 있다. 간상세포는 어두운 빛 속에서 시야를 책임지기 때문에, 광도가 아주 낮은 곳에서 단 하나의 광자도 감지할 정도로 빛에 민감하다. 이렇게 빛에 예민한 대신, 서로 다른 파장의 빛을 구분하지 못하고 세상을 오직 회색의 명암으로만 구분한다. 추상세포는 빛에 덜 민감한 대신 수많은 색깔을 구분해서 볼 수 있다. 추상세포는 제각각 적색, 청색 또는 녹색을 감지할 수 있고, 각각의 색을 감지하는 세포가 한 번에 얼마나 많은 자극을 받느냐에 따라서 우리가 색을 볼 수 있는 것이다. 뇌는 간상체와 추상체에서 오는 모든 신호를 통합해서 우리 주변의 다채로운 세상을 그려내는 놀라운 일을 해낸다.

추상세포는 디곡신에 대해 간상세포보다 50배나 예민하므로, 따라서 디곡신은 야간 시야보다 색채를 보는 능력에 훨씬 더 큰 영향을 미친다. 울혈성 심부전 때문에 디곡신 처방을 받는 환자들이 가장 많이 호소하는 부작용이 시야가 흐려지는 증상, 눈 앞에 불꽃이 날아다니는 듯한 환시, 물체의 주변에 황녹색의 후광을 보는 황시증 등과 같은 시각 장애다.

빈센트 반 고흐의 유명한 그림, 그림 값이 1억 달러가 넘는다는 〈별이 빛나는 밤〉 속의 별들은 모두 황금색 코로나에 둘러싸여 있다. 이 그림뿐 아니라 〈밤의 카페〉 〈노란 집〉 등에서도 볼 수 있듯이 강렬한 색감의 노란색이 이 창의적인 네덜란드 출신 화가가 그린 그림들의 특징이다. 고흐는 그저 노란색을 좋아했던 걸까, 아니면 겉으로 드러나지 않은 의학적 증상의 영향을 받은 것일까?

위의 질문에 대해 여러 가지 설이 분분하지만, 그중 하나가 반 고흐가 디기탈리스 독성으로 고생했다는 설이다. 반 고흐가 우울증과 뇌전증에 시달렸다는 사실과 당시 의사들 사이에서 한 가지 종류의 증상에 잘 듣는 약이면 다른 증상에도 잘 들을 것이라는 생각이 널리 퍼져 있었다는 것은 잘 알려져 있는 사실이다. 반 고흐에게 디기탈리스가 처방되었다는 문서 기록은 없지만, 그가 그린 주치의의 초상화 두 점 중에서 〈가세 박사의 초상〉을 보면 의사가 디기탈리스를 손에 쥐고 있다.

🌢 디곡신 중독의 해독제

우연한 실수든 의도적인 행동이든 디곡신을 과다 투여했을 때는 우리가 이미 다루었던 놀라운 약물이 해독제로 쓰일 수 있다. 바로 아트로핀이다. 디곡신이 과다 투여되면 심장 마비가 온다는 사실을 기억하자. 이럴 때 아트로핀은 심장을 더 빨리 뛰게 함으로써 디곡신의 독성 효과를 중화시킨다. 오늘날 디곡신 과다 투여에 더 일반적으로 쓰이는 또 하나의 약물은 포유동물인 양에서 분리한 항체로, 이 항체는 혈액 속에 흘러든 디곡신을 추적해서 비활성화시킨다. 페니토인phenytoin은 아주 널리 쓰이는 뇌전증 치료제인데, 체내에서 디곡신의 대사 작용을 촉진하는 것으로 밝혀져 디곡신 과다 투여의 치료제로도 쓰이고 있다.

이 장에서는 디곡신이 우리 세포의 나트륨 펌프를 어떻게 자극하는지, 세포 안에서 나트륨과 칼슘의 수치에 어떤 영향을 주는지 살펴보았다. 우리가 주로 나트륨 펌프라고 알고 있는 것은 사실 나트륨-칼륨-아데노신삼인산 가수 분해 효소ATPase로도 알려져 있다. 즉 나트륨 수치에만 영향을 미치는 것이 아니라 세포 안의 칼륨 수치도 변화시킨다는 뜻이다. 디곡신이 나트륨 펌프 또는 나트륨-칼륨-아데노신삼인산 가수 분해 효소를 방해하면 칼륨이 세포에서 누출되어서 혈중 칼륨 수치를 증가시킨다. 다음 장에서는 혈중 칼륨 수치가 증가하면 어떤 치명적인 결과가 나타나는지를 살펴보자.

Case 07

청산가리
피츠버그에서 온
교수님

아니, 아니 저 술! … 독이 든 술을 마셨어!

_윌리엄 셰익스피어, 《햄릿》

🌢 가장 유명한 독약

청산가리*는 여러 스파이 소설과 탐정 소설에서 거의 순식간에 죽음을 불러오는 살인의 도구로 가장 악명 높은 독약이다. 미스터리의 여왕 애거사 크리스티도 청산가리의 효과를 아주 잘 알고 있었으며 소설에 등장하는 인물 중 열여덟 명을 죽이는 데 청산가리를 썼고, 심지어는 《빛나는 청산가리》라고 작품 제목에 청산가리를 사용하기도 했다. 추리 소설가 레이먼드 챈들러는 자신의 가장 유명한 소설, 《빅 슬립》에서 청산가리를 탄 위스키로 정보원을 죽였다. 네빌 슈트의 소설 《해변에서》는 모든 것을 파괴해버린 핵전쟁 이후 호주에서의 삶을 이야기한다. 이 이야기 속에서 호주 정부는 국민들에게 청산가리 캡슐을 하나씩 나누어준다. 호주를 향해 점점 다가오는 방사능 구름이 가져올 느리고 고통스러운 죽음을 기다리느니 차라리 쉽고 빠른 죽음을 택하라는 뜻이다. 이와 비슷하게, 스파이 소설에 등장하는 비밀 요원들은 적에게 발각되거나 체포되었을 때를 대비해 흔히 청산가리를 몸에 지니고 다닌다. 이언 플레밍의 제임스 본드 역시 다른 요원들처럼 청산가리 캡슐을 받았다. 하지만 충분히 상상할 수 있듯이,

---

* 청산가리青酸加里는 청산칼륨, 청화칼륨, 청산칼리, 청화칼리 등으로 불리기도 하며 화학적 명칭은 시안화칼륨, 화학식은 KCN이다. 청산가리의 '가리'는 kali의 라틴어 음역이다.

그는 그 캡슐을 내버린다.

현실 세계에서 살인이나 자살을 위해 청산가리를 쓰는 것도 소설 속 세계에서 못지않게 흥미진진하고 때로는 오싹하다. 살인 무기로서 청산가리는 역사상 가장 흉악한 전쟁범죄와도 관련이 있다. 제2차 세계대전 중에는 죽음의 수용소라 불렸던 아우슈비츠-비르케나우와 마이다네크 유대인 수용소에서 '최종 해결' 작전의 일환으로 유대인들을 대량 학살하는 데 시안화수소 가스가 쓰였다.

제2차 세계대전에서 독일의 패전이 확실해지자, 시안화칼륨이 든 유리 캡슐이 나치 고위층들의 자살 수단으로 쓰였다. 나치 친위대 최고 책임자였던 하인리히 힘러, 독일 공군 총사령관 헤르만 괴링 등도 시안화칼륨 캡슐을 깨물어 스스로 목숨을 끊었다. 아내 에바 브라운이 청산가리로 자살하는 것을 끝까지 지켜본 후, 히틀러도 청산가리 캡슐을 깨물고 자신에게 총을 쏘아 제3제국의 꿈을 끝장냈다.

시간을 빨리 감아 1970년대 초반으로 넘어오면, 샌프란시스코에 수많은 신도를 거느린 짐 존스라는 이름의 카리스마 넘치는 종교 지도자가 있었다. 존스는 캘리포니아주 레드우드 밸리에 사원을 세우고 자신이 간디와 예수, 부처와 레닌의 환생이라고 설교하기 시작했다. 1970년대 후반에 이르자 존스는 수백 명의 신도들을 설득해서 가이아나의 한 지역으로 이주한 뒤, 자신의 이름을 따서 존스타운이라 명명하고 그곳에 '인민 사원People's Temple'이라는 새로운 유토피아를 세웠다. 이주민들 중에는 가족 전체가 함께 온 사람들도 있었다. 1978년에 존스타운의 인민 사원 주변에서 인권 유린과 가혹한 체벌이 자행되고 있다는 소문이 돌기 시작했다. 그해 11월, 미국의 하원 의원 리오 라이언을 비롯하여 미국 정부 관계자, 언론인들이 그러한 소문의 진위를 조사하기 위해 가이아나로 날아왔다.

처음에는 존스도 이 조사단을 자신이 세운 공동체로 맞아들여 환대하고 존스타운의 중심 건물에서 환영연을 열었지만, 어느 순간 갑자기 인민 사원의 신도 중 한 남자가 흉기를 들고 나타나 라이언을 공격해서 여러 군데 상처를 입혔다. 부상을 입었지만 가까스로 그 자리를 탈출한 라이언은 조사단의 다른 인원들과 함께 존스타운과 가까운 활주로에서 대기하고 있던 두 대의 항공기에 탑승했다. 그러나 이륙을 불과 몇 초 앞두고 총을 든 괴한들이 들이닥쳐 라이언과 네 명의 조사단 단원을 사살했다. 그날 늦은 시각, 존스는 어린이 304명을 포함해 존스타운 주민 913명을 모두 소집했다. 그러고는 그들에게 자신이 '혁명적 행동'이라 규정한 행동을 완수할 것을 명령했다. 주민들에게 포도맛 쿨 에이드 음료가 한 컵씩 배급되었다. 그 음료에는 청산가리가 들어 있었다. 부모들은 자기 아이들에게 먼저 음료를 마시게 했고, 간호사들은 아직 음료수를 삼킬 수 없는 아기들의 입에 주사기로 독약을 몇 방울씩 떨어뜨렸다. 이 사건으로부터 미국에서는 한 개인이나 집단이 전혀 의문을 제기하지 않고 어떤 사상이나 사람에게 맹목적으로 복종하는 것을 '쿨 에이드를 마시다_{drink the Kool-Aid}'라고 표현하게 되었다.

💧 귀하신 몸, 청산가리

청산가리를 뜻하는 영어 단어 'cynide'는 '짙푸른색'을 뜻하는 그리스어 'kyanos'에서 파생된, 다소 완곡어법적인 단어다. 르네상스 시대에 쓰인 푸른색 안료는 모두 준보석 광물인 라피스 라줄리로부터 얻었다. 이 광물로 만든 안료는 같은 무게의 금값보다 다섯 배나 비쌀 정도로 귀했다. 따라서 그림을 그릴 때 푸른색은 꼭 써야 할 데가 아니면 쓰지 않았다.

이 '푸른 안료의 문제'의 해법은 프로이센 왕국에서 일하던 안료 제조공이자 화가였던 디스바흐에 의해 우연히 발견되었다. 디스바흐에게 급히 플로렌틴 레이크라고 하는 붉은색 안료를 만들어야 할 일이 생겼다. 이 안료는 코치닐 딱정벌레와 명반, 황산철, 가성칼리* 용액을 일정 비율로 섞어 끓여서 만들었다. 다른

---

* 수산화칼륨.

원료는 모두 있으나 마지막 원료인 가성칼리가 필요했던 그는 돈이 충분치 않은 탓에 값싼 재료를 사고 싶었다. 디스바흐의 바람을 누구보다 잘 들어줄 수 있는 사람이 있었으니, 그가 바로 요한 콘라드 디펠[1]이라는 사람이었다. 디펠은 "세상에는 언제나 호구가 있기 마련! There's a sucker born every minute!"이라는 P. T. 바넘**의 명언을 바넘보다 150년 먼저 사업의 신조로 삼던 사람이었다. 디펠의 창고에는 가성칼리가 있기는 했지만, 동물성 유지(동물의 피와 온갖 부산물이 혼합된 것)에 오염되어서 응당 버려야 할 폐기물 수준이었다. 하지만 금전적 손실을 피해 갈 기회라고 생각한 디펠은 못 쓰게 된 가성칼리를 디스바흐에게 싼값에 팔아 넘겼다. 두 사람은 서로가 이익을 보았다고 흡족해하며 헤어졌다.

집으로 돌아온 디스바흐는 더러운 싸구려 가성칼리에 황산철을 섞어 끓이기 시작했다. 하지만 기대했던 밝고 선명한 붉은색이 아니라 탁하고 어두운 암적색 안료가 만들어졌다. 그는 조금 더 끓이면 안료가 농축되어 원하는 붉은색을 얻을 수 있을지도 모른다고 생각했다. 그렇게 더 끓였더니 차츰 보라색으로 바뀌다가 이윽고 짙은 푸른색으로 변했다. 디스바흐는 디펠에게 달

** P.T. Barnum, 미국의 유명한 서커스 업자. 서커스에 이색적인 전시·음악 연주를 결합한 획기적인 오락 산업을 구상했으며, 뛰어난 마케팅과 상술로 흥행 사업의 선구자가 되었다. 인생 후반기에는 미국의 정치계에도 진출하였다. 2017년에 개봉된 영화 〈위대한 쇼맨〉은 그의 일대기를 다룬 영화다.

려가 자신에게 팔았던 것이 무엇이었냐고 물었다.

디스바흐와 디펠은 새롭게 만들어진 안료의 상업적 가치를 금방 알아차리고, 의기투합해 프러시아 궁정 화가들에게 팔 푸른색 염료를 만들기 시작했다. 디스바흐는 이 새 염료에 베를린 블루라는 이름을 붙였으나 영국의 화학자들은 보다 친숙하게 '프러시안 블루'라는 이름으로 불렀다. 이 새로운 푸른색 안료의 개발로 푸른색 염료가 흔해지자 프러시아 군대의 군복을 이 염료로 물들였기 때문이다.

훗날 화학적 분석에 의해서 이 푸른색 안료의 분자 한가운데에 청산가리가 있음이 밝혀졌다. 그렇다면 프러시아 군인들이 청산가리 중독으로 모두 죽지 않았던 것은 왜일까? 물론 청산가리 자체는 매우 위험하다. 그러나 청산가리를 더 큰 분자와 결합시키면 독성이 사라진다. 푸른색 안료가 바로 그렇게 만들어진 안전한 분자였던 것이다.

이 푸른색 염료는 금방 선풍적인 인기를 끌었다. 화가들은 앞 다투어 이 푸른색 물감으로 그림을 그리고 싶어 했다. 베네치아에서 활동하던 화가 카날레토는 이 독특한 안료를 일찍부터 받아들여 1747년에 그려진 〈웨스트민스터 다리〉의 드라마틱한 하늘을 표현하는 데 이 물감을 썼다. 이 안료가 만들어진 지 200년이 지난 후에 활동한 파블로 피카소도 이 안료가 없었다면 청색시대를 열지 못했을 것이고 반 고흐의 〈별이 빛나는 밤〉도 그려지지 못했을 것이다. 〈별이 빛나는 밤〉의 현재 가격은 거의 값을 매길 수 없을 정도로 비싸지만, 반 고흐도 디스바흐나 디펠이 없었다면 그렇게 많은 푸른색 물감으로 그 그림을 그릴 수 없었을 것이다.

프러시안 블루가 탄생한 후, 프랑스 화학자 피에르-조제프 마케르Pierre-Joseph Macquer와 스웨덴 출신 화학자 칼 빌헬름 셸레Carl Wilhelm Scheele는 한가한 오후가 지루했던 나머지, 프러시안 블루에 산성 용액을 섞어 가열하면 어떻게 될지 보기로 했다. 그들이 얻은 것은 산화철, 즉 우리가 흔히 말하는 '녹銹'이었는데, 희미한 아몬드 냄새를 빼면 거의 알아차릴 수 없는 무색의 증기가 함께 발생했다. 이때 발생한 기체가 시안화수소, 이 기체를 냉각시켜 물에 용해시키면 강한 산성 용액이 되었다. 이 산을 프러시아산Prussic acid이라고 불렀는데, 훗날 화학자들은 화학적으로 보다 적합한 이름인 시안화수소산으로 명명했다.

청산가리의 중심 물질인 시안화물*의 분자 구조는 매우 간단하다. 탄소 원자 하나와 질소 원자 하나, 오직 이 두 개의 원자가 결합된 구조다. 시안화물의 분자는 철, 코발트 그리고 금 등 여러 종류의 금속과 아주 잘 결합한다. 사실 시안화물은 금과 반응하

＊ 화학식 CN. 시안화물과 칼륨이 결합하면 KCN, 즉 청산가리가 되고 수소가 결합하면 HCN, 시안화수소가 된다.

는 극소수 화학 물질 중 하나이며, 그래서 금이 섞인 광석에서 금을 추출할 때 시안화물과 칼륨의 화합물인 청산가리가 쓰인다. 시안화물은 고체, 액체, 기체 상태로 존재한다. 고체 시안화물은 흰색 결정인데, 종종 나트륨이나 칼륨과 짝을 이루어 청산나트륨[*], 청산가리 등을 만든다. 또한 수소와 짝을 지으면 시안화수소가 된다. 시안화수소를 냉각시키면 옅은 푸른색 액체가 되는데, 이 액체는 휘발성이 매우 강해서 실온에서도 대부분 기체 상태로 존재하며 아주 희미하게 비터 아몬드 냄새를 풍긴다. 청산가리는 어떤 형태로 존재하든 치명적이다. 50~100밀리그램(티스푼의 100분의 1 정도)의 시안화칼륨으로도 성인 한 사람의 목숨을 빼앗을 수 있다.[2]

특이하게도, 청산가리는 혼자가 아니라 더 큰 분자의 일부로 존재하면 형태에 따라 전혀 무해한 물질이 된다. 예를 들어 프러시안 블루 염료 속의 청산가리는 매우 안전하다. 게인즈버로는 〈푸른 옷을 입은 소년〉을 그릴 때 이 안료를 충분히 쓰고도 멀쩡했다. 종류에 따라 커다란 분자 속에 존재하는 청산가리가 안전하다는 것은 우리가 매일 종합 비타민을 복용할 때 비타민 B12와 단단하게 결합한 청산가리(시아노코발라민)도 함께 먹는다는(그

---

* 시안화물과 나트륨의 화합물. 화학식은 NaCN. 시안화나트륨, 청산나트륨, 청화나트륨 등으로 불린다.

러나 안전하다는) 사실로도 증명이 된다. 전 세계의 수천만 명이 복용하는 우울증이나 위산 역류 치료제에도 안전하게 결합된 청산가리가 들어 있다.

🩸 식품 속의 청산가리

모두가 치명적인 독물이라고 알고 있지만, 사실 청산가리는 놀라울 정도로 많은 식품 속에 들어 있다. 아몬드, 라이머콩, 대두, 시금치, 죽순 등이 대표적인 예다. 복숭아, 체리, 사과, 비터 아몬드 등 벚나무속 식물의 모든 씨앗에는 청산가리가 들어 있다. 소량의 청산가리는 건강에 해가 되지 않는다. 사실 웬만한 사람이라면 실수로 사과 씨를 삼켜도 전혀 이상 반응을 일으키지 않는다. 사람은 음식에 든 소량의 청산가리는 처리할 수 있는 시스템을 갖고 있기 때문이다. 우리 몸의 거의 모든 세포에 로다네제 rhodanese라는 효소가 들어 있는데, 이 효소는 청산가리를 신장에서 안전하게 걸러내 소변으로 배출할 수 있는 무해한 화학 물질인 티오시안산염thiocyanate으로 변환시켜서 독성을 제거한다. 사람의 몸은 24시간마다 1그램의 청산가리를 처리할 수 있다. 문제는 갑자기 다량의 청산가리가 한꺼번에 몸에 들어왔을 때 일어난다. 사람을 해할 목적으로 청산가리를 썼을 때가 바로 그런 때다.

살인자들은 대부분 희생자가 모르는 사이에 시안화나트륨이나 시안화칼륨 결정을 먹거나 마시게 만든다. 이 두 가지 물질 모두 가용성이지만, 시안화칼륨은 시안화나트륨보다 열 배나 더 잘 녹는다. 그러나 이 두 가지 물질 모두 커피 또는 와인 한 잔에 아주 소량만 섞어도 사람을 죽이기에 충분하다. 소량을 쓰는 이유는 냄새나 향으로 피해자가 경계심을 갖지 않게 하기 위해서다. 청산가리 결정을 삼키면, 위에서 위산을 만나게 된다. 여기서 시안화나트륨이나 시안화칼륨은 프러시아산으로 바뀌고 심각한 화학적 화상을 입힌다. 식도가 아니라 위에서 부식성 화상 병변이 나타난다는 것은 피해자가 부식성 음료를 마신 것이 아니라 위에서 화상이 일어났음을 의미한다. 즉 청산가리가 유입되었다는 뜻이다. 결정이나 용해된 청산가리 결정이 위산과 만나면, 시안화수소 가스도 발생한다. 이 가스가 혈류에 녹아들면 전신으로 순환된다. 피해자는 결국 고체, 액체, 기체상의 청산가리의 연합 공격에 의해 숨지는 것이다.

🌢 전신줄로 교수형을 당하다

미국 법정에서 형사 피의자의 변호사가 할 일은 의뢰인의 무죄를 밝히는 것이 아니라 배심원의 마음에 의심의 씨앗을 뿌리는 것이라는 말이 있다. 존 타월John Tawell의 변호사는 의심의 씨앗 외에도 사과 씨앗을 법정에 뿌렸다.

존 타월은 빅토리아 시대 초기 퀘이커 교도 공동체에서 일하며 아내 메리와 어린 두 아이를 부양했다. 당시의 유아 사망률은 요즈음 우리 기준으로 보면 너무나 높았다. 타월의 두 아들도 어린 나이에 죽었다. 크게 상심한 메리는 슬픔과 오염된 공기가 일으킨 악순환 속에서 병을 얻었다. 타월은 젊은 간호사 세라를 고용해 낮 시간에 아내를 돌보게 했다. 간호사의 보살핌에도 불구하고, 작은 아들이 세상을 떠난 지 몇 달 만에 메리도 곧 세상을 등지고 말았다. 메리의 시신을 매장하자마자 타월은 아내를 돌보던 간호사와 불륜 관계를 맺기 시작했고, 두 명의 사생아를 얻었다.

타월은 슬라우(런던에서 서쪽으로 34킬로미터 떨어진 제법 큰 도시) 근처의 솔트 힐이라는 곳에 정부와 아이들이 살 집을 얻어주고 매주 방문해 1파운드(요즈음 가치로 80파운드)씩 생활비를 주었다. 그러나 1843년에 이르러 타월도 극심한 재정난을 겪으면서 정부와 사생아들에게 주던 고작 주 1파운드의 생활비도 감당하기 버겁게 되었다. 그러자 그는 "1페니를 아끼는 것은 1페니를 버는 것과 같다"는 벤저민 프랭클린의 격언을 몸소 실천했다. 세라가 없다면, 그는 매주 240페니를 벌 수 있었다.[*]

1846년 새해를 하루 앞둔 날 저녁, 타월은 약국에서 하지 정맥류 치료제로 쓰이던 스틸산Steele's acid 두 병을 구입했다. 이 약은 우연찮게도 프러시아산으로 만든 약이었다. 약을 들고 그가 간 곳은 패딩턴역이었다. 역으로 가던 도중 한 여인숙에서 흑맥주 한 병을 산 다음 정부를 만나기 위해 패딩턴역에서 슬라우로 가는 기차를 탔다. 그 후로 두어 시간 동안 그가 무슨 일을 벌였는지는 아직도 미스터리지만, 타월은 아마도 세라가 마실 맥주에 프러시아산을 탈 수 있을 만큼의 시간 동안 세라의 관심을 다른 곳으로 돌리는 데 성공했던 것 같다. 얼마 후, 고통에 찬 비명과 아우성 소리가 요란하게 들리자 옆집에 사는 이웃 애슐리 부인이 창문을 열고 내다보았다. 그때 세라의 집을 주기적으로 방문하던 타월이 빠른 걸음으로 기차역을 향해 나가는 모습이 보였다.

세라의 상황이 걱정스러웠던 애슐리 부인이 허겁지겁 세라의 집으로 뛰어갔더니 입에 거품을 문 세라가 바닥을 뒹굴며 고통스러워하고 있었다. 애슐리 부인은 서둘러 의사를 불렀지만, 이미 늦어버린 후였다. 의사가 도착하기도 전에 세라는 숨을 거두고 말았다. 그런데 타월이 정말 운이 없었던지, 도움을 청하는 애슐리 부인의 목소리에 응답한 사람은 의사만이 아니었다. E. T. 챔프니스 목사가 애슐리 부인의 목격담과 타월의 용모에 대한 설

＊ 당시의 영국 화폐 체계에서 1파운드는 20실링, 1실링은 은 12페니였으므로 1파운드는 240페니가 된다. 1971년부터는 영국 화폐도 10진법으로 완전히 전환되어서 1파운드는 100페니가 되었다. 페니의 복수로 '펜스'를 쓰기도 한다. 따라서 240페니는 240펜스가 된다.

명을 듣고는 그가 기차에 타는 것을 막기 위해 곧장 슬라우역으로 달려갔다. 그러나 타월이 탄 7시 42분 패딩턴행 열차를 간발의 차이로 놓치고 말았다. 그 열차가 패딩턴역까지 걸리는 시간은 한 시간 남짓이었다.

다른 기차로 타월을 따라잡기는 불가능했고, 그가 런던의 인파 속으로 사라져버린다면 영영 잡을 수 없을지도 몰랐다. 그러나 그때 타월이 알지 못했던 사실이 한 가지 있었다. 슬라우역이 최신식 전보 시스템을 갖춘 극소수 기차역 중 하나였던 것이다. 전보라면 타월보다 한참 먼저 패딩턴역에 도착할 수 있다는 생각이 퍼뜩 든 목사는 전보를 쳤다. '솔트 힐에서 살인을 저지른 범인이 7시 42분 슬라우에서 떠난 런던행 1등석에 탑승한 것으로 보임. 퀘이커 교도 복장을 하고 있으며. 1등칸 두 번째 객차 마지막 칸에 탑승했음.'

패딩턴역에서 접수된 전보는 근무 중인 경찰에게 전달되었고, 이 경찰은 경찰복을 가리기 위해 긴 사복 코트를 걸치고 타월이 도착하기를 기다렸다가 그가 도착하자 그의 집까지 미행했다. 타월이 안심하고 집에 도착한 것을 확인한 후, 경찰은 런던 경찰청으로 달려가 위긴스 형사에게 사건을 보고했다.

타월은 다음 날 체포되어 세라 하트를 살해한 1급 살인 혐의로 재판에 넘겨졌다. 범인을 체포하는 데 전보가 결정적인 역할을 했다는 점 때문에 이 사건은 전국적인 관심사가 되었다. 타월이 선임한 변호인 피츠로이 켈리 경은 상법에는 정통한 변호사였지만 형법에는 지식이 별로 없는 사람이었다. 켈리의 주요 변론 전략은 세라의 사인은 청산가리 중독이 맞지만, 그것은 그녀가 삼킨 다량의 사과 씨 때문이지 타월과는 아무 상관이 없다는 주장이었다. 그러나 검찰 측에서 세라가 단순히 사과 씨 때문에 치사량의 청산가리를 먹어서 사망한 것이었다면, 최소한 수천 개의 사과 씨를 먹어야 했을 것이라고 반박하자 변호인의 주장은 아무런 힘도 쓰지 못하게 되었다. 재판은 이틀 동안 계속되었지만 배심원들이 타월에게 유죄 평결을 내리는 데는 고작 30분이 걸렸을 뿐이었다. 타월은 법정 밖에서 만 명 이상의 대중들이 보는 가운데 공개 처형되었다. 런던 시민들은 전신줄을 타고 온 전보가 그를 체포하는 데 큰 역할을 했음을 가리켜 "전신줄이 존 타월의 목을 매달았다"고 이야기했다. 타월의 변호사는 어떻게 됐을까? '사과 씨 켈리'라는 별명을 얻었다.

🌢 청산가리는 어떻게 사람을 죽이나

가스로 흡입하든 음료나 음식에 섞인 시안화나트륨이나 시안화칼륨을 섭취하든 청산가리가 사람을 죽이는 과정은 똑같다. 일단 체내로 들어오면, 청산가리는 적혈구 속의 헤모글로빈에 달라붙어 무임승차로 혈류를 타고 빠르게 퍼져나간다. 그러나 청산가리와 헤모글로빈의 결합력은 매우 약하기 때문에, 청산가리의 파괴적인 효과는 혈액에 영향을 주는 데서 오는 게 아니라 헤모글로빈에서 떨어져 나와 체세포 속으로 들어가면서 나타난다. 체세포 속에 들어간 청산가리는 사람이 살아가는 데 필요한 에너지를 생산하는 능력을 파괴한다.

우리 몸의 세포는 저마다 미토콘드리아라는 소기관을 가지고 있다. 작은 막대처럼 생긴 이 구조물은 우리가 살아가는 데 꼭 필요한 화학적 에너지인 아데노신삼인산, 즉 ATP를 생산하는 작은 발전소라고 할 수 있다. 각 세포에는 필요한 에너지가 얼마나 되느냐에 따라 대략 100개에서 200개가량의 미토콘드리아가 들어 있다. 예를 들어 간 세포는 에너지를 많이 쓰기 때문에 세포당 200개의 미토콘드리아를 갖고 있다. 대체적으로 헤모글로빈이 담겨 있는 자루라고 할 수 있는 적혈구 세포는 에너지가 거의 필요하지 않기 때문에 미토콘드리아도 거의 갖고 있지 않다. 우리 몸의 구석구석에 쓰이는 에너지원이라는 중요성에도 불구하고, 우리 몸에 저장되는 ATP는 아주 소량에 불과하다.

기본적으로 미토콘드리아는 나뭇잎과 정반대의 기능을 한다. 식물의 잎은 햇빛의 에너지를 써서 물과 이산화탄소를 결합해 당분을 만들어낸다. 동물 세포 속의 미토콘드리아는 포도당과 우리가 들이마신 산소를 반응시켜 이산화탄소와 물로 분해하고

이 과정에서 이번에는 ATP의 형태로 에너지를 방출시킨다. 이러한 순환 과정을 통해 인간과 모든 동물은 본질적으로 태양으로부터 에너지를 거두어들인다.[3]

미토콘드리아의 내막 안에는 전자 전달 연쇄계electron transport chain라고 하는, 서로 연결된 단백질의 연속체가 들어 있다. 우리가 호흡으로 들이마신 산소가 ATP를 만드는 과정에서 실제로 쓰이는 장소가 바로 여기다. 이 연쇄계의 구성 요소 중 하나가 시토크롬 C라는 단백질이다. 시토크롬 C의 한가운데 철 원자 하나가 격리되어 있는데, 이 철 원자는 시토크롬 C의 기능에 결정적인 역할을 한다.

청산가리의 치명성은 시토크롬 C의 한가운데 있는 철 원자와 아주 단단하게 결합하는 힘에 기인한다. 청산가리와 시토크롬 C의 철 원자가 결합하면 시토크롬 C가 죽게 된다. 비활성화된 시토크롬 C는 이 연쇄계의 마지막 단계에서 산소를 활용할 수 없게 되고, 따라서 ATP 생산 과정 전체가 멈춰버린다.

세포는 ATP의 연속적인 공급에 크게 의존하기 때문에, 중추 신경계와 심장의 세포는 청산가리 중독에 즉각적으로 영향을 받는다. 중추 신경계가 작동을 멈추면, 피해자는 두통과 메스꺼움을 느끼다가 의식을 잃게 되고, 천천히 깊은 혼수상태에 빠진다. 뇌에서도 ATP 에너지를 서서히 잃다가 그 에너지가 고갈되면 결국 뇌사 상태를 피할 수 없다. 심장의 ATP 수치가 떨어지면 심장 박동이 느려지다가 불규칙하게 뛰기 시작한다. 거의 맥을 짚을 수 없을 정도의 서맥이 이어지다가 결국 심장도 완전히 멈춰버린다.

이름은 비슷하지만, 청색증cyanosis은 청산가리 중독과는 연관이 없다. 청색증은 탈산소 혈액이 검푸른 빛을 띠는 것과 관련이 있는데, 그래서 정맥혈이 푸르스름하게 보이는 것이다. 이와는 대조적으로 청산가리와 결합한 시토크롬 C는 더 이상 산소를 쓰지 못하기 때문에 혈액 속의 헤모글로빈은 산소를 잔뜩 품은 채로 남게 된다.[4] 따라서 청산가리 중독의 증상 중 하나가 산소가 가득한 아주 선명한 붉은색 혈액과 그로 인해 홍조를 띤 듯 발그레해지는 피부색이다.

앨러게니의 죽음

앨러게니강과 머농거힐라강이 오하이오강과 합류하기 직전, 이 두 강 사이에 자리 잡고 있는 피츠버그 대학 메디컬 센터(UPMC)는 세계적으로 유명한 병원이며 일류급 의료 연구 시설을 갖추고 있다. 2011년 5월, 보스턴에서 유명했던 신경과학자 로버트 페런트Robert Ferrante 박사와 그의 아내 오텀 클라인Autumn Cline 박사가 피츠버그 의과 대학의 교수로 부임했다. 그들이 매사추세츠를 떠나 피츠버그로 온 것은 피츠버그 의대 측에서 페런트에게 제안한 수백만 달러의 연구 기금의 영향이 컸을 것이다. 페런트는 신경외과 교수로, 루게릭병이라고 더 잘 알려져 있는 근위축성 측색 경화증 같은 신경 퇴행병을 연구하고 있었다. 피츠버그 교수진에 합류한 지 6개월도 못 돼서 페런트는 레너드 거슨 학술상의 첫 수상자로 선정되었다.

클라인 박사 역시 신경과 과장으로 피츠버그에서 새롭게 출발했다. 그녀는 의사로서 주변 사람들로부터 호감을 샀고, 임신 중 발작 장애를 전문으로 보는 임상신경학 전문의였다. 승진의 기회는 물론 단독 연구 프로그램까지 진행할 자원을 확보하려고 피츠버그로 이사를 온 클라인 박사는 집에서 병원까지 출퇴근 거리도 짧아져서 15분이면 충분했다. 덕분에 여섯 살짜리 딸과도 더 많은 시간을 함께 보낼 수 있었다.

그러나 2013년 4월 17일은 아주 긴 하루가 되고 말았다. 오후 11시 15분이 지났을 무렵, 오텀은 열다섯 시간의 격무를 끝내고 지친 몸으로 귀가 준비를 서둘렀다. 그녀는 남편에게 집으로 가는 중이라는 문자 메시지를 보냈다. 그리고 30분 후, 로버트 페런트는 911에 전화를 했다.[5]

911: 앨러게니 카운티 911입니다. 주소가 어떻게 되십니까?
페런트: 여보세요, 빨리요, 급해요. 라이튼 애비뉴 219번지예요. 아내가 심장 마비인 것 같아요.

페런트는 오텀이 집에 도착하자마자 주방에서 쓰러졌다고 설명했다. 911 신고 접수자가 더 많은 정보를 끌어내려고 질문을 하는 동안 오텀의 신음 소리가 희미하게 들려왔다. 이상한 것은, 페런트와 클라인 부부가 일하는 의대의 종합 병원이 불과 몇백 미터 떨어진 곳에 있음에도 불구하고 페런트는 구급대원에게 2.5킬로미터나 떨어진 섀이디사이드 병원으로 가자고 고집을 부렸다는 것이다.

12분 후, 구급대원들이 도착해 주방으로 달려 들어왔을 때, 바닥에 누운 오텀은 이미 반응이 없었다.

"들어오면서 머리가 아프다고 하더니 그대로 쓰러졌어요." 페런트가 말했다.

응급 진단을 해보니 오텀은 아직 호흡을 하고 있었고 맥박도 뛰고 있었다. 구급대원은 싱크대 상판 위에 놓인 비닐봉지 속의 흰색 가루가 무엇인지 물어보았다. 혹시 그 가루가 오텀의 상태와 연관이 있지 않나 하는 의심에서 한 질문이었다. 페런트는 아내가 불임증 때문에 복용하는 크레아틴$_{creatine}$* 이라고 대답했다.

그때 갑자기 오텀의 상태가 나빠져서 혈압과 맥박이 빠르게 떨어지기 시작했다. 오텀을 구급차에 태운 구급대원은 섀이디사

---

* 질소를 포함한 유기산으로 생체 내에서 자연적으로 합성되며 척추동물 근육의 에너지 공급에 주요한 역할을 한다.

이드 병원으로 가자는 페런트의 요구를 묵살하고 가장 가까운 병원인 UPMC 장로교회 병원의 응급실로 달려갔다. 바로 한 시간 전에 오텀이 걸어나왔던 바로 그 건물이었다. 페런트는 더 멀리 있는 병원으로 가면서 아내가 회복할 확률이 낮아지기를 바랐던 걸까?

응급실로 들어간 오텀은 호흡을 하려고 애를 쓰는 모습이었다. 혈압은 계속 떨어져서 48/36 수준에 머물러 있었다. 호흡이 멈추지 않도록 하기 위해 삽관을 하고 인공호흡기에 연결했다. 드러난 증상으로는 뇌출혈이 의심되었지만, CT상으로는 아무런 이상이 보이지 않았다. 심장 박동 수는 극히 낮았지만, 심장의 전기적 활동에도 변화의 징후가 없었다. 의사들은 오텀의 심장이 계속 뛰도록 하기 위해 아드레날린을 주사했다.

응급실 의료진은 오텀의 상태에 대해 전혀 원인을 찾지 못하고 있었다. 약물 투여와 채혈을 용이하게 하기 위해 환자의 경정맥에 중심 정맥관을 삽입했다. 이상하게도, 보통 정맥혈은 탈산소 상태라 푸르스름한 것이 정상인데, 오텀의 정맥혈은 마치 동맥혈처럼 선명한 붉은색이었다. 그녀의 정맥 산소 수치는 정상 수치의 두 배 이상이었다. 오텀의 세포가 시시각각 배달되는 산소를 제대로 활용하지 못하고 있다는 뜻이었다.

오텀의 생명을 구하려고 진력을 다한 의료진의 노력에도 불구하고, 4월 20일 토요일 오후 12시 31분, 그녀는 세상을 떠났다.

항상 건강했던 마흔한 살 젊은 여성의 죽음은 매우 이례적이었고, 페런트는 아내의 사인을 밝히기 위한 부검을 허락해달라는 병원 측의 요청을 받았다. 그러나 페런트는 부검을 완강히 거부했다. 그의 반응이 너무나 강해서, 몇몇 의사는 오텀의 진료 차트에 사망 환자의 남편이 부검을 거부했다는 사실을 기록해두기까지 했을 정도였다.

그러나 페런트의 동의 여부와 상관없이, 펜실베이니아 주법에 따르면 오텀의 부검이 실시되어야 했다. 부검과 함께 오텀이 입원해 치료를 받던 동안에 채혈한 혈액을 분석한 결과 깜짝 놀랄 만한 특이 사항이 발견되었다. 바로 청산가리였다. 소량이 아니라 그 자리에서 정신을 잃고 쓰러지게 만들 수 있을 만큼의 높은 수치였다. 하지만 그렇게 많은 청산가리가 어디서 온 걸까? 가능한 설명은 세 가지뿐이었다. 우연 또는 실수였거나 본인이 자살을 시도했거나 아니면 누군가 그녀를 살해하려 했거나.

실수로 치사량의 청산가리에 노출되기는 힘들었고, 오텀이 자살을 시도한 것 같지도 않았다. 오텀의 동료들은 하나같이 그녀가 자상한 엄마였고 곧 시작될 연구 프로젝트에 대한 기대로 부풀어 있던 열정적인 연구자였다고 회상했다. 주목해야 할 것은, 오텀이 진행하던 연구 프로젝트 중 어떤 것도 청산가리와는 관계가 없다는 것이었다.

대부분의 대학 소속 연구자들은 대학의 구매 부서를 통해 화학 물질이나 장비를 구입하는데, 실제로 그 물품을 연구자가 입수하기까지는 통상적으로 4~7일이 걸렸다. 로버트 페런트는 P카드(구매카드)라는 수단을 이용했다. P카드는 사실상 대학의 신용카드로, 이 카드를 사용하는 연구자는 전화로 직접 물품을 주문할 수 있고, 주문한 물품은 24시간 이내에 주문자에게 배송되었다. 동료들의 증언에 따르면, 페런트 박사가 자신의 P카드를 쓴 것은 딱 한 번, 4월 15일이었는데 그날은 오텀이 쓰러지기 이틀 전이었다. 페런트 박사가 구매한 물품은 무엇이었을까? 고도의 교육을 받은 이 뇌 전문가가 직접 서명하고 P카드로 구입한 유일한 물품은 바로 청산가리였다.

페런트의 인터넷 사용 기록을 조사해보니 '펜실베이니아주 피츠버그에서 이혼하는 방법', '청산가리 검출 방법' 등을 검색한 흔적이 있었다. 이러한 기록을 근거로, 경찰은 오텀의 살인 용의자로 페런트를 기소했다. 재판이 진행된 11일간, 검찰 측은 페런트의 연구실에 있던 청산가리가 처음 구매한 양에서 8그램 정도가 빈다는 사실에 주목했다. 페런트는 신경 세포를 죽이는 실험에 청산가리를 쓸 계획이었다고 설명했다. 실험실에서 청산가리로 세포를 죽이는 것은 얼마든지 있을 수 있는 일이다. 다만 세포를 죽이는 수단으로서 청산가리의 정확도는 비유하자면 대형 쇠망치와 같아서, 특정한 유형의 세포 하나만을 선별적으로 죽이지는 못한다. 페런트의 설명은 전혀 설득력이 없는 궤변에 불과했다.

최종 논고에서 검사는 배심원단을 향해 페런트는 타인의 심리를 조종하는 데 달인이었으며, 눈앞에 놓인 퍼즐 조각들을 맞춰보면 아내가 자신을 떠나려 한다는 생각에 아내를 죽였다는 것을 알 수 있다고 말했다. 그 운명의 날 밤, 페런트는 오텀에게 독이 든 술잔을 건넨 후, 911에 전화를 걸고 아내가 고통스러워하는 모습을 지켜보았다. 이틀에 걸쳐 총 열다섯 시간 반이나 걸린 평의 끝에 배심원들은 유죄 평결을 내렸다. 페런트는 청산가리 중독으로 아내를 살해한 것이었다. 페런트는 가석방 없는 종신형을 살고 있는 중이다.

🌢 청산가리 중독의 치료

청산가리 중독은 매우 치명적이지만, 그럼에도 불구하고 아주 효과적인 해독제가 있다. 청산가리 해독의 핵심은 비타민을 제때에 투여하는 것이다. 불행하게도 청산가리는 우리 몸속에서 매우 빠르게 퍼지기 때문에 청산가리에 노출된 경우의 95퍼센트는 치명적이다. 청산가리 중독 피해자를 소생시키는 응급 처치법으로 구강 대 구강 호흡법은 적절치 못하다. 피해자에게 호흡을 불어 넣는 동안 피해자의 폐와 위에서 올라오는 시안화수소 가스를 구조자가 흡입할 수 있기 때문이다. 요즈음에는 직업상 청산가리를 다루어야 하는 사람들은 비상시를 대비해 해독제 키트를 항상 휴대한다.

청산가리를 해독하는 방법 중의 하나는 청산가리가 미토콘드리아의 시토크롬과 결합하지 못하도록 더 매력적인 분자로 유혹하는 것이다. 놀라운 것은, 그런 분자 중의 한 가지를 수백만 명의 사람들이 비타민 보충제의 형태로 매일 복용한다는 사실이다. 특히 비타민 B12, 또는 코발라민이 바로 그런 비타민이다. 비타민 B12의 한가운데에는 금속 코발트의 원자 하나가 있는데, 청산가리에게는 시토크롬에 들어 있는 철 원자보다 코발트가 훨씬 더 매력적이다. 코발트와 청산가리의 결합력은 아주 대단해서, 청산가리 중독 환자에게 비타민 B12를 주사하면 코발트 원자가 청산가리를 비활성화시켜서 모두 제거한다.

🌢 청산가리와 방화범

청산가리 중독으로 죽어가는 사람의 모습이 있는 그대로 영상으로 남겨지는 일은 매우 드물다. 그런데 그런 일이 2012년 애리조나주 피닉스에서 실제로 일어났다.

마이클 머린Michael Marin은 예일 대학 로스쿨을 졸업하고 월스트리트에서 승승장구하고 있었다. 머린은 자가용 비행기를 타고 날아다니며 에베레스트산까지 등정할 정도로 스릴을 즐기는 사람이었다. 피닉스에는 매달 1만 7250달러 할부로 사들인 대형 부동산도 소유하고 있었다. 그러나 2012년 즈음에는 이미 월스트리트를 떠난 지 오래되었고 재정 여력이 급속히 나빠지고 있었다. 그러자 그는, 검사의 주장에 따르면, 자기 집에 불을 지른 뒤 보험금을 받아 재정 위기를 모면해야겠다는 결심을 하기에 이르렀다.

2012년 7월, 머린의 방화 혐의에 유죄 판결이 내려졌다. 평결에 따르면 그는 7년에서 21년의 징역형에 처해질 운명이었다. 이때 법정의 CCTV 영상을 보면, 머린은 바닥에 놓인 자기 가방에서 뭔가를 꺼내 얼굴 가까이로 가져오더니 꿀꺽 삼키는 모습이 보인다. 8분쯤 후, 머린은 의자에서 굴러떨어지듯 바닥에 쓰러지더니 온몸을 비틀며 발작을 한다. 수사관들은 머린이 1년 전에 구입한 청산가리를 법정에서 삼킬 수 있도록 캡슐에 넣어서 가지고 들어온 것이라고 판단했다.

와인 잔을 들었을 때 희미하게 아몬드 냄새가 난다면, 그 잔에 와인을 따른 사람이 누구인지 생각해봐야 할지도 모른다. 아몬드 냄새는 가장 잘 알려진 청산가리의 특징이지만, 모든 사람이 청산가리 냄새를 맡을 수 있는 것은 아닌 듯하다.

한 실험에서, 부모와 그 자녀를 포함한 244명의 피실험자에게 증류수 또는 시안화칼륨 용액을 묻힌 솜을 제시하고 무슨 냄새가 느껴지는지를 물어보았다. 그 실험이 청산가리와 관련이 있음을 피실험자들이 알고 있었는지의 여부는 초기 보고서에 명확하게 나타나 있지 않다. 확실한 것은, 건강과 안전을 중시하는 요즈음 같은 환경에서는 이런 실험이 허용될 수 없으리라는 것이다. 어쨌든, 이 실험의 결과는 매우 흥미로운 사실들을 보여준다. 20~40퍼센트의 사람들이 청산가리 냄새를 감지하지 못하는데, 여성에 비해 남성의 비율이 훨씬 높다. 청산가리 냄새를 감지하는 능력은 가족력의 경향을 보인다. 이런 기질이 불운한 가족에게 청산가리의 존재를 숨기는 데 이용된 적이 있었는지는 알 수 없다.

지금까지 우리가 살펴본 독성 물질들은 생물학적 근원을 가진 것들, 특히 식물로부터 유래된 것들이며 대부분 매우 복잡한 분자 구조를 가지고 있다.

다음 장부터는 흙에서 발견되는 독약들이 등장한다. 사실 그중 세 가지는 원소다. 아주 단순하지만, 치명도는 결코 적지 않다. 다시 한번 강조하지만, 그런 독성 물질들은 그 자체로서 선하거나 악한 것이 아니다. 그 물질들을 독약으로 만드는 것은 그것을 사용하는 사람들의 목적이다.

Part II

땅에서 나는
죽음의 분자

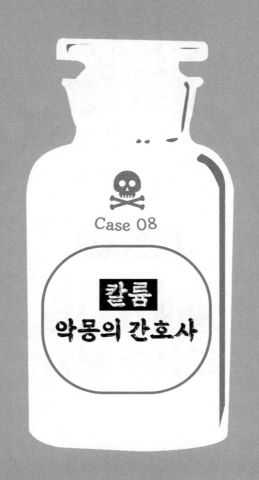

Case 08

칼륨
악몽의 간호사

무시무시한 독약이 내 영혼을 압도한다.

_윌리엄 셰익스피어, 《햄릿》

◉ 없어서는 안 될, 그러나 위험한

어떻게 하면 완전 살인을 성공할 수 있을까? 가장 먼저, 그리고 가장 중요한 것은 살인 무기를 깔끔하게 없애야 한다는 것이다. 피 묻은 칼이나 지문으로 범벅이 된 총기류는 감추기가 어렵다. 그러나 아주 간단하고 단순한 무기라면? 아무런 흔적도 없이 혈액 속에 녹여버릴 수 있는 거라면?

일반적인 식품점이나 마트의 진열대에 독약이 아무런 제재 없이 진열되어 있으리라고는 상상하기 어렵지만, 우리가 이번 장에서 다룰 독약은 바로 그런 독약이다. 염화칼륨은 보통 소금(식염)과 화학적으로 거의 유사하며, 요리나 간을 맞추는 데 있어 소금보다 더 건강한 대체품으로 팔린다.[1] 칼륨은 식물성 기름과 버터를 제외한 모든 식품에서 발견된다. 인체의 거의 모든 세포가 정상적으로 기능하는 데 꼭 필요한 성분이기도 하다. 칼륨이 없으면 우리는 생명을 유지할 수 없지만, 몸속에 칼륨이 지나치게 많아도 생명에 위협이 된다.

흥미롭게도, 보통의 채식주의자들과 비건이라 불리는 엄격한 채식주의자들은 잡식성인 사람에 비해 칼륨 수치가 높다. 식물성 식품에 칼륨이 많이 들어 있기 때문이다. 가장 널리 알려진 칼륨 공급원은 아마도 바나나일 것 같다. 바나나는 건강 식품이라고 인식되고 있지만, 바나나를 너무 많이 먹어서 칼륨 과다 섭취로 고통받았다는 사람들의 이야기가 지금도 괴담처럼 떠돌고 있다. 평균적인 바나나[2] 한 개에는 45밀리그램의 칼륨이 들어 있다. 칼륨의 일일 섭취 권장량이 2500~4700밀리그램임을 감안하면, 건강한 성인의 경우 바나나를 매일 최소한 일곱 개 반 정도는 먹어야 권장량을 섭취할 수 있다. 그렇다면, 바나나를 많이 먹고 자살할 수 있을까? 그러려면 한자리에서 바나나를 최소한 400개는 먹어야 한다!

탄수화물이나 지방, 비타민 같이 체내에 저장될 수 있는 다른 영양 성분과는 달리 칼륨은 저장 메커니즘이 없다. 따라서 건강한 상태를 유지하려면 칼륨을 지속적으로 공급해주어야 한다.[3] 칼륨이 지나치게 부족하면 체질이 허약해지고 쉽게 피로를 느끼며 근육 경련, 변비, 저혈압 등의 증상이 나타난다. 이외에도 호흡을 곤란하게 하거나 체내에 순환하는 산소의 양을 감소시킬 수 있다. 칼륨 수치가 너무 낮으면 정상적인 심장의 리듬에도 영향을 주어서 심장 박동을 증가시킬 뿐 아니라 박동을 매우 불규칙하게 교란시키고 좌-우, 심방-심실 간의 조응을 깨뜨리거나 심하면 심장 마비를 일으킬 수 있다. 이런 이유 때문에 병원에서는 혈중 염화칼륨 수치가 낮은 환자를 정상으로 되돌려놓기 위해 농축 염화칼륨 용액을 준비해둔다. 그러나, 이제 곧 보게 되겠지만, 혈중 칼륨 수치가 너무 높아도 나름의 위험이 존재하며, 때로는 우리가 우리 몸을 기꺼이 믿고 맡겼던 사람들이 우리를 치

료하는 것이 아니라 해치기 위해 자신이 가진 기술을 악용하기도
한다.

🩸 그랜덤의 악몽의 간호사

혈중 칼륨 수치가 낮아지는 데에는 음주, 과도한 설사나 구
토, 변비약 과용, 배뇨 촉진제 등을 원인으로 꼽을 수 있고, 당뇨
병을 제대로 관리하지 않아도 칼륨 수치가 낮아질 수 있다. 염화
칼륨을 환자의 혈류 속으로 주사하면 금방 칼륨 수치가 정상으로
돌아가기 때문에 환자의 증상을 안정시킬 수 있다.

그러나 혈류에 칼륨을 직접 주사하면 자극이 크고, 칼륨이
정맥을 타고 혈류에 섞이는 동안 환자는 마치 불에 타는 듯한 통
증을 느낀다. 치료를 위한 칼륨 주사도 그렇게 고통스럽다면, 어
린아이의 정맥에 다량의 칼륨이 갑자기 한꺼번에 밀려들었을 때
그 고통이 얼마나 클지는 가늠조차 할 수 없는 일이다. 그런데도
자신이 돌보던 유아와 어린이 환자에게 치사량의 칼륨을 주사해
서 어린아이들에게 고통을 유발한 한 간호사가 있었다. 그녀는
그 고통을 몰랐던 걸까, 아니면 괘념치 않았던 걸까?

베벌리 얼릿Beverly Allitt은 잉글랜드 링컨셔 지방의 한 도시에
있는 그랜덤 종합 병원의 소아과 간호사였다. 여러 번의 낙방 끝

에 겨우 간호사 자격 시험에 합격했지만, 간호사가 부족한 현실 덕분에 얼릿은 이 병원의 소아 병동에 취업할 수 있었다. 이 병원에서 일한 기간은 고작 8주 반이었지만, 그 짧은 기간 동안 열세 명의 어린이를 칼륨에 중독되게 만들었고 그중 네 아이는 끝내 숨을 거두었다.

얼릿의 첫 희생자는 생후 7개월이었던 리엄 테일러였다. 리엄은 폐울혈로 쌕쌕거리는 숨소리를 내면서 호흡을 잘 하지 못해서 병원에 입원한 상태였다. 얼릿은 리엄의 부모에게 실력 있는 의사들이 돌보고 있으니 집에 가서 쉬고 오라고 위로의 말을 건넸다. 그러나 고작 몇 시간 후 부모가 병원으로 돌아왔을 때, 의료진은 리엄의 상태가 갑자기 악화되어 응급실로 옮겼다고 설명했다. 리엄의 부모는 아들 곁에서 밤을 보내도 되는지 물어보았고, 입원 아동의 상태가 위독할 때 부모가 아이 곁에서 지낼 수 있도록 특별히 마련된 방으로 안내되었다. 얼릿은 걱정하고 있는 부모의 마음을 아주 잘 안다는 듯, 만약을 대비해 근무 시간을 바꿔 야간 근무를 하겠다고 자청하기까지 했다. 그런데 자정 무렵, 위급 상황이 발생했다. 리엄의 심장이 갑자기 박동을 멈췄다면서 얼릿이 경고를 울렸다. 아기를 살리려는 의사의 눈물겨운 노력도 소용이 없었다. 아기 리엄이 붙들고 있던 생명이 불꽃이 꺼졌다.

얼릿의 다음 목표는 열한 살의 티머시 하드윅이었다. 뇌성마비 환아였던 티머시는 간질 발작으로 3월 5일에 입원해 있었다. 티머시의 부모는 티머시를 돌보는 얼릿의 정성에 감동했지만, 얼릿과 단둘이 있을 때 티머시의 심장이 멈추는 비극이 일어났다. 이번에도 얼릿은 도움을 청했지만, 이미 늦은 뒤였다. 어떤 조치로도 티머시의 심장을 다시 뛰게 만들 수 없었다. 티머시의 심장이 왜 갑자기 멈춰버렸는지, 겉으로 드러난 이유는 찾을 수 없었고 부검으로도 아무런 단서를 찾을 수 없었다. 티머시의 죽음은 간질 발작의 후유증으로 기록되었다.

그로부터 일주일도 지나지 않아 한 살배기 여자 아기 케일리 데즈먼드가 폐울혈로 인한 발작으로 소아 병동에 입원했다. 얼릿이 케일리의 간호를 맡게 되었는데, 처음에는 아기의 상태가 호전되는 듯이 보였다. 그러나 얼마 지나지 않아 케일리도 갑작스러운 심정지 상태에 빠졌다. 얼릿은 재빨리 응급 소생팀을 호출했고, 이번에는 다행히 케일리의 호흡이 돌아와 시설이 더 좋은 대형 병원으로 옮길 수 있을 만큼 상태가 좋아졌다. 얼릿으로부터 멀리 떨어지자 케일리의 상태는 완전히 회복되어 정상으로 돌아왔다. 의사들은 케일리의 겨드랑이 밑에서 아주 작은 주삿바늘 자국 같은 흔적을 발견했다. 그 자국이 더욱 관심을 끌었던 것은 표피 바로 아래 작은 공기 방울 같은 것이 있었기 때문이었다. 케일리는 완전히 회복되었기 때문에, 이 자국에 대해 곧장 더 깊게 조사하지는 않았지만, 나중에 이어진 경찰의 조사로 얼릿이 공기를 완전히 빼지 못한 채 염화칼륨이 반쯤 채워진 주사기로 케일리에게 염화칼륨을 주사하면서 생긴 흔적임이 밝혀졌다 (얼릿이 왜 그렇게 여러 번 간호사 시험에 낙방했는지 이해할 수 있는 대목 이다).

얼릿은 자신의 염화칼륨 범행에도 불구하고 케일리가 살아 서 병원을 나가자 내심 분노했던 것 같다. 그녀는 다음 목표물에 게는 인슐린을 주사하기로 방법을 바꾸었다. 3월 20일, 생후 5개 월 된 폴 크램튼이 심한 기관지염으로 소아 병동에 입원했다. 폴 의 상태는 순조롭게 호전되고 있었는데 어느 날 이른 아침 갑자 기 혼수상태에 빠졌다. 혈액 검사 결과 혈당 수치가 위험할 정도 로 낮게 나타나자 재빨리 포도당 주사를 놓아 아기를 살려냈다. 폴은 그 후에도 두 번이나 위험한 상태에 빠졌다가 결국 규모가 더 큰 노팅엄 병원으로 전원 조치되었다. 이번에도, 얼릿의 손길 에서 벗어난 아기 환자는 기적적으로 건강을 회복했다.

얼릿은 다시 염화칼륨으로 다음 희생자를 공격했다. 이번의 범행 대상은 다섯 살 브래들리 깁슨과 두 살 난 차익형이었다. 두 아이 모두 심장 마비를 겪었으나 어느 정도 안정된 다음 노팅엄 으로 전원되어 거기서 완전히 회복되었다. 그러나 불행하게도 얼 릿의 다음 범행 대상은 그렇게 되지 못했다.

1991년 4월 1일, 생후 9개월의 베키 필립스가 배탈이 나서 소 아 병동에 들어왔다. 베키는 미숙아였기 때문에 부모는 더욱 노 심초사하고 있었다. 검진 결과 베키의 증상은 일회성 위장염으로 밝혀졌다. 즉시 치료가 시작되었고, 베키의 구토와 설사는 차츰 잦아들어 퇴원이 가능할 정도가 되었다. 그랜덤 병원에 있는 동안 베키의 간호는 얼릿이 전담했는데, 그녀는 아픈 아기가 최대한 편안해질 수 있도록 최선을 다하는 것처럼 보였다. 베키의 가족보다도 오히려 더 정성이었고, 간병을 하던 가족들이 잠시 휴식을 취하기 위해 카페테리아에 가거나 병실을 비우면 대신 아기 곁을 지키기도 했다. 드디어 증상이 완전히 사라지고 베키의 건강이 회복된 것으로 판단한 의료진은 그날 오후 아기의 퇴원을 허락했다. 그러나 집에 도착하고 얼마 지나지 않아 갑자기 베키가 울고 보채며 불편한 기색을 보였다. 부모의 손에 닿은 아기의 피부가 차갑고 축축했다. 베키의 부모는 아기를 안고 다시 병원으로 달려갔지만, 이미 늦은 후였다. 도착 즉시 베키에게 사망 선고가 내려졌다.

베키의 쌍둥이 자매 케이티도 비슷한 병을 가진 것은 아닌지 걱정스러웠던 부모는 케이티도 병원으로 데려와 검사를 받았다. 그런데 웬일인지 두 번이나 케이티의 호흡이 멈춰서 소생을 시도해야 했다. 다행히 케이티의 호흡이 멈출 때마다 얼릿이 곁에 있었고, 즉시 응급 소생팀을 불러주었다. 케이티는 호흡이 멈추었어도 그때마다 소생에 성공하기는 했지만, 산소 공급 부족으로 영구적인 뇌손상이 남게 되었다. 얼릿의 신속한 대응에 케이티의 부모는 그녀가 언제나 환자를 위해 다른 간호사들보다 더 헌신적이라는 인상을 받았다. 얼릿은 그들에게 천사였다. 필립스 부부는 케이티의 대모가 되어달라는 부탁까지 했을 정도로 그녀를 높이 평가했다.

1991년 4월 22일, 생후 15개월 된 아기 클레어 펙이 심한 천식 발작으로 소아 병동에 입원했다. 클레어는 겨우 15개월을 살면서 이미 여러 번 천식 발작으로 입원한 경험이 있었기 때문에 간호사들 사이에 잘 알려진 아기였다. 발작이 일어날 때마다 의료진은 클레어를 정성껏 치료해서, 가슴을 쓸어내린 부모가 아기를 안고 집으로 돌아갈 수 있을 만큼 아기의 건강을 회복시키곤 했다. 그러나 이번에는 달랐다. 소아 병동의 과장급 의사 중 한 사람인 포터 박사가 클레어의 치료를 지휘했다. 클레어처럼 어린 아기에게 천식 발작은 위독한 상황으로 악화될 수도 있지만, 포터 박사는 어떻게 치료해야 할지를 정확히 알고 있었고 클레어의 호흡은 곧 정상으로 돌아왔다. 박사는 그날 소아과 근무 간호사 중 하나였던 베벌리 얼릿에게 클레어를 맡기고 걱정하고 있는 클레어의 부모를 만나 상태가 진정되었음을 알렸다.

그러나 거기서 모든 게 끝난 것은 아니었다. 포터 박사가 병실에서 나가자마자 경고음이 울렸다. 아기 클레어의 심장이 멈췄던 것이다. 포터 박사는 어리둥절했다. 클레어는 천식 발작에서 완전히 회복된 상태였다. 자신이 병실에서 나온 후 불과 2~3분 사이에 무슨 사달이 있었다는 것인가?

응급 소생팀이 즉시 달려갔고, 몇 분 만에 클레어의 상태는 다시 진정되었다. 한숨 돌린 포터 박사는 다시 클레어의 부모에게 응급 상황은 지나갔다고, 클레어는 더 이상 위험하지 않을 거라고 말했다. 다시 한번 아기 클레어가 얼릿의 손에 맡겨졌다. 이번에도 포터 박사가 병실에서 떠난 지 몇 분 만에 경고음이 울렸다. 얼릿이 클레어에게 호흡 정지가 왔음을 알렸다. 맥박도 잡히지 않았다. 포터 박사는 클레어의 병실로 달려갔다. 대체 무엇을 놓친 것일까?

클레어는 작은 침대에 맥없이 누워 있었다. 심장과 폐가 산소를 순환시키지 못한 탓에 입술과 뺨이 벌써 파랗게 질리고 있었다. 소생팀이 달려와 클레어의 심장을 다시 뛰게 하려고 혼신의 힘을 다했지만, 이번에는 그 노력도 물거품으로 끝났다. 클레어는 심장 마비를 일으켰고 다시 살아나지 못했다. 병원에 입원한 지 불과 몇 시간 만에 클레어에게 사망 선고가 내려졌다. 나중에 형사들이 포터 박사를 심문했을 때, 박사는 마치 어린 아기의 생명을 구하려는 자신을 뭔가가 계속 방해하고 있다는 기분이 들었다고 진술했다.

클레어의 부모는 어린 딸의 죽음 앞에서 가눌 길 없는 슬픔에 빠졌지만, 그때 이미 최근 몇 주 동안 소아 병동에서 연속적으로 발행한 의심스러운 사망 사고가 있었으며 클레어의 죽음은 첫 번째 사건이 아니었다는 사실을 꿈에도 모르고 있었다. 사실 그

직전 몇 주 동안 소아 병동에 들어왔다가 사망한 어린 환자의 수가 너무 많았다. 원인을 정확하게 알 수 없이 사망한 어린이가 넷이나 되었고, 소아 병동에서 거의 죽음 직전까지 갔던 어린이도 아홉이나 되었다.

클레어의 죽음 이후 드디어 병원 측에서 소아 병동에 살인자가 있다는 사실을 깨닫기에 이르렀다. 그러나 그 살인자가 병원의 의료진인지, 다른 노동자인지 아니면 외부인인지는 아직 밝혀야 할 문제였다. 용의자의 범위를 좁히기 위해, 비밀리에 소아 병동 출입구에 감시 카메라를 설치했다. 의료진의 근무 스케줄과 소아 병동에서 의심스러운 응급 상황이 있었던 날을 비교하자 그런 응급 상황이 발생하기 직전에 그 자리에 있었거나 응급 상황이 발생한 직후 응급 소생팀을 호출한 사람이 바로 베벌리 얼릿이었음이 드러났다.

병원에서 일하는 의료진이라면 병동에서 가장 일상적인 일 중의 하나가 채혈이고, 소아 병동도 예외는 아니었다. 남아 있는 혈액 샘플이 소아 병동에서 의문의 죽음을 당한 어린 환자들에 대해 뭔가 알려주지 않을까?

통상적으로 혈액 샘플은 채혈 후 3개월에서 6개월까지 보관한 후 폐기 처분하도록 되어 있다. 그러나 밀린 서류 작업을 처리하느라 미처 폐기하지 못하고 보관되어 있는 혈액 샘플이 많았기 때문에 얼릿의 피해자들로부터 채혈한 샘플도 냉장고에 보관되어 있을 가능성이 있었다. 다행히 피해자 열세 명 중에서 아홉 명의 혈액 샘플이 발견되었다. 그중에 필립스 자매의 혈액과 클레어 펙의 혈액이 있었다. 그들의 혈액 모두에서 칼륨 수치가 매우 높게 나타났다. 심장 또는 호흡기 부전을 일으키기에 충분한 수치였다.

얼릿은 체포되어 간호했던 어린이들을 살해한 혐의로 기소되었다. 재판은 두 달 동안 이어졌지만 얼릿은 질병을 이유로 16일 동안만 재판에 출석했다. 피고는 모든 혐의에 대해 무죄를 주장했지만, 배심원들은 얼릿이 유죄라고 판단했고, 네 건의 살인과 세 건의 살인 미수 그리고 여섯 건의 상해 혐의, 총 13건의 혐의에 대해 각각 종신형을 결정했다. 이 결정은 영국 역사상 여성 범죄자에게 선고된 가장 가혹한 형벌이었다. 얼릿에게 최소 30년의 징역형을 선고하면서 판사는 이렇게 말했다. "피고 베벌리 얼릿의 행위에는 가학적인 요소가 있다고 보입니다. 피고의 행동으로 인해, 환자에게 가장 안전한 장소가 되었어야 할 곳이 더할 나위 없는 위험한 장소가 되었을 뿐 아니라 킬링필드라고까지 표현할 수는 없겠지만 거의 그와 비슷한 곳이 되어버렸습니다."

베벌리 얼릿의 범행 동기는 지금까지도 시원하게 밝혀지지 않았지만, 얼릿이 뮌하우젠 증후군과 대리 뮌하우젠 증후군을 갖고 있었을 거라는 주장이 있다. 뮌하우젠 증후군을 갖고 있는 사람은 주변의 관심을 끌고 자신이 중요한 인물인 것처럼 느끼기 위해 질병이나 부상을 가장한다. 어린 시절, 얼릿은 멀쩡한 곳에 일회용 반창고를 붙이고 다니면서 그 상상의 상처를 아무도 보지 못하게 경계하곤 했다. 심지어는 지극히 정상적인 맹장을 수술로 제거하기까지 했다. 대리 뮌하우젠 증후군은 1977년에 로이 메도Roy Meadow 경에 의해 정의되었는데, 어린이를 돌보는 사람이 고의로 그 아이를 어떤 병에 걸리게 만들거나 거짓으로 병이 있는 것처럼 보이게 함으로써 그 아이를 보호하거나 간호하는 자신에게 관심이 쏠리도록 유도하는 경우를 말한다. 대리 뮌하우젠 증후군을 가진 사람은 아무것도 모르는 타인으로 하여금 자신이 의도한 증상이 있는 것처럼 믿게 만들어서 환자로 둔갑시킨다. 이 사건의 경우 얼릿은 환자의 고통을 유발했을 뿐 아니라 자기 손으로 그 환자를 '구하는' 행동까지 보여주었다.

영국 역사상 가장 악명 높은 여성 연쇄 살인범이 된 얼릿은 현재 경비가 삼엄한 램튼 병원에서 형을 살고 있다. 얼릿의 행동은 피해자의 가족들에게 큰 슬픔을 주었을 뿐 아니라 그랜덤 병원에도 돌이킬 수 없는 상흔을 남겼다. 이 병원의 소아과와 소아 병동이 완전히 폐쇄되었기 때문이다.

🜄 칼륨은 어떻게 사람을 죽이나

일반적으로 사람의 몸에는 대략 255그램 정도의 칼륨이 있다. 90퍼센트 이상이 세포 안에 들어 있고, 아주 소량만이 혈액과 세포 주변의 체액에 들어 있다. 세포 안과 밖에 존재하는 칼륨의 이러한 불균형은 우리 몸의 모든 세포에 중요하지만 특히나 신경과 근육 세포, 그중에서도 심장 근육 세포에 매우 중요하다.

사람의 몸에서 심장을 적출하면 사람은 금방 죽는다. 그러나 심장은 사람 몸 밖으로 나와서도 몸 안에서처럼 혼자서도 잘 뛴다. 이는 심장이 우리 몸의 다른 부분으로부터 박동하라는 명령이 없어도 스스로 박동할 수 있는 독자적인 박동 자극 시스템을 가지고 있기 때문이다. 사람의 심장은 몸 밖으로 나와서도 분당 70~80회의 속도로 박동을 계속한다. 다른 신체 부위로부터 박동하라는 명령을 받을 필요는 없지만, 속도를 늦추거나 빠르게 하려면 신경 시스템으로부터 신호가 입력되어야 한다.

심장 맨 윗부분에 있는 특별한 세포가 분당 80회씩, 심장 근육 세포에게 심장을 수축시켜서 혈액을 폐와 신체의 각 부분으로 보내라는 전기 신호를 내보낸다. 바로 이 신호의 발신에 칼륨이 개입한다. 심장 근육을 비롯한 우리 몸의 근육 세포들은 아주 작은 배터리와 비슷하다. 일정 수준의 전압을 갖고 있으며 음극과 양극을 갖고 있다. 심장 근육의 경우, 전압은 아주 낮아서 약

90밀리볼트 정도가 된다. 박동과 박동 사이, 심장의 휴식기에 전기적으로 이 세포의 내부는 음, 외부는 양이 된다. 심장 근육이 수축하도록 자극을 받으면, 양 전하를 가진 나트륨 이온이 그들만의 나트륨 통로를 통해 세포 안으로 유입된다. 세포 내부의 나트륨 양이 많아지면 작은 전하가 생성되어 극성이 바뀐다. 따라서 세포 내부가 양이 된다. 심장의 전기적 극성이 뒤집어지면, 칼슘이 근육 세포로 들어가고 근육이 수축한다(칼슘의 중요성에 대해서는 6장에서 다룬 바 있다).

다시 박동이 일어나기 전에, 이 시스템 전체가 처음 시작될 때처럼 리셋되어야 한다. 나트륨 통로가 열려서 나트륨이 세포로 유입된 직후, 칼륨 통로가 열려서 극성을 역전시키고 시스템을 리셋한다. 나트륨과 칼륨이 세포 안에서 원래 수준으로 돌아가게 하려면 나트륨 통로와 칼륨 통로가 닫혀야 하며, 나트륨 펌프가 나트륨을 세포 밖으로 배출시키고 칼륨을 유입시켜야 한다. 다소 복잡하고 오래 걸리는 과정 같지만, 사실 이 전체 과정은 5분의 1초 이내에 끝난다. 대개의 경우 이 시스템 전체가 순조롭게 잘 돌아갈 뿐 아니라, 사람의 평균적인 수명 기간 전체를 따져보면 30억 번 가까이 반복된다. 하지만 만약 이 과정을 변화시키는 어떤 일이 생긴다면? 나트륨 또는 칼륨의 양이 갑자기 달라진다면? 심장 세포의 외부에 다량의 칼륨이, 이를테면 누군가가 고의로 다량의 칼륨을 혈류에 주사했다면?

기차를 탄 사람을 상상해보자. 역으로 들어가는 기차는 속도를 늦추다가 멈춘다. 플랫폼이 비어 있으면, 기차에 탔던 승객은 아무런 어려움 없이 하차할 수 있다. 이번에는 출퇴근 시간대, 교통이 혼잡한 시간이라고 해보자. 플랫폼에 통근 승객들이 가득하기 때문에 기차에서 내리기가 매우 힘들다. 마찬가지로, 칼륨이 세포 바깥에 이미 다량 존재한다면, 세포 안에 있던 칼륨이 세포 밖으로 나와 시스템을 리셋하기 힘들어진다. 심장 세포가 일단 수축되고도 칼륨이 세포 밖으로 탈출하지 못한다는 것은 심장이 리셋하고 휴식을 취하지 못한다는 뜻이다. 쉬지 못해 지친 심장은 결국 더 이상 뛸 수 없게 되고 심장 마비가 일어난다.

🌢 셔우드의 학살

셔우드는 아칸소주 리틀록 북쪽의 작은 마을이다. 1997년 11월 4일 저녁, 크리스티나 리그스Christina Riggs는 두 살 난 딸 셸비와 다섯 살 난 아들 저스틴을 침대에 뉘었다. 그러나 이 장면 속의 크리스티나는 사랑하는 두 아이를 재우는 자상한 엄마가 아니었다. 크리스티나의 행동은 아이에게 정을 듬뿍 쏟는 엄마의 행동과는 거리가 먼 냉혈한 살인극의 서막이었다.

크리스티나 리그스는 1971년 오클라호마주의 로튼에서 태어났는데, 정신적인 학대는 물론 성적인 학대에 노출된 채 성장했다. 열네 살 때 이미 심한 음주와 흡연, 그리고 마리화나까지 시작했을 정도였다. 삶의 출발은 비참했지만, 크리스티나는 고등학교를 졸업했을 뿐 아니라 간호조무사 자격증을 따기 위해 대학도 다녔다. 사는 곳에서 가까운 거리에 있던 재향 군인 병원에서 일하고 요양 보호 시설에서 파트타임 근무도 병행하면서 크리스티나의 삶은 안정을 찾아가는 듯 보였다. 착실한 남자 친구도 사귀었지만, 막상 아이가 생기자 남자는 배 속의 아이도 엄마도 버리고 떠나버렸다. 1992년 6월, 아들 저스틴이 태어났다.

첫 남편이 떠난 지 1년 만에 두 번째 남편을 만나 결혼했고, 1994년 12월에 딸 셸비를 낳았다. 1995년에 가족 모두가 크리스티나의 친정 어머니와 가까이 살기 위해 셔우드로 이사했다. 크리스티나 부부가 일하는 동안 아이를 맡길 믿을 만한 사람이 필요했다. 크리스티나는 침례교에서 운영하는 병원에서 간호사로 다시 일하게 되었다. 겉으로 보이는 것과는 달리, 크리스티나의 가족은 이상적인 가족과는 거리가 멀었다. 크리스티나의 남편은 저스틴의 ADHD(주의력 결핍 과잉 행동 장애)를 감당하지 못했다. 아이의 복부를 너무 세게 가격해 아이가 병원에서 치료를 받아야 했던 날도 있었다. 이 부부의 결혼은 결국 실패로 끝났고, 크리스티나는 다시 두 아이를 홀로 키워야 하는 싱글맘이 되었다.

과식과 운동 부족으로 크리스티나의 체중은 127킬로그램까지 늘었지만, 그럭저럭 직장은 잃지 않고 다닐 수 있었고 아이들의 의식주를 해결할 정도의 수입은 되었다. 그러나 본인의 우울증과 살면서 계속 반복된 잘못된 선택의 후유증이 결국 그녀를 집어삼켰다. 1997년 11월 4일, 크리스티나는 고단한 삶을 끝내기로 작정했다. 아이들과 자신의 삶을 끝낼 완벽한 방법을 발견했다고 생각했으나, 죽음은 그녀가 계획한 대로 와주지 않았다. 아이들에게 진정 효과가 있는 항우울제이며 아미트리프틸린amitriptyline 이라는 성분명으로도 알려져 있는 엘라빌 소아용을 두 아이에게 먼저 먹였다. 아이들이 졸기 시작하자 침대에 눕히고 2단계로 넘어갔다. 아이들에게 치사량의 염화칼륨을 주사하는 것이었다. 이 약이면 고통 없이 금방 죽음이 찾아올 것이라고 믿었지만, 크리스티나가 미처 모르는 것이 있었다. 칼륨을 고통 없이 주사하려면 특별한 방법이 동원되어야 했다.

크리스티나는 농축 염화칼륨을 그대로 저스틴의 경정맥에 주사했다. 염화칼륨은 혈류에 들어가기 전에 링거 주사액 속에 희석시켜 서서히 정맥으로 주입해야 한다는 것을 몰랐던 것이다. 모든 것이 갖추어진 병원에서, 혈중 칼륨 수치 저하로 충분히 희석된 칼륨을 링거 수액에 섞어 맞는 환자들도 칼륨이 정맥으로 유입되면 종종 혈관이 타는 듯한 고통을 호소한다. 진한 칼륨 용액이 직접 정맥으로 들어가자 희석되지 않은 칼륨은 저스틴의 정맥을 파괴해버렸다. 진정제를 맞은 상태였지만 저스틴은 비명을 지르며 온몸을 버둥거릴 정도로 고통스러워했다. 놀란 크리스티나는 병원에서 훔쳐온 또 하나의 주사기를 꺼내들었다. 이번에는 모르핀 주사였다. 하지만 모르핀도 제대로 효과를 보기 위해서는 정맥에 주사해야 했다. 고통으로 몸부림치는 저스틴을 붙들고 정맥을 찾기는 너무나 힘들었다. 주사기는 아이의 피부에 그대로 꽂혔고, 모르핀이 피하로 들어가고 말았다. 패닉 상태에 빠진 크리스티나는 아이의 얼굴을 베개로 눌러 비명 소리를 막았고, 질식한 아이는 산소 공급이 끊기면서 결국 죽고 말았다. 크리스티나는 셸비도 주사를 놓지 않고 베개로 얼굴을 눌러 질식사시키고는 자신의 침대에 두 아이의 시신을 나란히 눕힌 뒤 스스로 자살을 시도했다.

아이들과 함께 세상을 떠날 결심으로 엘라빌 성인용을 스물여덟 알이나 삼키고 직접 염화칼륨 주사를 놓았다. 하지만 팔 정맥에 칼륨을 주사하려는 첫 번째 시도는 실패하고 말았다. 주사액이 들어가자마자 정맥이 망가져버렸기 때문이었다. 심한 과체중으로 다른 정맥을 찾는 데 실패했고, 이미 주사한 염화칼륨은 기대했던 것처럼 심장까지 순환되지 못했다. 그래도 크리스티나는 정신을 잃고 쓰러져버렸다.

다음 날 아침, 크리스티나의 집에 온 친정 어머니가 안에서 잠긴 문을 열 수 없자 경찰을 불렀다. 문을 부수고 집 안으로 들어간 경찰은 이미 사망한 저스틴과 셸비, 그리고 침대 아래 의식 불명 상태로 쓰러져 있는 크리스티나를 발견했다. 크리스티나는 병원으로 급히 옮겨졌고 차츰 건강을 회복했다. 병원에서 퇴원하자마자 두 아이를 살해한 혐의로 체포되었다. 1998년 6월 30일, 45분의 평의 끝에 크리스티나 리그스에게 두 건의 1급 살인 혐의에 대해 유죄 평결이 내려졌다. 판사는 피고인에게 사형을 선고했고, 크리스티나는 아칸소주에서 150년 만에 처음으로 사형이 집행된 여성 죄수가 되었다. 아칸소주의 사형은 치사량의 염화칼륨 주사로 집행되었으니, 크리스티나의 사형은 말 그대로 운명의 장난 같은 일이었다.

💧 우리 몸은 방사능이다

사람은 누구나 방사능을 방출한다. 우리는 자연 환경 속에서 발견되는 방사성 물질을 매일 먹고 마시고 숨 쉰다. 우리 몸속에 있는 방사능의 주요 근원은 방사성 칼륨, 즉 칼륨-40이다. 평균적인 성인 한 사람의 몸에서 매초 대략 5000개의 칼륨-40 원자가 방사성 붕괴 과정을 거친다. 칼륨-40 원자가 붕괴되면, 우리 몸의 정상적인 구성 성분인 칼슘으로 변환되거나 아르곤 기체로 변환되어 폐가 숨을 내쉴 때 체외로 배출된다.

우리 몸에서 방사능 활동이 일어난다니 놀랍거나 두렵게 느껴질 수 있지만, 이 정도 수준의 방사능 노출은 전혀 해롭지 않다. 사실 칼륨이 우리 몸에 끼치는 치명적인 영향은 방사능 때문이 아니라 과도한 칼륨이 세포에 미치는 화학적 영향 때문이다.

다음 장에서 우리는 칼륨과 정반대의 성격을 가진 독성 화학물질에 대해 이야기해보고자 한다. 이 물질은 화학적으로는 우리 몸에 매우 유익하지만, 거기서 방출되는 방사능은 매우 치명적이다.

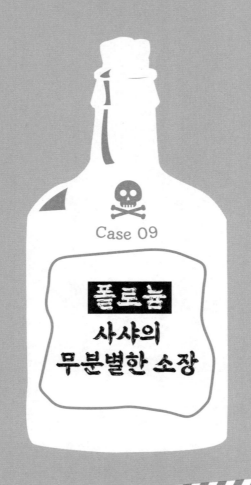

Case 09

폴로늄

사샤의
무분별한 소장

당신이 나를 침묵시킬 수는 있겠지만,
그 침묵에는 대가가 따를 겁니다.

— 알렉산더 리트비넨코, 러시아 망명객, 2006

⬥ 금속을 충분히 섭취하고 있습니까

3대 영양소는 누구나 들어 알고 있으리라고 생각한다. 지방, 단백질, 탄수화물이 바로 3대 영양소이자 기본적인 식품의 카테고리다. 이 영양소들은 언론에 의해 어떤 달에는 악마화되기도 하고 또 어떤 주에는 찬양의 대상이 되기도 한다. 그러나 건강한 몸을 유지하기 위해서는 이 세 영양소가 모두 필요하다는 것을 모르는 사람은 없다. 그런데 우리 식단에 금속이 필요하다는 사실은 잘 알려져 있지 않다. 나트륨, 칼륨, 칼슘 같은 물질은 화학적으로 금속으로 분류되지만, 일반적으로 금속이라 하면 우리는 철이나 구리 또는 알루미늄 같은 것을 떠올린다. 그럼에도 불구하고 금속은 인체에 중요한 역할을 한다. 호흡 작용에도 중요하고 감염과 싸울 때도 필요하며 뼈를 강하게 만들기 위해서도 없어서는 안 될 성분이다. 철은 모든 인체에 있어서 생명 유지를 위해 반드시 필요한 성분이며 혈액이 우리 몸 곳곳으로 산소를 실어 나를 때 중심적인 작용을 한다. 구리는 아연과 마찬가지로 건강한 면역 시스템에 필수적인 성분이다. 우리가 사용하는 휴대전화에 들어 있는 망간은 뇌 기능에 결정적인 역할을 한다. 이런 금속 성분들이 우리 몸에서 얼마나 중요한지를 생각하면, 인체가 식품으로부터 금속을 흡수하기 위한 특별한 메커니즘을 갖고 있다는 것이 아주 당연하게 느껴지기도 한다.

인체의 정상적인 기능에 반드시 필요한 금속도 있지만, 어떤 금속, 이를테면 납, 카드뮴, 폴로늄 등은 매우 치명적이다. 다행히 사람은 이런 금속과 마주칠 일이 극히 드물다. 이런 금속들은 땅 속 깊은 곳에 화합물이나 광물의 형태로 묻혀 있기 때문이다. 그러나 채굴 기술과 제련 기술의 발달로 이런 금속들도 쉽게 사람과 접촉할 수 있는 환경 속에 들어오게 되었고, 이제는 인체가 이런 금속에 노출될 확률이 높아졌다.

💧 폴로늄의 짧은 역사

1903년, 피에르와 마리 퀴리가 방사능 연구와 마리의 모국인 폴란드에 헌정하는 의미로 폴로늄polonium이라 이름 지은 새로운 방사능 원소의 발견에 대한 업적으로 노벨 물리학상을 공동으로 수상했다. 그러나 슬프게도 폴로늄의 방사능으로부터 피해를 입은 첫 사상자는 마리와 피에르의 딸, 이렌 졸리오퀴리였다. 이렌은 1956년, 이 방사성 금속에 노출되면서 생긴 것으로 보이는 백혈병으로 사망했다.

폴로늄은 1톤의 광석에 단 100밀리그램 밖에 존재하지 않는 매우 희귀한 물질이다. 1920년대에 물리학자들은 기존의 원소를 방사선으로 포격하면 새로운 원소를 만들 수 있다는 사실을 발견했다. 이때부터 물리학자들은 앞다투어 자기 손으로 새로운 원소를 발견하려는 경쟁에 뛰어들었다. 드디어 납에 방사선을 포격해 금으로 바꾸는, 중세시대 연금술사들의 꿈을 과학자들이 이룰 수 있게 된 것이었다. 그러나 그렇게 금을 얻는 데에는 얻어질 금보다 훨씬 큰 비용이 필요했다. 비스무트bismuth에 방사선을 조사하면 폴로늄-210이 생성된다는 사실도 밝혀졌다. 이어서 1950년대와 1960년대에는 동물 실험을 통해 폴로늄-210이 얼마나 위험한지 알려졌다. 1밀리그램, 즉 먼지 한 톨만큼의 폴로늄-210으로도 사람을 죽일 수 있었다.

폴로늄-210은 핵무기에서 연쇄 반응을 일으키는 촉발제로 쓰일 수 있음이 밝혀졌고, 한때 미국과 소련, 영국과 프랑스가 모두 핵폭탄을 만들 목적으로 폴로늄을 생성하는 원자로를 갖고 있었다.[1] 과학자들이 핵폭탄을 터뜨리는 데 삼중수소(수소의 방사성 동위 원소 중 하나)가 훨씬 더 효과적이라는 사실을 발견하자, 나토(NATO)에 가입된 핵 보유국들은 폴로늄 생산을 중단했고, 러시아만이 폴로늄-210을 생산하는 나라로 남았다. 지금은 우랄산맥 동쪽, 첼랴빈스크 근처에 있는 마야크 원자로가 세계 전체의 폴로늄 공급을 책임지고 있다.[2]

폴로늄-210은 완벽한 암살 도구라고 할 수 있다. 극히 적은 양으로도 치명적이어서, 같은 질량의 청산가리보다 25만 배나 더 치명적이다. 게다가 공항이나 항만의 검색 모니터로 쉽게 감지되는 감마선도 방출하지 않는다. 폴로늄 방사능에 노출되면 금방 죽지만, 암살자가 탈출할 정도의 시간은 충분히 벌어준다.

폴로늄-210은 완벽한 살인 무기일까? 2006년 런던에서 발생한, 마치 냉전 시대 범죄 스릴러 소설에서나 나올 법한 사건에 대해 읽어보고 독자들이 직접 판단해보기 바란다.

🌢 에드윈 카터 사건

에드윈 카터는 어쩐지 컨디션이 좋지 않은 상태로 집에 도착했다. 감기 기운이거나 음식을 잘못 먹은 탓이거니 했다. 밤 11시, 에드윈과 아내는 함께 잠자리에 들었는데 침대에 누운 지 채 10분도 못 되어 에드윈이 토하기 시작했다. 한 시간쯤 후, 에드윈은 조금 나아진 기분이 들었지만, 혹시나 또 아내와 아들의 잠을 깨울까 싶어 서재에서 혼자 자기로 했다. 밤새 토하고 나니, 에드윈은 완전히 녹초가 되었다. 계속해서 심한 위경련이 왔고, 숨 쉬는 것조차 힘들었다. 다음 날은 집에서 쉬기로 했지만, 아내는 제발 구급차를 부르자고 애원했다. 처음에는 구급차 부르기를 주저했지만, 하루가 지나고 다시 새벽 2시가 되어서도 상태가 좋아지지 않자 에드윈은 결국 아내 말대로 구급차를 불렀다.

구급차는 에드윈을 노스런던에 있는 바넷앤드체이스 팜 병원으로 데려갔다. 병원의 진단은 위장염과 탈수증이었다. 구토와 설사라는 증상에 비추어보면 이러한 진단명이 정답인 것처럼 보이지만, 카터의 백혈구 수치를 보면 이야기가 전혀 달라졌다. 병에 감염된 환자의 백혈구 수치는 평상시보다 높아지는 게 일반적이다. 백혈구는 우리 몸의 면역 시스템의 일부로 감염과 싸우는 것을 도와야 하기 때문이다. 에드윈의 혈액에서도 백혈구 수치가 높아졌을 것으로 기대했으나 놀랍게도 그 수치가 너무 낮았다.

여러 번 반복적으로 검사를 했음에도, 의사들은 그 이유를 찾지 못했다. 환자는 분명히 통증을 겪고 있었고, 설사와 구토도 멈추지 않고 반복되었다. 환자의 목에는 점점이 궤양이 나타났고, 그 때문에 먹거나 마실 때 심한 통증을 느꼈다. 의료진의 처음 처방은 광범위 항생제 시프로플록사신이었다. 의사들은 원인을 찾지 못해 쩔쩔매고 있었지만, 카터는 무엇이 잘못되었는지 알고 있다고 말했다. 그는 자신이 전직 KGB 요원이었으며, 중금속 탈륨에 중독된 것이라고 주장했다.

의료진은 환자가 헛소리를 하는 것인지 아니면 감염 때문에 뇌에 이상이 생긴 것인지 갈피를 잡을 수 없었다. 그런데 입원한 지 일주일이 지나자 에드윈 카터에게 이상한 증상이 나타나기 시작했다. 머리카락이 빠지기 시작했던 것이다. 의료진은 카터가 위장염이라고 진단했지만, 환자에게서 나타나는 증상은 위장염과 맞지 않았다. 거의 0에 가까운 혈소판 수치와 갑작스러운 탈모는 위장염 증상과 맞지 않았을 뿐 아니라 알려져 있는 어떤 질병의 증상과도 맞지 않았다. 카터는 계속해서 자신은 독성 물질에 중독되었다고 주장했다. 병원 측에서는 환자의 주장을 신뢰하지 않았지만, 병원의 독물학자들도 일단 중금속 중독 검사에 동의했다. 샘플을 분석한 결과 놀랍게도 탈륨 검사에서 양성 반응이 나왔다.

중금속 탈륨 중독이라는 예비 진단이 나왔지만, 카터의 몸에서 발견된 탈륨의 수치는 일반적인 환경 속에서 발견되는 것보다 아주 근소한 차이로 높을 뿐이었다. 그렇지만 이 진단으로 두 가지 상황이 벌어졌다. 첫 번째는 런던 경찰청에 이 사실을 통보했다는 것, 그리고 두 번째는 카터에게 당시까지 알려진 유일한 탈륨 중독 치료, 즉 프러시안 블루(7장의 청산가리에 대한 내용 참조) 치료가 시작되었다는 것이다. 자정 직후 경찰이 도착해서 카터와 면담을 시작했다.

카터의 첫 진술부터 놀라웠다. 그는 경찰에게 자신의 이름은 에드윈 카터가 아니라 알렉산더 리트비넨코이며 전직 KGB 요원이었다고 진술했다. 그는 KGB에서도 최고 비밀 부서에 소속된 중령이었다. 카터는 자신의 기묘한 이야기가 진실임을 밝혀줄 증거로 전화번호 하나를 건넸다. 그 번호로 전화를 걸자 마틴이라는 이름만을 밝힌 한 남성이 전화를 받았고, 곧 병원으로 오겠다고 대답했다. MI6 요원인 마틴은 카터가 전직 KGB 요원 알렉산더 리트비넨코이며 소련에서 탈출해 지금은 MI6에서 러시아 조직 범죄에 대한 자문을 해주고 있음을 확인해주었다.

사샤라는 애칭으로 불리던 알렉산더 발테로비치 리트비넨코는 1962년 12월 12일, 모스크바에서 남쪽으로 510킬로미터 떨어진 러시아의 소도시 보로네슈에서 태어났다. 할아버지처럼 사샤도 군에 입대해 소대장까지 진급했다. 1988년, 내무부 소속 특수부서로 전출되어 모스크바로 옮겼고, 그곳에서 KGB 요원으로 차출되었다. 리트비넨코는 방첩부대에서 '스파이 커리어'를 쌓은 후 조직 범죄, 부패 범죄, 테러 행위와 싸우는 부서에 합류했다. 1991년 크리스마스 다음 날, 소련이 붕괴되자 KGB도 함께 사라졌다. 리트비넨코가 소속되었던 KGB 부서는 FSB, 즉 러시아 연방 보안국이라는 새로운 간판을 달게 되었고, 그는 여기서도 계속해서 조직 범죄를 소탕하는 임무를 맡았다. 소련의 붕괴 이후, 하룻밤 사이에 러시아 경제는 공산주의식 계획 경제에서 자본주의식 완전 자유 경제로 바뀌어버렸다. 러시아를 1920년대 시카고처럼 만들어버린 '조직 보스'들이 활개를 치기에 최적의 조건이 펼쳐졌던 것이다.

리트비넨코는 자신의 직속 상관마저 범죄 조직과 손을 맞잡고 있으며 사회 곳곳에 부패가 만연해 있음을 발견하고는 러시아라는 국가의 시스템 전체에 환멸을 느꼈다. 그러던 중, 아프가니스탄에서 서유럽으로 이어지는 헤로인 밀매 조직의 범죄 증거를 확보했다. 그는 이 밀매 조직이 블라디미르 푸틴을 포함한 FSB 고위 관료들까지 연루된 신디케이트가 틀림없다고 확신했다. 첩보조직의 동료들이 보기에는, 기자 회견을 열고 FSB의 더러운 돈세탁을 까발린 리트비넨코의 행동은 대역죄와 다름이 없었다. "일부 관료들에 의해 FSB라는 조직이 국가와 국민의 안전이라는 헌법적 목적이 아닌 개인의 정치적 경제적 이익을 위해 이용되고 있습니다." 그는 기자들 앞에서 그렇게 말했다.[3] 리트비넨코의 상사들이 이런 폭로 기사에 눈살을 찌푸린 것은 당연했다. 그는 곧 체포되었고, 날조된 혐의를 덮어쓴 채 몇 달간 투옥되기까지 했다.

러시아와 유럽에서의 마약 밀매 범죄 조직을 은폐하는 데 푸틴이 연루되어 있다는 의심을 제기한 것도 그를 더욱 위험하게 만들었다. 이러한 주장에 대응하기 위해 푸틴은 TV 인터뷰에 모습을 드러냈고, 메시지를 무력화시키기 위해 메신저를 공격하고 비난하는 전술을 썼다. "FSB 요원은 기자 회견을 해서도 안 되고 내부의 스캔들을 대중 앞에 노출시켜서도 안 되는 것입니다." 1999년, 푸틴은 리트비넨코를 FSB에서 해임했다. 실직한 것도 불안하려니와 가족의 안전 자체가 매우 걱정스러웠던 리트비넨코는 거기서 한 발 더 나아간 대담한 행동에 나섰다. 서방으로 망명을 시도한 것이었다. 영국 정부는 리트비넨코에게 영국 여권과 암호화된 전화기, 그리고 2000파운드의 월급을 주었다. 리트비넨코는 MI6의 정보원이 되었다.

◉ 사샤의 무분별한 소장

평균적인 성인의 배 안에 차곡차곡 접혀 있는 장을 완전히 펼쳐 놓으면 길이가 대략 8.4미터 정도가 된다. 섭취한 음식을 소화시키고 영양분을 흡수하는 것이 임무인 소장은 위와 대장 사이에 있고 돌돌 말려 있는 조직을 풀어놓으면 길이가 약 6.9미터 정도에 이른다. 소장 안쪽에는 '내장 상피'라 불리는 단 한 겹의 세포가 둘러져 있다. 어떤 물건이나 물질이든, 그것을 운반하도록 특화된 수송체는 효율성이 최고의 덕목이다. 또한 운반 대상이 다르면 수송체도 달리해야 한다. 당분, 아미노산 그리고 지방은 인체의 곳곳에 도달하기 위해 상피에 있는 서로 다른 수송 단백질에 실려 운반된다.

금속도 나름의 수송체를 이용하는데, 철과 아연 같은 금속은 DMT1이라는 특수한 수송 단백질을 이용해 내장의 세포 속으로 들어간다. DMT1은 철, 구리, 아연을 차별하지 않고 활발하게 이 금속들을 체내로 운반한다. 그러나 DMT1은 인체가 필요로 하는 금속과 납, 카드뮴, 폴로늄 같이 인체에 해로운 금속을 구분하지 못한다. 인체에 해로운 금속과 마주쳐도 DMT1 수송 시스템은 아무런 의심 없이 그 치명적인 금속들을 우리 몸 안에 들여놓는다.

🌢 메이페어 살인 사건

MI6는 모스크바와의 관계와 러시아에서의 사업 관행에 대한 지식을 높이 평가해서 리트비넨코를 티톤인터내셔널에 소개했다. 이 회사는 구소련같이 새롭게 팽창하고 있는 시장에서 사업의 기회를 노리는 기업들을 도와주는 사업 정보 회사였다. 2005년, 리트비넨코는 한 통의 전화를 받았고, 그 후 이어진 통화에서 모스크바의 성공한 사업가 안드레이 루가보이와 저녁 식사 약속을 잡았다. 루가보이는 협력을 제안했다. 리트비넨코는 런던에 기반을 두고 있으면서 러시아에서 사업 기회를 찾고 있는 기업을 물색해오고 루가보이는 물망에 오른 러시아 기업의 현지 실사와 정보 수집을 맡는다는 구도였다. 2006년 11월, 루가보이가 런던을 방문했을 때 리트비넨코가 그를 만나고자 한 것은 당연한 수순이었다.

런던의 고급 상업 지구인 메이페어의 그로브너 스퀘어 남쪽 면에 지금도 밀레니엄 호텔이 있다. 같은 광장의 서쪽 면에는 드와이트 D. 아이젠하워 전 대통령과 로널드 레이건 전 대통령의 동상이 좌우에 서 있는 미국 대사관이 있었다.[4] 레이건 대통령 동상의 명판에는 냉전을 종식시키고 소비에트 연방을 와해시킨 공로가 새겨져 있었다. 미하일 고르바초프 전 소련 공산당 서기장의 헌사도 있었다. "레이건 대통령과 함께 우리는 대결의 세계에서 협력의 세계로 넘어왔다." 아이러니하게도, 레이건 동상 으로부터 엎어지면 코 닿을 자리에 있는 밀레니엄 호텔에서 전직 KGB 요원 알렉산더 리트비넨코 암살 작전이 실행되었다.

2006년 11월 1일 수요일 오후 4시가 조금 지난 시각, 두 명의 러시아인 안드레이 루가보이와 동업자 드미트리 코브툰이 밀레 니엄 호텔의 파인 바에 들어섰다. 겉으로 보기에 이 두 러시아인 은 가족과 함께 런던의 아스날과 CSKA 모스크바의 축구 경기를 보러 온 여행객이었다. 두 사람이 좌석을 정하자 웨이터가 다가 와 주문을 받았다. 우연의 일치였는지, 바에서 25년 이상 일한 이 웨이터는 수많은 유명인을 서빙한 베테랑이었다. 그의 서빙을 받 은 고객 중에는 영국 스파이 제임스 본드를 연기한 배우 중 가장 유명한 배우였던 숀 코너리도 있었다. 제임스 본드로서 코너리는 항상 러시아의 음모를 분쇄하는 초특급 스파이였지만, 이 날은 러시아가 승리할 운명이었다.

두 러시아인은 차를 주문했고 4시 30분, 리트비넨코가 바에 도착해 루가보이, 코브툰과 합석했다. 차는 이미 찻잔에 따라져 있었다. 루가보이는 웨이터에게 리트비넨코가 사용할 찻잔을 다 시 부탁했다. 찻주전자에는 차가 거의 남아 있지 않은 데다 많이 식어 있었지만 리트비넨코는 그 차를 몇 모금 마셨다. 그 몇 모금 의 차가 그의 운명을 결정지었다. 리트비넨코는 전혀 모르는 상 태였지만, 그의 몸은 이미 망가지기 시작하고 있었다.

🌢 거의 검출되지 않는 독

이제 병원에 있는 모든 사람이 리트비넨코가 무언가에 중독되었다는 사실을 인정했지만, 정확히 무엇에 중독되었는지는 여전히 오리무중이었다. 탈륨이라는 전제하에 프러시안 블루 치료를 했지만, 그 효과는 매우 미미했다. 결국 탈륨은 아니라는 결론이 내려졌다. 그렇다면 다른 중금속일까? 독극물 검사를 했지만 일반적으로 알려진 다른 중금속에 대해서 모두 음성 판정이 내려졌다.

그때, 리트비넨코를 치료하던 의사 중 한 명이 자신이 치료하는 백혈병 환자 중에서 화학 요법 치료를 받은 사람들이 보이는 증상과 리트비넨코의 증상이 비슷하다는 점을 간파했다. 그렇다면 리트비넨코에게 화학 요법 약물을 과다 처방했던 것일까? 방사능 오염의 가능성이 제기되었고, 가이거 계수기로 리트비넨코의 몸을 검사했다. 결과는 아무것도 검출되지 않았다. 그러나 가이거 계수기는 감마선만 검출할 수 있었다. 병원에는 감마선보다 희귀한 방사선인 알파선을 검출할 수 있는 장비가 갖춰져 있지 않았다. 올더마스턴에 있는 영국 핵무기 센터에서나 그런 장비를 쓸 수 있었다.

리트비넨코의 소변 샘플이 올더마스턴에 보내졌지만, 검사 결과가 나오기까지는 24시간을 기다려야 했다. 그러는 동안에도 리트비넨코의 생명은 서서히 꺼져가고 있었고, 그는 의식 소실과 회복을 반복하는 중이었다. 심장은 점점 약해졌고, 11월 22일 밤에는 심장 마비가 왔다. 응급 소생팀이 즉각 소생술을 실시했지만, 리트비넨코를 살려내는 데 30분이나 걸렸다. 다음 날 오후, 올더마스턴에서 전화로 소변 샘플의 검사 결과를 알려왔다. 중독 물질이 무엇인지 드디어 밝혀졌다. 폴로늄-210이었다. 소변에서 발견된 양은 치사량의 100만 배에 달했다. 리트비넨코가 그때까지 살아 있는 게 기적이었다.

나중에 리트비넨코의 혈액에서 발견된 폴로늄-210의 양은 26.5밀리그램이었다. 매우 적은 양이지만, 이 폴로늄이 그의 몸을 공격한 방사능의 양은 17만 5000장의 엑스선 사진을 한꺼번에 찍은 것과 맞먹는 양이었다. 폴로늄-210은 1밀리그램 미만의 극미량으로도 충분히 사람을 죽일 수 있다. 리트비넨코가 이 물질에 중독되었다는 것을 알아내기까지 그토록 오랜 시간이 걸렸던 이유는 그 이전까지 이 물질이 살인 무기로 쓰인 적이 없었기 때문이었다.

밀레니엄 호텔의 파인 바를 방문한 지 3주 후, 리트비넨코는 두 번째 심장 마비를 겪었다. 그리고 21분 후, 사망 선고가 내려졌다. 그의 병실은 봉쇄되었다.

리트비넨코가 사망하고 8일이 지나 병리학자들이 그의 사체를 검사했다. 그의 시신 부검은 서방에서 진행된 부검 중 가장 위험한 부검이었다. 부검에 참여하는 모든 사람에게 마치 온갖 음모론에 단골로 등장하는 네바다주의 비밀 USAF 시설, 에리어51에서 외계인의 시신을 부검하는 것과 다를 바 없는 철저한 방호조치가 취해졌다. 법의병리학자 너새니얼 캐리는 방호복 두 겹을 겹쳐 입고 장갑을 낀 후 손목을 테이프로 감아 밀봉하고, 머리에 쓴 플라스틱 후드 안으로 여과된 공기를 흡입했다. 두 번째 병리학자, 형사, 그리고 사진사도 비슷하게 방호복을 착용했다. 방사능 전문가가 옆에 서서 부검에 참여하는 사람들에게 튀는 피를 즉시 닦아냈다. 만약의 사태를 대비해, 누구든 이상 징후를 보이면 즉시 철수시킬 수 있도록 구급대원이 대기했다.

시신의 복부를 가르자 드러난 것은 온통 수축되거나 부패한 조직, 안팎으로 찢기거나 끊어지거나 녹아버린 조직의 흔적뿐이었다. 폴로늄의 방사능이 리트비넨코의 온몸을 무자비하게 파괴한 결과였다.

💧 방사능과 소장

매일매일 반복되는 소화와 영양 흡수 작용은 장 내막의 세포에도 스트레스를 주며, 세포가 죽으면 마치 일광 화상으로 피부가 벗겨지듯이 표면에서 벗겨져 떨어진다. 이렇게 죽은 세포는 소화되어서 다시 우리 몸이 새로운 세포를 만드는 데 재활용된다. 이런 과정 전체가 계속해서 연속적으로 진행된다. 사실, 소장 내막의 모든 세포는 대략 3일에서 7일마다 교체된다. 따라서 소장 내막은 우리 인체에서 교체 주기가 가장 빠른 조직에 속한다. 세포가 이렇게 빠르게 성장하고 자주 교체되려면 DNA 합성도 자주, 많이 일어나야 하며, 이 과정이 놀라울 정도로 효율적이라 하더라도 그 속도 때문에 내장은 DNA 합성을 방해하는 물질에 극도로 예민해진다.

각각의 세포 내부에는 세포핵이 있는데, 세포핵은 게놈을 감싸고 있고, 게놈에는 새로운 세포를 만들어내는 데 필요한 모든 암호가 들어 있다. 맷 리들리Matt Ridley는 자신의 책 《생명 설계도, 게놈》에 이렇게 썼다. "게놈이 한 권의 책이라고 상상하자. 그 책은 '염색체chromosome'라고 하는 23개의 장으로 이루어져 있다. 각각의 장에는 '유전자gene'라고 하는 수천 개의 이야기가 쓰여 있다. 그리고 각 이야기는 '엑손exon'이라 불리는 문단으로 이루어져 있는데, 문단 사이사이에 '인트론intron'이라고 하는 광고가 삽입되어 있다. 각 문단은 '코돈codon'이라고 부르는 단어들로 이루어져 있고, 이 각각의 단어는 '염기base'라고 부르는 글자로 쓰여 있다." 이 책에는 대략 30억 개의 글자, 약 성경 25만 권 분량이 들어 있지만, 그 모든 정보가 핀 끝보다도 작은 구조 속에 들어 있다. 인체의 각 세포에 들어 있는 DNA를 일렬로 늘어놓으면 길이가 약 20미터에 이르는데 나선처럼 단단하게 감겨서 겨우 6마이크론(1마이크론은 100만분의 1미터) 크기의 핵 속에 들어 있다.

DNA 자체는 네 글자의 코드, A, T, G, C 중 세 개를 연속으로 배열한 조합으로 이루어져 있으며, 이 조합의 배열은 근육이든 심장이든, 뇌든 내장이든 우리에게 필요한 모든 세포의 단백질을 만드는 청사진이 된다. 하나의 세포가 분열할 때마다 30조 개의 글자가 완전히 똑같게, 실수 없이 복사되어야만 한다. 어마어마하게 방대한 작업처럼 보이는 과정이지만, 세포 하나가 30조 개의 글자에 이르는 DNA 시퀀스를 완전히 복제하는 데에는 한 시간 정도가 걸릴 뿐이다. 중세 시대 수도원에서 책을 필사하던 수도사와 비교한다면, 하루 열네 시간씩 필사에 전념하는 수도사가 성경 한 권에 들어 있는 대략 300만 자를 필사하는 데는 평균 4년이 걸렸다.

가끔은 사소한 실수도 일어나는데, 세포는 이런 실수를 보정하는 수선 메커니즘을 갖고 있다. 그러나 DNA에 대규모의 손상이 일어나면 수선이 불가능해진다. 가끔씩만 분열되는 세포들은 DNA 손상의 영향을 덜 받는다. 그러나 매우 빠른 속도로 분열하는, 이를테면 장 세포나 면역 시스템의 세포 같은 경우에는 핵 안에서 DNA 가닥을 끊는 모든 것에 극히 예민하다. DNA 가닥을 파괴할 수 있는 것들 중 하나가 방사능으로, 방사능에 의해 손상을 입은 DNA 사슬은 회복이 불가능하다.

폴로늄-210은 알파 입자 방사선을 방출한다. 대부분의 알파 입자는 무해하며 종이 한 장, 심지어는 우리 몸을 감싸고 있는 피부만으로도 쉽게 막아낼 수 있어서, 알파 입자 방사선에 노출된다고 해도 위험한 경우는 거의 없다. 그러나 이 방사선을 섭취한다면 문제가 달라진다. 리트비넨코를 죽게 한 폴로늄의 정확한 형태는 밝혀지지 않았지만, 아마도 염화폴로늄의 형태로 섭취했을 것으로 보인다. 폴로늄은 실온에서는 고체 상태지만, 염화폴로늄으로 변환시키면 물에 용해되기 때문에 흡수하기 쉬워진다. 이렇게 섭취된 폴로늄을 치명적인 금속으로 인식하지 못하는 소장의 DMT1은 폴로늄이 세포에 들어가지 못하도록 막기는커녕 어떤 위험이 도사리고 있는 줄도 모르고 열심히 세포 안으로 끌어들인다.

세포 안으로 진입한 폴로늄이 붕괴하면서 방출한 알파 입자는 건물을 파괴하는 커다란 금속구와 똑같이 행동한다. DNA 가닥은 회복 불가능할 정도의 자잘한 조각으로 깨지고, 수송 단백질은 폭탄 맞은 건물처럼 산산이 부서진다. 세포는 이런 방사능의 대학살에 맞설 아무런 방어 기제도 갖고 있지 않다. 알파 입자는 모든 세포가 갖고 있는 또 다른 구성 요소에도 영향을 미친다. 바로 물이다. 프로 복서의 맨주먹에 턱을 제대로 맞으면 치아가 왕창 나가버리는 것처럼, 알파 입자에 두들겨 맞은 물 입자는 전자를 잃어버린다. 갑자기 전자를 잃어버린 물은 활성 산화제를 형성한다. 반응성이 높은 이 분자는 세포 속으로 스며들어 단백질과 세포막, DNA의 중요한 화학적 결합을 끊어버린다. 폴로늄-210이 장벽을 망가뜨리면 박테리아 감염이 증가해 복막염과 독성 쇼크 증후군toxic shock syndrome*을 일으킨다. 복막염이나 독성 쇼크 증후군은 그 자체만으로도 심각한 질병이다.

폴로늄-210은 장에서 혈류로 스며들었다가 간에서 일단 멈춘다. 간에 도착한 알파 입자는 로마를 점령한 반달족이 그랬던 것처럼 무차별적으로 간 세포를 파괴한다. 간이 담당하는 여러 기능 중의 하나가 늙은 적혈구가 분해될 때 나오는 찌꺼기 같은 우리 몸의 노폐물들을 깨끗하게 치우는 것이다. 폐기된 적혈구가 분해되면 헤모글로빈이 방출되고 헤모글로빈은 담록소라는 화합물로 분해된다. 건강한 사람이라면 간이 담록소의 성분들을 재빨리 재활용하지만, 손상된 간에서는 담록소가 축적되어 황달 환자의 특징인 황녹색 피부로 변한다. 간에서 나온 폴로늄-210이 심장으로 들어가면 알파 입자가 심장 근육을 갈가리 찢어놓고 결국은 심부전을 일으킨다. 분열 속도가 빠른 체내의 다른 세포들도 철저히 망가지는데, 모낭 세포도 그런 세포 중 하나이기 때문에 머리카락이 뭉텅뭉텅 빠지는 것이다.

---

* 38~39도의 고열, 오한, 발진, 두통, 피로, 저혈압, 구토, 설사, 근육통 등 인체가 세균에 감염되었을 때 생성되는 독성 물질들이 혈류로 침투함으로써 발생하는 다양한 증상.

치명적인 방사능은 마지막으로 면역 시스템의 세포를 공격해서 우리 몸을 감염으로부터 보호해주는 백혈구를 파괴한다. 백혈구의 원천은 골수다. 골수에서 줄기 세포라고 불리는 세포가 빠른 속도로 분열하고 증식해서 혈류 속에서 발견되는 다양한 세포, 이를테면 적혈구와 백혈구로 성숙한다. 앞에서 보았듯이, 빠르게 분열하는 세포는 방사능의 쉬운 목표물이고, 면역 시스템의 혼돈 상태가 계속되면 혈액 속의 백혈구 수치가 급격하게 떨어진다. 골수는 혈액의 응고를 책임지는 혈소판의 원천이기도 하다. 골수가 손상되면 혈소판 수치도 떨어지고 어디선가 출혈이 생겨도 혈액이 응고되지 않기 때문에 내출혈로 인한 혈액 손실이 발생한다. 말 그대로 온몸이 산산조각으로 부서지는 동안 리트비넨코는 이 모든 증상을 겪다가 끝내 죽음을 맞았다.

🌢 누가 리트비넨코를 죽였나

만약 리트비넨코를 암살하는 데 쓰인 폴로늄을 일반 시장에서 구입했다면, 그 가격이 수천만 달러는 족히 되었을 것이다. 아무리 돈 많고 한이 많은 사람이라도 누군가를 암살하기 위해 한 개인이 그만한 비용을 지출할 수는 없을 것이다. 아마 러시아 범죄 조직의 보스라 해도 불가능했을 일이다. 그러나 국가로부터 지원을 받는 조직이었다면 어렵지 않았을 것이다. 폴로늄의 유일한 원천은 원자로뿐이다. 폴로늄-210은 한 번 만들어질 때마다 화학적 시그니처, 즉 화학적 지문이 달라진다. 리트비넨코를 죽이는 데 쓰인 폴로늄은 러시아의 마야크 핵 시설에서 만들어졌으며 10월에 항공편으로 런던에 반입되었다.

리트비넨코가 마신 차에 폴로늄-210을 넣은 사람이 안드레이 루가보이와 드미트리 코브툰임을 말해주는 증거는 충분하다. 범행의 동기가 개인적인 원한이었는지 상부의 명령에 따랐을 뿐인지는 분명하지 않다. 그 두 사람이 폴로늄-210을 얼마나 대담하게 다루었는지를 보면, 그 물질이 얼마나 위험한 것인지를 그들은 전혀 몰랐던 것 같다. 루가보이는 심지어 여행에 동반했던 여덟 살 난 아들을 폴로늄을 탄 차를 마신 리트비넨코와 악수하게 했다. 루가보이와 코브툰이 갔던 곳마다, 그들이 만지거나 앉았던 곳마다 알파선의 흔적이 뚜렷하게 남았기 때문에 그 흔적을 따라 그 두 사람이 거쳐 간 장소를 지도로 그릴 수 있을 정도였다.

과학자들이 루가보이가 묵었던 호텔 방에 들어가 보니 마치 원자로에 들어선 것 같았다. 스위트룸의 거실은 방사능 수치가 3000을 훌쩍 넘었다. 화장실은 더 심해서, 방사능 감지 장치가 그 수치를 제대로 측정할 수 없을 정도였다.

루가보이와 코브툰이 하수인에 불과했다는 것은 누구나 알 수 있었지만, 그들에게 리트비넨코의 암살을 지시한 사람 또는 조직에 대해서는 지금도 베일에 싸여 있다. 리트비넨코 본인은 블라디미르 푸틴이 직접 명령을 내렸을 거라고 확신했다. 그의 믿음이 정확한 정보에서 나온 것인지 과도한 자기 확신인지는 분명치 않다. 푸틴이 직접 개입할 정도로 리트비넨코가 중요한 인물이었을까? 리트비넨코와 푸틴 사이의 대립에는 분명히 개인적인 차원도 있고, 아마도 이 암살 작전에 어느 정도 영향을 미쳤을 가능성도 있다. 리트비넨코 암살에 대한 영국 정부 보고서의 많은 증거가 아직도 일급 기밀로 분류되어 있다. 그러나 이 보고서는 "대략적으로 말해서, 푸틴 대통령 본인과 FSB 고위직을 포함한 푸틴 정부의 인사들은 리트비넨코를 제거하는 것을 포함해서 그에 대해 행동을 취할 만한 동기를 가지고 있다"[5]고 분명하게 밝히고 있다. 리트비넨코의 아내와 아들은 FSB의 고위직 인사들이 범행을 사주했을 것이라는 쪽에 더 큰 무게를 두고 있다. FSB는 리트비넨코가 조직의 내부에서 있었던 일들을 외부로 노출시킨 배신자라고 믿고 있으며, 비슷한 폭로를 계획하고 있는 사람들에게 본보기를 보여주기 위해 리트비넨코를 처리해야 했으리라는 것이다. 리트비넨코의 죽음에 러시아 정부가 개입되어 있다는 주장에도 불구하고 모스크바의 관료들은 이 사건에 개입하거나 암시장에서 폴로늄을 거래한 사실이 없다고 강력하게 부인해 왔다. 2007년 5월, 영국 검찰청은 안드레이 리트비넨코 살인 사건의 범인으로 루가보이를 기소했다. 푸틴은 루가보이를 영국에

인도하기를 거부했다. 루가보이는 기자 회견을 자청해 자신은 결백하며, 자신에 대한 혐의는 어떠한 근거도 없이 날조된 증거에 의한 것일 뿐이라고 주장했다. 그의 기자 회견이 열린 장소는 리트비넨코가 러시아 연방 보안국에 소속된 상태에서 러시아 정부의 부패상을 고발했던 바로 그 방이었다.

지금까지 알려진 바로는 폴로늄-210으로 살해된 사람은 알렉산더 리트비넨코가 유일하다. 이 독약이 핵무기 시대 이전에는 존재하지도 않았다는 점과 너무나 비싼 무기라는 점이 그 원인일 것이다. 독약으로서 폴로늄-210의 수명은 매우 짧았지만, 다음 장에서는 고대 로마 시대부터 알려졌고 흔히 쓰여 왔던 독약이 등장한다.

Case 10

비소
무슈 랑즐리에의
코코아

그들은 그가 먹을 고기에 비소를 넣었다.
그리고는 잔뜩 겁먹은 얼굴로 고기를 먹는 그를 쳐다보았다.
_A.E. 하우스먼, 《슈롭셔의 젊은이 A Shropshire Lad》, 1896

🫧 비소의 간략한 역사

　가장 역사가 길고 가장 흉악한 종류의 독약을 찾는다면 아마 비소일 것이다. 알렉산더 대왕의 죽음의 원인이었으며, 클레오파트라는 비소로 자살을 하려고 했고, 네로가 로마 황제의 자리에 오를 수 있게 해준 것으로도 알려진 비소는 고대 이래 지배자를 죽이기도 하고 누군가를 왕좌에 앉히기도 했다. 따져보자면, 비소의 영어 이름, 'arsenic' 자체가 '사내다운' 또는 '남성적인'의 뜻을 가진 그리스어 'arsenikos'에서 왔다.

　르네상스 시대 유럽에서 가장 악명 높은 비소 중독의 범죄자를 든다면 아마도 보르자 가문의 사람들일 것이다. 스페인 출신의 교황 로드리고 보르자가 이 가문의 수장으로, 로마 가톨릭 교회의 위계를 한 계단씩 올라가 교황 알렉산더 4세가 되기까지 그가 지나간 길은 독약으로 얼룩졌다 해도 과언이 아닐 것이다. 아들 체사레, 딸 루크레치아와 함께, 로드리고 보르자는 다양한 비소로 실험을 하며 가장 효과가 좋은 독약을 찾고자 했다. 보르자 사람들의 비소 독약 레시피 중 한 가지를 보면, 우선 비소를 죽은 돼지 꼬리에 적셔서 썩게 놓아둔다. 썩은 돼지 꼬리를 바싹 말려 가루로 낸 다음 다른 재료들과 섞어 칸타렐라cantarella라는 독약을 만든다. 전설에 따르면, 이 독약은 너무나 치명적이어서 보르자 가문 사람들이 죽은 후 그 제조법을 완전히 파괴해버렸다고 한다.

교황으로서 로드리고에게는 가톨릭 교회의 추기경을 지명할 권한이 있었다. 추기경이 된다는 것은 매우 큰돈을 벌 수 있는 기회였다. 추기경으로 임명된 사람은 면죄부를 팔아 개인적인 부를 축적할 수 있었기 때문이다. 이들에게 면죄부란 죄를 짓기에 앞서 미리 죄 사함을 받기 위해 추기경에게 돈을 주고 사는 것으로, 어떤 사람들은 심지어 교회를 나서자마자 죄를 지을 작정을 하고 면죄부를 사기도 했다. 추기경이 상당한 정도의 부를 쌓으면, 보르자 가문이 주최하는 초호화 연회에 초대를 받곤 했다. 자신의 앞일에 대해 아무것도 모르는 추기경은 칸타렐라가 잔뜩 들어 있는 포도주를 고주망태가 되도록 마셔댔다. 다음 날, 추기경의 갑작스러운 죽음에 대해 영문을 모르는 주변 사람들은 망연자실, 슬퍼하며 고인의 죽음을 애도했다. 교회법에 따르면 죽은 추기경의 부와 재산은 교회로 귀속되도록 되어 있었다. 즉, 보르자 가문의 소유가 된다는 뜻이었다.

마치 범죄 조직 같았던 보르자 가문 사람들은 부지런히 기술을 발휘해 이탈리아에서 최고의 갑부 가문이 되었다. 보르자 가문의 위상은 돈 많은 가문의 남자와 세 번이나 결혼한 딸 루크레치아와 교황군 총사령관의 지위에 오른 아들 체사레에 의해 더욱더 공고해졌다. 그러나 보르자 왕국도 오래가지 못했다. 추기경 몇 명을 초대해 교황과 가족들이 만찬을 하기로 한 날, 로드리고와 체사레는 일찍 귀가해 포도주를 가져오라고 시켰다. 실수였는지 고의였는지, 하인이 가져온 포도주 병에는 비소가 들어 있었다. 늙은 교황은 죽었지만 아직 나이가 젊었던 체사레는 독에 중독되었다는 것을 간파하고 노새를 잡아서 가죽을 벗긴 뒤 그 가죽을 뒤집어 썼다. 당시에는 독에 중독되면 갓 잡은 동물의 사체로 온몸을 덮는 것이 치료법 중 하나였다. 그 치료법이 효과가 있다는 유일한 증거라면 체사레가 회복되었다는 기록뿐이다. 중독에서 회복은 되었으나 아버지가 죽은 후 체사레는 그토록 열심히 쌓아 올렸던 과거의 부와 권력을 다시는 회복하지 못했다. 체사레는 1507년 사소한 실랑이 끝에 벌어진 싸움에서 서른한 살의 나이로 죽었다. 루크레치아는 조금 더 나은 삶을 살았다. 자신이 과거에 저지른 죄를 회개했는지, 종교적 헌신에 자신의 삶을 바쳤다. 그러나 독약으로서 비소의 인기는 보르자 가문 사람들이 모두 죽은 후에도 수세기 동안 이어졌다.

1600년대 프랑스에서는 눈치 없이 명줄 긴 돈 많은 친척을 제거하는 데 비소가 널리 쓰인 탓에 비소를 '상속의 가루poudre de succession'라고 부르게 되었다.[1] 광석 퇴적물로부터 비소를 추출하는 것은 어렵고 시간이 많이 걸리는 공정이었기 때문에, 비소의 값은 매우 비쌌다. 따라서 비소로 사람을 죽이는 것은 돈 많은 부유층이나 저지를 수 있는 범행이었다. 그러나 산업 혁명과 산업 혁명의 연료라 할 수 있는 철과 납의 수요 증가가 상황을 바꿔놓았다. 철이나 납 같은 금속이 들어 있는 광석에는 대개 비소가 함께 들어 있었다. 순수한 금속을 얻으려면 광석을 대형 가마에 넣고 고온으로 가열해서 금속을 녹여내야 했다. 비소는 산소와 반응하여 삼산화비소가 되는데, 이 물질은 하얀 가루로 응축되어 가마의 굴뚝 벽에 달라붙었기 때문에 굴뚝이 막히지 않게 하려면 주기적으로 긁어내야 했다.

그러나 이 '백비white arsenic'가 바퀴벌레나 쥐, 유기 동물 등 모든 해충이나 해로운 동물(그리고 못마땅한 친척이나 변심한 애인까지)을 죽이는 데 안성맞춤 독약이라는 것을 깨달은 사람들은 이 가루를 그냥 버리지 않았다. 이제 비소를 대량으로 생산할 수 있게 되었으니 생산 비용은 급격히 감소했고, 따라서 아주 가난한 사람들도 골치 아픈 문제를 해결하는 데 비소를 쓸 수 있게 되었다. 1851년, 실수로든 고의로든 비소 중독이 커다란 대중적 문제로 대두되자 영국 의회는 비소의 구입을 규제하는 비소법Arsenic Act을 통과시켰다.[2]

청산가리가 프러시안 블루를 만드는 데 바탕이 되었던 것처럼, 칼 빌헬름 셸레는 비소를 이용해 훗날 그의 업적을 기려 '셸레 그린Scheele's green'이라 부르게 된 밝고 선명한 녹색을 만드는 방법을 개발했다. 이 녹색은 의상, 벽지, 사탕 장식, 완구, 비누 등 쓰이지 않은 곳이 없을 정도로 큰 인기를 얻었다. 심지어는 유명한 '분젠 버너'를 만든 독일의 화학자 로베르트 분젠Robert Bunsen도 비소의 대유행에 편승하고 싶어 했다. 어느 날, 비소 화합물을 가지고 실험을 하다가 가까이 있던 유리 비커가 폭발하는 바람에 오른쪽 눈이 거의 빠질 뻔했고, 분젠은 그 후로 평생 반 맹인으로 살아야 했다.

누군가를 독살하려는 의도를 가진 사람에게 비소가 그토록 매력적인 이유는 의사들이 비소 중독의 증상을 일반적인 질병의 증상과 구별하기 매우 어려워 한다는 점 때문이다. 피해자의 몸에 오랜 세월에 걸쳐 소량의 비소가 축적된 결과 사망에 이르렀을 경우는 더욱더 그러하다. 비소 중독은 종종 콜레라, 독감, 심지어는 단순한 식중독으로 오인되기도 한다. 20세기 전까지 이런 질병은 아주 흔한 일상의 하나였다. 얼마나 많은 살인이 이런 질병의 결과라고 묻혀버렸을지는 알 수 없는 일이다.

급성 비소 중독의 초기 증상으로는 위통, 심한 구토와 설사 등이 있다. 체내의 수분을 계속 잃다 보면 탈수로 인한 심한 갈증과 함께 극심한 복통이 찾아온다. 급성 비소 중독으로 사망한 피해자의 시신은 약간 쪼그라들거나 수척해진 것처럼 보이기도 하는데, 급격하고 극심한 탈수 때문이다. 구토와 설사는 위장 내벽이 자극을 받은 탓인데, 부검을 해보면 위장 내벽에서 출혈 병변이 발견된다. 또한 비소는 소장도 공격하는데, 소장에서도 비슷한 병변이 발견된다.

그러나 비소는 일회적으로 다량 섭취했을 때에만 사람을 죽이는 것이 아니다. 장기간에 걸쳐서 아주 소량씩 계속해서 섭취하는 것도 치명적인 결과를 가져온다. 비소는 배출되지 않고 체내에 축적되기 때문이다. 이런 경우를 만성 중독이라고 부른다. 천천히 진행된 만성 비소 중독은 일반적인 질병으로 인한 자연사처럼 위장하고자 하는 사람들에게 더 선호되는 살인의 방법이다. 비소 중독 살인범들 중 상당수가 피해자를 정성껏 돌보던 간호사나 배우자이고, 이들은 원하는 결과를 얻을 때까지 반복적으로 비소를 투여할 수단을 갖고 있는 사람들이다. 이렇게 아주 적은 양이면 두통, 오심, 어지럼증 등과 함께 구토와 설사 증상이 나타난다. 신경 손상이 누적되면 심장 박동 수를 증가시키는 불규칙적인 심장 박동과 함께 근육 경련과 마비 증상도 나타난다. 다발성 장기 부전으로 사망할 때까지 피해자는 수십 일을 이런 증상으로 고통받으며 살 수도 있다. 만성 비소 중독의 공통적인 특징은 피부에 짙은 반점(색소 침착)과 비소성 각질이라는 딱딱한 각질이 생긴다는 점이다. 비소 중독 환자의 손톱을 검사해보면, 손톱 바닥까지 평행으로 뻗어 있는 수직선인 '미스선Mees lines'이 나타나 있는 것을 볼 수 있다.

비소가 독약으로서 인기가 있는 데에는 성질상의 두 가지 이유가 있다. 첫째는 물에 잘 녹는다는 점이고, 두 번째는 여타의 식물성 알칼로이드 독약과는 달리 비소는 거의 아무 맛도 없다는 점이다. 따라서 음식에 비소 가루를 살짝 뿌리거나 수프, 스튜 등에 넣고 섞기도 쉽다. 그러나 가장 일반적인 방법은 피해자가 일상적으로 마시는 술, 커피 또는 코코아 등에 비소를 넣어 녹이는 방법이다.

충분한 양의 비소를 이렇게 탄 음료를 마시면, 단 한 모금만으로도 생명을 빼앗을 수 있다. 그러나 동유럽 고산 지대 주민들을 포함한 일부의 사람들은 다른 사람들 같으면 치사량에 해당하는 양의 비소를 섭취하고도 살아남았다.

◐ 비소를 먹는 사람들

오스트리아의 그라츠* 근처, 헝가리와의 국경 부근에 스티리아라는 지역이 있다. 보디빌딩 세계 챔피언 출신으로 영화배우였으며 캘리포니아 주지사였던 아널드 슈워제네거가 이 지역 출신의 대표적인 유명 인사이다. 대략 슈워제네거가 태어나기 100년 전인 1851년, 스위스의 박물학자 요한 야콥 폰 추디Johann Jakob von Tschudi의 놀라운 보고서가 빈 의학 저널에 발표되었다. 스티리아의 산악 지대에 사는 농부들은 비소를 일종의 강장제로 늘 복용한다는 내용이었다.

이 지역의 농부들은 일주일에 두세 번씩 비소를 입에 넣고

---

* 오스트리아 남동부 슈타이어마르크주의 주도.

이로 깨물어 먹거나 갈아서 그 가루를 빵에 뿌려 먹곤 했다. 농부들은 비소가 스티리아 알프스의 고산 지대에서 호흡을 더 편하게 해주며, 몸집을 더 우람하게 해주고 소화에도 도움이 되며, 질병 예방 효과가 있을 뿐 아니라 성 기능도 강화시켜 준다고 주장했다. 여성들은 비소를 먹으면 몸매의 곡선이 더 아름다워질 뿐 아니라 피부색이 좋아져서 '복숭아색 크림빛' 얼굴이 된다고 이야기했다. 비소가 헤모글로빈, 그리고 적혈구 세포까지 생성을 촉진하는 것은 사실이다. 헤모글로빈이 증가한다는 것은 혈액 순환을 통해 우리 몸의 구석구석까지 운반되는 산소도 증가한다는 뜻이 되므로, 비소가 고산 지대에서 호흡에 도움을 준다는 스티리아 주민들의 말이 전혀 허무맹랑한 말은 아닐 수도 있다.

스티리아 사람들이 비소를 처음 먹기 시작한 것은 1600년대, 이 지역에서 채광이 시작되면서부터였다. 비소를 포함하고 있는 광물을 제련하면 흰색 분말 형태의 삼산화비소가 가마 위의 굴뚝 안쪽 벽에 달라붙는다. 그들은 소금처럼 생긴 이 분말을 모아서 빵에 뿌려 먹거나 커피같이 따뜻한 음료에 타서 마셨다. 광부들이 왜 비소를 먹기 시작했는지, 어디서 그런 아이디어를 얻었는지는 아직도 수수께끼다. 젊은이들은 쌀 한 톨 크기의 소량 섭취로 시작해서 일반적인 사람들에게는 치사량에 달하는 만큼의 비소를 아무런 부작용 없이 소화시킬 수 있을 때까지 조금씩 섭취량을 늘려갔다. 사실 비소를 먹는 사람들은 40년 이상을 거의 주기적으로 비소를 먹으면서 감염성 질병에 거의 걸리지 않고 대부분 장수했다. 많은 사람이 평범한 성인에게는 치사량 이상인 300밀리그램 정도의 비소를 매번 섭취했다. 한 사람은 주기적으로 1그램에 가까운 양의 비소를 먹은 것으로도 알려졌다. 이 지역에서는 사람들만 비소를 섭취한 것이 아니라 말에게도 비소를 먹였다. 놀랍게도, 스티리아 사람들은 비소를 먹인 말이 건강도 몸집도 좋아졌으며 체력도 더 좋아졌다고 주장했다.

사실 비소는 많은 동물의 필수 미량 영양소 중 하나다. 병아리에게 미량의 비소를 먹이면 혈관 형성이 촉진되어서 병아리가 통통하고 혈색이 좋아진다는 연구 결과도 있다. 2013년부터 미국은 모든 병아리의 사료에 비소를 포함시키도록 하고 있다. 비소가 인간에게도 필수 미량 영양소인지는 확실하지 않지만, 혈액의 공급을 돕고 고도가 높은 지역에서 체력을 개선시키는 데 도움이 될 가능성이 매우 높다.

1800년대부터 과학계와 의학계에서는 비소의 치명적인 독성을 잘 알고 있었기 때문에, 사람이 비소를 먹고도 끄떡없이 살아갈 수 있다는 이야기는 빅풋이나 네스호의 괴물에 버금가는 괴담으로 보였다. 이 새로운 발견에 대한 불신을 떨쳐버리려면 대중들 앞에서 과학적으로 시연을 하는 것이 적당할 듯했다. 1875년 그라츠에서 열린 제48차 독일 예술과학 협회 총회에서 비소를 먹는 사람 두 명이 청중들에게 소개되었다. 이 자리에서 한 사람은

400밀리그램, 나머지 한 사람은 300밀리그램의 비소를 먹었다. 다음 날, 두 사람은 완벽하게 건강한 상태로 다시 청중들 앞에 나타났다. 게다가 이 사람들의 소변 샘플에는 다량의 비소가 들어 있었다. 비소의 섭취량을 점진적으로 조금씩 늘린다면, 비소를 먹고도 가시적인 부작용 없이 멀쩡할 수 있다는 사실을 더 이상 부정할 수 없게 되었다.

비소를 섭취할 때 나타나는 더욱 기이한 결과는 이 독약이 사후 시신의 부패를 촉진하는 박테리아까지 죽여버린다는 것이다. 스티리아에서는 매장한 지 12년이 지나면 분묘를 개장해 시신을 꺼내서 토굴에 안치하는 것이 장례 풍습이다. 새로운 사망자를 매장할 수 있도록 공간을 양보하는 것이다. 비소를 섭취한 사람의 시신은 12년이 지나도 친지나 가족들이 망자를 알아볼 수 있을 정도로 보존 상태가 양호했다. 비소는 사후 시신의 부패를 놀라울 정도로 늦추는 효과가 있는데, 이 효과를 독물학자들은 '비소 미라화arsenic mummification'라고 부른다. 중앙 유럽과 동유럽에서 시작된 죽지 않는 뱀파이어의 전설은 어쩌면 생전에 비소를 섭취한 덕분에 시신이 너무나도 잘 보존되었던 사람들로부터 시작된 것이었을지도 모른다는 주장도 있다.

비소를 먹는 사람들의 건강 상태에서 발견되는 효과가 알려지다 보니, 약품과 화장품에서도 비소가 인기 있는 재료가 되었다. 보통 사람들도 비소에 열광했을 뿐 아니라 법조계에서도 비소를 적극 활용하기 시작했다.

비소의 독성으로 사람을 살해했다는 혐의를 받는 의뢰인을 변호하게 된 변호사들은 소위 '스티리아 변호법Styrian defense'라 불리는 변론 전략을 썼다.[3] 시신에서 발견된 비소는 범죄의 증거가 아니라 피해자가 비소를 강장제로 섭취한 결과라는 이론을 내세웠던 것이다. 중독에 의한 사망이 피해자 본인의 의도에 따른 것이었다면 범죄가 성립될 수 없고, 따라서 피고인은 무죄였다. 마찬가지로, 피고인이 비소를 소지하고 있다는 것만으로는 범죄의 의도를 가졌다는 증거라고 단정할 수 없었다. 피고인이, 특히 여성인 경우, 안색을 밝고 아름답게 가꾸기 위해 비소를 섭취하려는 목적이었을 수도 있었다.

스티리아 변호법은 피고측 변호인들에게는 그야말로 가뭄의 단비, 사막의 오아시스 같은 논리였고 글래스고의 사교계 인사 매들린 스미스Madeleine Smith 재판을 포함한 수많은 재판에서 활용되었다. 《체임버스 에든버러 저널Chambers's Edinburgh Journal》*의 한 기자는 다소 냉소적인 논조로 이렇게 썼다. "(비소를 먹는) 스티리

---

* 스코틀랜드의 출판가 윌리엄 체임버스가 1832년부터 발간하기 시작한 16쪽짜리 잡지. 가격은 1페니였고, 역사, 종교, 언어, 과학 등 다방면에 걸친 기사를 실었다. 창간 직후 동생 로버트가 편집진으로 합류했고, 1847년에 《체임버스의 대중문학, 과학, 예술지Chambers's Journal of Popular Literature, Science, and Art》로, 1897년에 《체임버스 저널Chambers's Journal》로 제호를 변경, 발행했으며 1956년에 폐간되었다.

아식 식이 요법을 지키는 사람들은 가족이나 친구가 억울하게 교
수형을 당하지 않도록, 자신의 식이 요법에 대해 평소 비망록을
작성해두기를 촉구하는 바다." 정말 적절한 경고의 말이다.

🌢 비소와 랑즐리에의 코코아

　상류 사회, 스캔들, 빅토리아 시대의 감성, 협박 그리고 살
인. 저널리스트에게 여기서 더 필요한 것이 있을까? 신문마다 '세
기의 재판'이니 '범죄와 정열적인 사랑 그리고 법적 심판의 소름
끼치는 삼중주'라느니 하는 선정적인 제목의 기사들이 실렸다.
1857년 7월 9일 목요일, 에든버러 고등 법원 바깥에 운집해 배심
원의 평결을 기다리던 군중들 사이에서 긴장과 전율이 흐르고 있
었다. 그 평결에 살인 혐의로 피소된 매들린 스미스의 목숨이 걸
려 있었다. 만약 유죄 평결이 내려진다면 교수형이 거의 확실했
다. 스미스가 연인을 살해한 범인임이 확실하다고 믿는 분위기가
대세였지만, 사건을 둘러싼 정황이 그녀를 향한 동정심을 불러일
으키기에 충분했다. 많은 사람이, 이 사건의 유일한 비극이라면
매들린이 스스로 목숨을 끊어야 한다는 사실이라고 믿었다.
　그날로부터 4개월 전, 1857년 3월 22일 밤 9시, 피에르 에밀
랑즐리에라는 이름의 한 남자가 스코틀랜드 글래스고에 있는 하

숙집을 나섰다. 집을 나서기 전, 그는 하숙집 주인에게 아주 늦게야 귀가할 것 같으니 열쇠를 달라고 말했다. 그 후에 집주인이 랑즐리에를 다시 본 것은 다음 날 새벽 2시 30분경이었다. 랑즐리에는 가져간 열쇠로 문을 열지 않고 문을 두드리며 초인종을 눌러댔다. 하숙집 주인이 문을 열고 보니 랑즐리에가 배를 부여잡은 채 고통스러워 하고 있었다. 하숙인이 심하게 토하는 데다 안색이 너무나 안 좋아 보였기 때문에, 하숙집 주인은 어서 의사를 부르는 게 현명하겠다고 판단했다. 멀쩡하게 집을 나섰던 랑즐리에가 몇 시간 만에 심한 복통을 호소하며 귀가한 일은 처음이 아니었다. 하지만 이번에는 다른 때와 달랐다. 아침 7시쯤 도착한 의사는 진통제로 모르핀을 처방해주었다. 몇 시간 뒤, 환자의 상태를 확인하러 의사가 다시 왕진했지만, 이미 늦은 뒤였다. 랑즐리에는 사망해 있었다.

열아홉 살의 매들린 해밀턴 스미스는 아버지와 할아버지가 모두 유명한 스코틀랜드 출신 건축가인 중상류층 가정의 딸이었다. 다섯 남매의 장녀였고, 글래스고의 블리스우드 스퀘어에서 살았다. 몸집이 작고 짙은 갈색 머리칼을 가진 매들린은 잉글랜드에 있는 고튼 숙녀학교에서 예절과 가사 관리에 대해 배우고 있었다. 글래스고의 집에 돌아오면 매들린은 사교계의 여러 행사에 얼굴을 비치느라 바빴다. 하룻밤에 다섯 군데의 파티에 참석하는 날도 있을 정도로 파티며 무도회에 빠지지 않았다.

어느 날 산책을 하다가 우연히 스물여섯 살의 랑즐리에를 만난 매들린은 순식간에 사랑에 빠지고 말았다. 그러나 이 커플에게는 가슴 아프게도, 빅토리아 사회의 엄격한 풍습은 이들의 관계를 허락하지 않았다.

피에르 에밀 랑즐리에는 자신을 프랑스인이라고 속이며 할 수 있는 한 프랑스인과 비슷한 매력을 풍기려고 노력했다. 자기 가족은 프랑스 중심부의 한 성에서 사는 귀족이자 왕족이라고 허풍을 쳤다. 그러나 사실 랑즐리에는 프랑스인이 아니라 채널 제도의 저지섬 출신이었고, 귀족은커녕 곡물 창고에서 일주일에 겨우 10실링을 벌까 말까 한 하급 사무직 노동자였다. 매주 3~6실링을 방세로 지출해야 했으니, 그에게 매들린 스미스와 그녀의 집안은 언감생심이었다.

사회적 배경이 그토록 차이가 났음에도 불구하고, 아니 어쩌면 그랬기 때문에 매들린은 랑즐리에에게 더 매력을 느꼈을지도 모른다. 매들린은 랑즐리에에게 사랑의 편지를 쓰기 시작했다. 가족 소유의 시골 별장으로 떠나 있을 때도 랑즐리에에게 편지를 썼고, 도시로 돌아와서도 두 사람 사이에는 편지가 끊임없이 오갔다. 때로는 '우연한' 만남을 가장하여 거리에서, 또는 가까운 상점에서 만나 밀회를 즐겼다. 불타오르는 육체적 욕망 속에서 랑즐리에는 청혼을 했고 매들린은 기다렸다는 듯이 그 청혼을 받아들였다.

결국 매들린의 아버지도 두 사람의 관계를 알게 되었고, 딸이 랑즐리에를 만나는 것을 금지했다. 그리고 딸에게는 이제 관계를 끊겠다는 마지막 편지를 쓰게 했다. 랑즐리에를 돈 한 푼 없는 가난뱅이일 뿐 아니라 '외국인'으로 알았으므로, 매들린의 아버지가 보기에 그는 자신들의 사회적 지위에 결코 어울리지 않는 사람이었다. 매들린은 아버지의 명령에 순종해 랑즐리에를 더 이상 만나지 않았지만, 랑즐리에는 그대로 물러서지 않고 매들린에게 자신을 계속 만나달라고 애원했다. 남아 있는 매들린의 편지를 보면, 그녀는 아버지의 반대에도 불구하고 랑즐리에와의 관계를 이어가려고 애썼던 것으로 보인다. 그녀는 편지에 "아버지는 내가 아버지가 모르는 어떤 신사와 산책을 했다고 화가 나셨어요. 하지만 저는 제 양심이 저의 잘못을 꾸짖지 않는 이상 세상 사람들의 말에는 상관하지 않겠어요"라고 썼다. 랑즐리에는 한 여성 친구에게 부탁해 매들린과 몰래 만나 사랑을 나눌 수 있도록 그녀의 집을 잠시 빌리기도 했다. 금지된 사랑이란 원래 더욱 뜨거운 법이고, 매들린 역시 그러했을 것이다. 두 사람은 2년 동안이나 그렇게 비밀스러운 사랑을 이어갔다.

랑즐리에는 매들린에게서 온 편지를 간직했지만, 매들린에게는 자신의 편지를 모두 불태우라고 요구했다. 아마도 매들린의 아버지에게 발각될 것을 두려워했던 듯하다. 그가 보낸 편지 중 불태워지지 않고 남아 있는 몇 통을 보면, 그가 매들린을 조종하고 통제하려고 했던 것이 드러난다. 랑즐리에는 매들린에게 어떤 옷을 입어야 하고 어디로 가야 하며 누구와 어떤 이야기를 나눠야 할지를 일일이 지시했다. 매들린이 쓴 편지를 보면 인정받기 위해 필사적으로 매달리는 불안한 젊은 여성의 모습이 읽힌다.

여러 가지 악조건에도 불구하고, 1856년에 이 커플은 결혼을 계획했다. 매들린이 금지된 사랑을 다시 일궈가고 있다는 것을 몰랐던 부모는 신분이 어울리는 배필을 구해서 결혼할 시기가 되었다고 판단했고, 여기저기 다리를 놓아 물색한 끝에 윌리엄 미노치라는 남자와 연결이 되었다. 연 수입이 3000파운드였으니 랑즐리에가 버는 돈의 100배가 넘는 재력을 가진 신랑감이었고 매들린의 라이프 스타일을 유지하기에는 랑즐리에보다 훨씬 더 적당한 남편감이었다. 매들린은 사랑하지만 가난한 랑즐리에와 결혼하는 것보다 돈 많은 미노치와 결혼하는 것이 자신의 삶을 위해 더 나은 선택이라는 것을 서서히 깨달았다. 미노치가 청혼을 하자 매들린은 기꺼이 받아들였다.

하지만 랑즐리에는? 그는 아직도 매들린이 보낸 연서를 모두 가지고 있었고, 그중에는 두 사람의 '부적절한 관계'의 증거가 담겨 있는 편지도 있었다. 매들린은 랑즐리에가 그 편지를 새 약혼자에게 보내겠다고 협박이라도 하고 나오면 어쩌나 하는 걱정에 불안할 수밖에 없었다. 만약 그렇게 된다면 그녀는 얼굴을 들고 살 수 없게 될 터였다.

매들린은 지하에 있는 침실 창문을 사이에 두고 랑즐리에와 몰래 대화를 나누곤 했었다. 추운 밤이면 뜨거운 코코아를 내주기도 했다. 골칫거리를 해결할 방법을 찾아낸 매들린은 동네 약제사로부터 비소 분말을 구했다. 2월 19일 목요일, 매들린은 이번에도 침실 창문을 사이에 두고 랑즐리에와 이야기를 나누다가 뜨거운 코코아가 담긴 잔을 내주었다. 몇 시간 후, 하숙집으로 돌아온 랑즐리에는 몸 상태가 매우 좋지 않았다. 하숙집 주인은 랑즐리에가 녹색의 담즙까지 토하는 것을 보았다. 다음 날 아침 일찍, 매들린은 집에서 나와 소키홀가에 있는 약국에 가서 6펜스어치의 비소를 더 구입했다. 그날 밤, 매들린은 랑즐리에에게 창밖으로 또 코코아를 건넸다.

나중에 경찰이 발견한 랑즐리에의 일기에는 이상하게 반복되는 복통과 불편한 몸에 대한 내용이 여러 번 적혀 있었다. "몸이 좋지 않다", "미미(매들린)를 응접실에서 만났다. … 몸이 너무 아프다", "그녀가 준 커피나 코코아를 마신 후에는 왜 이렇게 몸이 좋지 않은지 이유를 잘 모르겠다". 3월 22일 밤, 몸이 불편한 듯 배를 움켜쥐고 신음을 하며 비틀비틀 걷고 있는 랑즐리에의 모습이 목격되었다. 하숙집에 도착했을 때는 극심한 통증으로 신음하면서 심하게 토했다. 하숙집 주인인 젠킨스 부인은 놀라서 의사를 불렀다. 첫 왕진에서 의사는 진통제로 모르핀을 처방해주었지만, 아침에 다시 환자 상태를 확인하러 온 의사는 어두운 얼굴로 젠킨스 부인에게 커튼을 닫아달라고 말했다. 랑즐리에는 이미 죽어 있었다.

부검 결과 랑즐리에의 위에서는 엄청난 양의 비소가 발견되었다. 거의 5그램이었다. 당시까지 알려진 비소 독살 사건의 피해자 중에서도 그 정도로 많은 비소가 발견된 사람은 없었다. 그 정도로 많은 양의 비소라면 피해자가 몰랐을 리 없다고 생각하기 쉽지만, 재판 과정에서 검찰 측이 지적한 바와 같이, 뜨거운 우유나 끓는 물에 코코아 2티스푼을 탈 때 고운 분말 상태의 비소라면 6그램까지는 아무런 맛이나 냄새 없이 쉽게 섞을 수 있다. 체포된 매들린은 '흉악하고 잔인하게' 랑즐리에를 독살한 혐의로 에든버러 법정에 서게 되었다.

혼전 성관계, 협박의 가능성, 살인, 외국인, 신분의 차이를 뛰어넘은 사랑 등의 자극적인 스캔들 기사가 재판을 엄청나게 홍보해주었다. 마치 생중계를 하는 듯 재판에서 오간 말들을 그대로 옮겨 실은 기사가 영국 전역은 물론 심지어 뉴욕에서 발행되는 주요 신문에까지 대서특필로 보도되었다. 언론도 매들린이 유죄냐 무죄냐를 두고 양쪽으로 편이 갈렸다. 한편, 매들린은 비소를 구입하고 사용한 사실을 순순히 인정했다. 유명한 여배우의 딸로부터 비소를 쓰면 안색을 아름답게 가꿀 수 있다는 이야기를 들었고, 그래서 물에 탄 비소를 얼굴과 목 그리고 팔에 발랐다고 진술했다.

랑즐리에의 죽음을 두고도 여러 가지 설이 등장했는데, 그가 평소 비소를 섭취하던 사람이었다는 이야기도 있었다. 랑즐리에가 비소를 먹인 말이 체력이 좋아진다는 사실을 알고 있었으며, 미용 목적과 호흡 개선의 목적으로 쓰일 수 있다는 것도 알고 있었다는 것이다. 특히, 한 증인이 랑즐리에가 일요일 밤에 약국에서 비소 가루를 구입했다고 법정에서 증언하기도 했다. 일요일은 랑즐리에가 죽은 날이었다.

변호인은 영국의 재판에서 최초로 스티리아 변호법을 끌어들여 랑즐리에가 비소를 먹는 사람이었다는 주장을 펼쳤다. 피해자나 혐의자 모두 비소를 소지할 정당한 사유가 있었다는 것이다. 9일간에 걸친 평의 끝에, 배심원단은 '증거 불충분'이라는 평결을 내렸다. 스코틀랜드 법에 따르면, 매들린을 무죄라고 판단할 수는 없으나 검찰 측에서 합리적인 의심을 뛰어넘을 정도로 충분한 유죄의 증거를 제시하지 못했다는 의미였다.

재판이 진행되는 동안, 언론에서는 세 갈래의 관점을 제시했다. 첫째, 매들린 스미스는 무죄이며, 죽은 연인이 자살을 했거나 의도치 않은 약물 과용으로 숨졌다. 둘째, 매들린이 살인을 저질렀으며 죗값을 치러야 한다. 셋째(이 세 번째 관점이 가장 인기가 높았는데), 매들린이 살인을 저질렀을 수도 있지만 랑즐리에는 그렇게 죽어도 싸다.

재판이 끝나자 분명해진 것은 매들린이 더 이상 스코틀랜드에서는 살 수 없다는 것이었다. 그녀는 남동생 제임스와 함께 잉글랜드로 가서 레나라는 이름으로 개명했다. 거기서 화가인 조지 워들을 만나 결혼했고, 두 아이, 톰과 키튼을 낳았다. 레나는 부유한 중산층의 삶을 누렸고, 그녀가 주선하는 파티는 인기가 높았다. 지금도 논쟁이 완전히 해결되지는 않았지만, 디너 테이블의 테이블보를 걷어버리고 플레이스 매트를 사용하기 시작한 사람이 바로 레나라는 설이 있다. 오늘날의 관점에서 보자면 그게 무슨 큰 관심거리인가 할 수도 있지만, 당시는 피아노 다리조차 노출시킬 수 없어 커버를 씌우던 시절이었다. 레나의 결혼은 끝까지 가지 못했고, 결혼 28년 만에 이혼했다. 훗날, 그녀는 일흔 살의 나이에 뉴욕으로 이민했고 그곳에서 아흔세 살까지 살다가 눈을 감았다.

🖤 비소는 어떻게 사람을 죽이나

비소라고 하면 대부분의 사람들이 독약의 대명사로 알고 있지만, 살인에 쓰이는 독약은 대부분 순수한 비소가 아니라 비소를 함유하고 있는 화합물이다. 사실 순수한 비소는 먹어도 크게 해가 되지 않는다. 장에서 잘 흡수되지 않고 금방 몸에서 배출되기 때문이다. 다른 형태의 비소가 훨씬 더 치명적이다.

빅토리아 시대부터 가정에도 가스등이 보급되자, 실내를 환히 밝힐 수 있게 된 일반 가정에서도 강렬한 색의 벽지를 선호하게 되었다. 그러자 굉장히 선명한 색이었던 셸레 그린이 선풍적인 인기를 끌었다. 비소가 함유된 이 초록색 안료로 벽지를 만들면, 밝고 강렬한 색상도 색상이려니와 빈대까지 없애주는 효과가 덤으로 따라왔다. 이런 효과는 벽지 제조업자들에게는 놓칠 수 없는 호재였고, 그들은 재빨리 광고의 소재로 삼았다. 하지만 빈대를 죽이는 효과는 사람에게도 영향을 미치기 시작했다. 벽에 벽지를 바르기 위해서는 밀가루와 물을 섞어 만든 풀을 쓰게 된다. 습한 계절이면 이 풀이 곰팡이의 좋은 먹이가 되는데, 특히 빗자루곰팡이라는 곰팡이에게는 더할 나위 없이 좋은 먹이였다. 이 곰팡이는 풀과 벽지의 원료인 셀룰로오스를 먹고 자라면서 이 물질들을 천천히 소화시킨다. 종이를 소화시키는 대사 과정에서 일어나는 화학 작용으로 벽지 속의 고체 비소를 비화수소arsine라는 휘발성 비소 기체로 변환시키는데, 이때 특유의 마늘 냄새를 풍긴다. 비화수소 기체는 적혈구 세포의 붕괴를 유발하므로, 전신으로 공급되어야 할 산소를 감소시키고 결과적으로는 사람을 질식시킨다. 사람들은 빈대 걱정 없는 편안하고 아늑한 침실을 원했지만, 빈대 걱정을 줄여주던 그 벽지가 사실은 자기 자신까지 서서히 죽이고 있다는 것을 알지 못했다. 그러나 기이하게도 비화수소 가스는 전형적인 비소 중독의 증상은 일으키지 않는다.

비소의 전형적인 독성은 세포의 정상적인 생화학적 반응을 교란시키는데 기인한다. 비소 화합물은 장에서 빠르게 흡수되면서 음식과 수분을 비소 중독의 경로로 만든다. 비소의 독성은 주로 두 가지 형태의 비소인 비산염arsenate, 아비산염arsenite과 관계가 있는데, 이 두 가지 형태가 서로 다른 방식으로 죽음을 부른다.

비산염은 화학적으로나 구조적으로 우리 몸이 필요로 하는 또 다른 중요한 분자, 인산염phosphate과 유사하다. 사실 비산염과 인산염은 우리 몸이 구분하지 못할 정도로 비슷하다. 인산염은 DNA 이중 나선 구조의 뼈대를 구성하며, 작용이 바뀔 때마다 서로 다른 효소와 결합했다가 분리되기를 반복한다. 그리고 앞에서 다룬 바 있듯이, 인산염은 우리 몸의 에너지원인 아데노신삼인산, 즉 ATP의 구성요소다. 비산염은 인산염 대신 ATP와 결합함으로써 사람을 죽게 만든다. 인산염과 비슷하지만, 인산염과는 달리 비산염은 세포가 필요로 하는 에너지를 만들어주지 못하기 때문이다. 배터리로 작동되는 어린아이들의 장난감을 생각해보면 이해하기 쉽다. 방전된 배터리도 생김새는 새 배터리와 똑같지만, 방전된 배터리를 넣은 장난감은 작동되지 않는다. 마찬가지로, 비산염이 세포에 침투하면 ATP의 에너지 공급이 끊어지고 세포의 에너지는 곧 고갈된다. 세포가 담당해야 할 여러 가지 과정과 반응 작용에 필요한 에너지가 없다면, 결국 세포 활동은 완전히 중단되고 만다.

가장 일반적인 독성 비소 화합물은 삼산화비소, 비화수소 가스 그리고 셸레 그린 같은 비소 안료다. 삼산화비소는 광물의 제련 과정에서 굴뚝 내부에 하얗게 달라붙기 때문에 '백비'라고도 불린다.

우리 몸의 화학 반응은 효소에 의해서 진행되며, 효소 중의 일부는 황을 포함한 아미노산, 즉 함황아미노산sulfur amino acid으로 만들어진다. 함황아미노산은 종종 효소가 제 형태를 유지하도록 돕는다. 아비산염은 황과 강하게 결합해서 황이 효소를 돕는 작용을 하지 못하도록 방해한다. 효소가 제 형태를 유지하지 못하면 제 기능을 하지 못하고 작용을 멈추게 된다. 소화, 흡수된 아비산염은 혈류를 타고 몸속을 흘러 다니면서 황을 함유하고 있는 거의 모든 효소나 단백질의 작용을 방해한다.

우리 몸속에는 함황효소가 매우 많고, 각기 다른 기능을 담당하고 있기 때문에 아비산염이 불러오는 증상은 매우 가변적이다. 우리 몸의 단백질 중 함황아미노산을 다량 함유하고 있는 것이 바로 케라틴keratin, 손톱과 모발을 만드는 단백질이다. 모발 샘플에 잔존하는 비소의 양은 우리 몸이 비소에 얼마나 노출되었는지를 알려주는 좋은 지표가 된다.

1821년 나폴레옹 보나파르트의 죽음을 둘러싼 미스터리는 여러 가지 추측을 낳았다. 세인트헬레나섬의 유배지에서 보낸 생의 마지막 몇 달 동안, 나폴레옹은 극심한 위통에 시달렸다. 사망

후 부검을 통해 나폴레옹의 사인은 위암이라고 알려졌지만, 사망 직후부터 제기되었던 독살설은 끈질기게 돌고 돌았다. 영국인은 당연히 프랑스인을 비난했고, 프랑스인은 영국인을 비난했다. 나폴레옹이 사망한 직후에 유품들과 함께 보관되어 있던 그의 모발 샘플을 가지고 1960년대에 비소의 존재 여부를 가리는 분석을 시도했다. 나폴레옹의 모발 샘플에서는 정상치 이상의 비소가 발견되었다. 하지만 어떻게 그곳까지 비소가 반입되었을까? 제기된 답 중 하나가 나폴레옹이 쓰던 침실 벽의 벽지였다. 나폴레옹이 쓰던 침실의 벽지가 용케도 1980년대에 발견되었던 것이다. 이 벽지가 셀레 그린으로 염색되어 있는 것은 사실이지만, 그것만으로 사람이 죽을 정도였을지는 불분명하다. 그보다는 나폴레옹을 진료했던 의사가 처방했던 하제와 다른 약물이 벽지보다더 해를 끼쳤을 가능성이 높다. 나폴레옹은 한때 이런 유명한 말을 남겼다. "저세상에 가면 의사들이 우리 같은 장군들보다 목숨값을 더 많이 치러야 할 것이다."

🌢 마시와 비소 검출

비소 살인을 두고 쫓고 쫓기는 법정 게임에서 피고인에게는 스티리아 변호법이라는 강력한 무기가 있었다. 검찰 측은 비소에 의한 죽음이라는 것을 증명하느라 애를 먹었다. 그러던 중 제임스 마시 James Marsh가 등장했다. 1700년대에 분석 화학이 등장하기 시작했음에도, 의사들은 누군가가 죽으면 범죄의 가능성을 염두에 두기보다는 자연사로 종결지으려고 하는 경향이 강했기 때문에 비소 독살범들이 법정까지 가지 않는 경우가 허다했다. 앞에서도 보았듯이, 비소 중독과 식중독의 증상이 너무나 비슷해서 의사들이 비소 중독을 사인으로 지목하는 경우가 드물었다. 화학자들은 해부용 시신의 장기에서 비소 중독의 증거를 찾는 방법을 알아냈지만, 그 결과는 종종 예측 불허였고 똑같이 재연되지 않는 경우도 많았다. 그러므로 변호사든 검사든 법정에서 자기 사건의 운명을 걸 정도로 이 방법을 믿지는 못했다. 1832년에 존 보들이 여든 살의 할아버지 조지 보들을 살해한 혐의로 재판에 넘겨졌다. 사망한 할아버지의 농장에서 일하던 하녀 하나가 자기 앞에서 존이 2만 파운드(현재 가치로 230만 파운드)나 되는 유산을 물려받을 수 있도록 할아버지가 죽었으면 좋겠다고 말한 적이 있었다고 증언했다.

동네 약사도 조지 보들이 죽기 며칠 전에 존이 상당량의 비소를 사 갔다고 확인해주었다. 젊은 화학자 제임스 마시는 검찰 측 증인으로 법정에 출두해 존이 할아버지에게 주었다는 커피와 조지를 부검할 때 적출한 장기에서 비소가 발견되었음을 보여주었다. 당시에 비소의 존재 여부를 알아보기 위한 표준 테스트는 비소가 들었을 것으로 의심되는 용액에 황화수소 거품을 주입해 황화비소를 발생시키는 것이었다. 마시는 황화비소 침전물을 얻어냄으로써 조지 보들의 조직에 비소가 존재함을 증명했지만, 재판이 열릴 즈음에는 침전물의 색이 변색되었기 때문에 변호인은 배심원들에게 그 침전물은 증거로서 가치가 없다고 설득시킬 수 있었다. 당시 법정에서 다뤄지던 사건들은 피고인의 성격에 따라 결과가 좌우되곤 했다. 젊은 존 보들은 호감이 가는 청년이었고, 비소가 든 쥐약에 접근할 수 있었던 그의 아버지보다는 훨씬 나은 사람으로 보였다. 판사는 모든 성격 증거와 배심원단의 무죄 평결을 받아들여 존 보들을 석방했다.

같은 범죄로 두 번 기소할 수 없다는 것을 알고 있었던 존 보들은 마치 법의학적 증거를 비웃기라도 하듯, 재판이 끝난 후에야 자신이 할아버지를 살해했음을 고백했다. 마시는 보들이 유죄임을 설득할 수 있는 증거를 제시하지 못한 것이 분했다. 연구실로 돌아온 마시는 인체에서 비소를 검출할 확실한 방법을 찾기 위해 몇 년이나 맹렬하게 연구에 집중했고, 1836년에 드디어 성공했다. 마시의 방법은 피해자의 조직을 아주 곱게 다지는 것부터 시작해 그 시료를 강한 산성 물질과 함께 가열해 조직의 유기 물질을 파괴한 뒤 비소 용액을 얻어내는 것이었다. 그다음 단계는 비소 용액에 소량의 아연을 첨가해 비소를 기체로 바꿔서 비소 가스를 얻는 것이었다. 그런 다음에 이 기체를 가열해 비소와 수소로 분리한 뒤, 남는 비소를 농축하여 도자기 또는 유리판에 모으면 비소가 회색의 금속 필름처럼 남는다. 이렇게 만들어진 샘플 속에서 비소의 양은 도자기나 유리판을 비소 가스에 노출시키기 전과 후에 질량을 측정하면 알 수 있다.

🜕 치료약으로서의 비소

흥미롭게도 고대 역사 속의 비소는 살인의 무기로서가 아니라 치료의 도구로서만 등장한다. 의학 역사상 가장 유명한 인물 중 한 사람인 히포크라테스(BC 460~377)는 비소와 황이 섞여 있고 루비처럼 빨간 결정 광물인 계관석realgar을 우리 몸에 난 궤양을 치료하는 약으로 썼다.

1771년, 런던의 토머스 윌슨은 '말라리아열 해열제Tasteless Ague and Fever Drops'라는 이름으로 약물 특허를 얻었다. 말라리아열(ague, 말라리아와 비슷하며 고열과 오한을 동반하는 기타의 질병)은 잉글랜드의 여러 지역에서 발생하는 유행병이었다. 말라리아 원충 같은 기생충의 일부가 저용량의 비소에 특히 예민한 것으로 나타났다. 이런 치료에는 단기간에 걸쳐서 일반적으로 사람에게 유해한 양보다 적은 양의 비소를 썼다. 사실 비소 용액은 매독을 일으키는 고약한 기생균 치료에도 쓰였는데, 최초의 매독균 치료제이기도

했다.

자신의 치료약을 광고하는 데 조금도 스스럼이 없었던 윌슨은 이 특허약을 '다년간의 경험을 통해, 나무껍질(버드나무 껍질에서 추출하는 아스피린)과 여타의 약물로도 효험이 없었던 최악의 난치 증상에도 특효임을 발견한 의약 성분'이라고 광고했다. 어찌됐든, 윌슨의 '해열제'는 효과가 있었고 잉글랜드 전역의 병원에서 치료제로 쓰였다.

잉글랜드 중부의 스태포드카운티 진료소 의사였던 토머스 파울러도 이 해열제의 효과에 큰 관심을 갖게 되었고, 진료소의 약제사에게 이 해열제가 어떤 성분으로 만들어졌는지를 분석해달라고 부탁했다. 그러자 유효 성분이라고는 비소 외에 따로 없다는 것이 밝혀졌다. 파울러 박사는 자신만의 방식으로 비슷한 약을 만들었고, 이 약의 효과를 시험해볼 환자들에게 쉽게 접근할 수 있었던 덕분에 곧 책 한 권을 묶어 낼 수 있을 정도의 데이터를 모을 수 있었다. 〈말라리아열을 치료하고 고열과 만성 두통을 가라앉히는 비소의 효과에 대한 의학적 보고서Medical Reports of the Effect of Arsenic in the Cure of Agues, Remitting Fevers, and Periodic Headaches〉라는 긴 이름의 보고서에서 파울러는 271건의 말라리아열 환자 중에서 171명의 환자를 자신의 약으로 '치료'했다고 보고했다. 공격적인 마케터였던 파울러는, 자신의 치료제가 독약의 일종으로 알려진 비소와 관련이 있음을 밝힌다면 영업에 결코 이익이 되지 않으리라 판단하고 대중들에게는 이 약을 '무기염 용액'이라고 소개했다.

파울러가 만든 약의 원액에는 삼산화비소, 증류수 그리고 채소 추출물이 들어 있었다. 이 물약을 더 약처럼 보이기 위해 라벤더 오일도 첨가했다. 이 무기염 용액은 금방 '파울러 물약Fowler's Solution'이라 불리게 되었고 의료 현장에서 뇌전증, 히스테리, 우울증, 습진, 매독, 궤양, 암, 소화 불량 등의 치료에 쓰이기 시작했다. 유명인의 찬사 한마디는 어떠한 광고보다도 효과가 컸다. 에든버러 왕립 의과 대학 부학장이자 빅토리아 여왕이 스코틀랜드에 머무는 동안에는 왕실 주치의로도 활약했던 제임스 베그비가 진심으로 파울러 물약의 효과를 극찬했으니, 이 약이 전국으로 확산되는 데 일등 공신이었다.

파울러의 무기염 용액이 매독이나 일부 암에 효과가 있었던 것은 사실로 보이지만, 한 가지 질병에 효과가 있으면 다른 어떤 병에도 효과를 볼 수 있는 만병통치약이라고 생각한 18~19세기 의료계의 잘못된 믿음이 문제였다. 이 약이 우울증이나 히스테리 같이 정의조차 애매한 증상에 어떤 효과가 있었을지는 매우 의심스럽다. 그렇다고 해도 18~19세기에 해충을 박멸하기 위해 널리 쓰이면서 효과가 있었던 덕분에 쥐에게 붙어사는 벼룩에 의한 전염병이 감소했던 것은 사실이다. 현대 의학에서 치료제로서 비소 용액의 인기는 퇴락했지만, 최근 들어 일부 백혈병 치료제로서 다시 관심을 끌고 있다.

비소가 공중 보건 개선의 시작점이었다는 것은 분명하지만, 다음 장에서 다룰 화학 물질이 성장하는 도시와 마을에서 질병을 감소시킨 효과 역시 간과할 수 없다. 사실 이 화학 물질은 대부분의 가정에서 지금도 사용하고 있다.

Case 11

염소
텍사스
살인 간호사

과학자들은, 평화시에는 인류의 아들이지만
전시에는 조국의 아들이다.

_프리츠 하버, 1918년 노벨 화학상 수상자

🌢 20세기의 화학전

20세기 초, 거대한 사회적 정치적 변혁의 물결이 유럽 전역을 휩쓸었다. 1901년에 사망한 빅토리아 여왕은 엘리자베스 2세 여왕 이전까지 영국 역사상 통치 기간이 가장 긴 군주였다. 또한 1914년에는 당시까지의 유럽 역사상 최대 규모의 전쟁이 시작되었다. 독일 최고의 과학자가 최초의 화학전 무기를 창조한 것도 바로 이 '모든 전쟁을 끝낼 전쟁'이 치러지던 기간이었다.

프리츠 하버Fritz Haber는 1868년 브레슬라우(지금의 폴란드 브로츠와프)에서 태어났다. 베를린에서 화학을 공부한 그는 시골 출신 유대인 소년이 아니라 성공한 독일인으로서 인정받고 싶어 했다. 제1차 세계대전이 일어났을 때 베를린의 카이저 빌헬름 물리화학 연구소에서 일하던 그는 자신의 애국심을 증명하고 싶어 몸이 달았고, 기꺼이 독일 육군성 소속의 군 자문학자가 되었다.

하버는 연합군을 참호에서 몰아내고 독일이 승리하는 데 화학이 쓰일 수 있다고 확신했다. 그가 적의 참호를 제압할 무기로 생각한 것이 독가스였다. 하버는 염소 가스가 가장 효과적인 무기가 될 것이라고 판단했지만, 문제는 어떻게 이 가스를 '적에게만' 보내느냐였다. 초기의 염소 가스 살포 실험은 애꿎은 독일군 장병들을 죽이는 결과만 낳았다. 독일 육군 장교들은 화학 무기에 대해 하버만큼 확신을 갖지 못했다. 에둘러 말해서 '비신사적'이라는 것이 이유였고, "쥐약을 놓아 쥐를 잡듯이 적을 독살하는 것은 역겨운 행동이다"라고 말하는 사람도 있었다. 그러나 1915년에 이르러 전선의 상황이 불리하게 돌아가자 독일 육군은 화학 무기를 사용하자는 결정을 내렸다.[1]

바람의 세기와 방향이 이상적으로, 즉 염소 가스를 독일군 참호로부터 실어다가 연합군의 참호에 풀어 넣기에는 충분하지만 그 이상으로 확산시키지는 못할 만큼만 강하게 바뀌기를 몇 주나 기다렸다가, 168톤의 염소 가스를 벨기에 이프르 전선의 연합군 측 참호를 향해 풀어놓았다. '마치 야트막한 담벼락처럼' 짙은 연기가 파인애플과 후추를 섞은 듯한 냄새를 풍기며 스멀스멀 연합군의 참호를 향해 다가왔다.

처음에는 녹색을 띤 이 구름 같은 연기가 연막이라 생각하고 그 뒤를 이어 독일군 보병의 공격이 따라올 것이라고 예상했지만, 막상 그 가스가 참호에 도착했을 때는 아무도 대비하지 못한 일이 벌어졌다. 공기보다 무거운 염소 가스는 참호 바닥을 향해 흘러내려 가라앉았다. 이 가스를 들이마신 병사들은 지독한 홍통과 목이 타는 듯한 아픔을 느꼈다. 이때의 공격을 병사들은 훗날 이렇게 기억했다. "익사하는 것과 똑같은데, 다만 마른 땅에서 죽어간다는 것만 다르다. 머리는 쪼개질 듯이 아프고 끔찍한 갈증(이때 물을 마시면 곧바로 사망한다)이 덮쳐오며, 칼끝으로 폐를 찌르는 듯한 아픔과 멈춰지지 않는 기침이 시작되면 위와 폐에서 초록색 거품이 올라온다. 마지막에는 감각이 사라지며 결국 죽음이 찾아온다. 가장 잔인한 죽음이다." 이 가스에 노출된 병사는 약 1만 명, 그중 거의 절반이 염소 가스가 참호에 도달한 후 10분 이내에 질식으로 사망했다.

하버는 자신이 개발한 화학 무기에 너무나 신이 나서, 스스로 '하버의 법칙'이라 이름 붙인 수학적 모델까지 만들었다. 염소 가스의 농도와 노출 시간 그리고 사망률의 관계를 수학 공식으로 만든 것이었다. 제1차 세계대전 사망자 중에는 재래식 무기로 죽은 사람이 염소 가스로 죽은 사람보다 훨씬 많았지만, 하버가 새롭게 내놓은 화학 무기는 전쟁의 참상을 더욱 끔찍한 차원으로 올려놓았다.

💧 염소가 독성을 가지는 이유

요즘에는 일부러 염소 가스를 들이마시는 사람이 없겠지만, 염소계 표백제를 지나치게 많이 쓴 수영장에서 수영을 해본 사람이라면 염소가 피부와 눈에 얼마나 자극적인지 잘 안다.

우리 눈과 코, 입안 그리고 폐의 조직은 얇은 액체의 막으로 덮여 있다. 이 얇은 막은 이 기관들의 습윤 상태를 유지하고 제대로 기능하도록 하는 데 결정적인 역할을 한다. 눈물은 염증, 감염,

상처로부터 눈을 보호한다. 입속의 타액이 형성한 얇은 막에는 점액과 항생 물질이 들어 있어서 우리가 음식을 씹고 삼키는 데 윤활제 구실을 하며 궤양과 충치를 일으킬 수도 있는 박테리아를 죽인다. 코와 기도에 있는 얇은 액체의 막은 매우 끈적끈적해서, 먼지와 바이러스, 박테리아가 달라붙는다. 이런 물질들이 그대로 폐로 들어간다면 감염이 발생한다. 물론 이런 방어 기제도 다량의 박테리아와 바이러스가 침투한다면 완벽하게 방어하지 못하겠지만, 대개의 경우 아주 잘 방어해낸다. 이 얇은 액체의 막, 우리를 보호하기 위해 존재하는 이 막을 용해시켜버리고 문제를 일으키는 것이 바로 염소다.

염소를 물에 녹이면 두 가지의 산성 물질이 형성된다. 하나는 차아염소산hypochlorous acid이고 나머지 하나는 염산hydrochloric acid이다. 우리 몸은 차아염소산과 매우 친숙하다. 우리가 먹은 음식이나 물에 박테리아가 섞여 들어갔을 경우, 위에서 그 박테리아를 죽이거나 섭취한 음식물을 분해하기 위해 만들어내는 산성 물질이 바로 이 차아염소산이기 때문이다. 위는 농도가 높은 차아염소산을 만들어내지만, 이 물질로부터 자신을 보호하기 위해서도 세심한 노력을 기울인다. 두꺼운 점막층이 위장 내벽을 골고루 덮고 있어서 차아염소산과 위장 내벽 세포 사이의 경계를 형성한다.

눈과 폐에는 이런 예방책이 없으므로 염소와 염소가 든 산성 물질은 이들 조직으로 곧장 접근한다. 눈을 덮고 있는 얇은 액체의 막을 용해시킨 차아염소산은 조직을 공격하여 통증과 염증을 일으키며 심하면 일시적인 실명까지 야기한다. 그러나 눈도 보호 장치를 하나 가지고 있는데, 그것이 바로 눈물이다. 눈이 자극을 받으면 눈물이 흘러서 자극 물질을 씻어내기 시작한다. 염소에 지나치게 오래 노출되지 않은 이상, 결국은 눈물이 차아염소산이나 염산을 씻어내기 때문에 통증도 가라앉고 시력도 회복된다.

반면에 폐는 보호 장치가 거의 없다. 염소 가스를 들이마셔서 형성된 산성 물질은 폐 조직을 자극해서 심각한 손상을 입힌다. 염소 가스를 들이마시자마자 독한 염소가 이산화탄소와 산소의 교환이 일어나는 폐부 깊은 곳까지 들어가지 못하게 하기 위해 기도가 수축된다. 그런데 기도가 수축되면 산소의 흐름도 제한되기 때문에 호흡이 힘들어지고, 숨이 모자라는 피해자는 더 숨을 헐떡거리게 된다. 결국 더 많은 염소 가스가 폐로 들어가게 되는 악순환이 반복된다.

폐 조직을 자극하면 기침 반사도 시작된다. 보통의 경우라면, 기침 반사는 아주 작은 음식 부스러기나 박테리아 등이 폐에 들어오지 못하도록 일부러 강한 공기의 흐름을 만들어서 밖으로 내보내는 것이므로 우리 몸에 좋은 작용이다. 그러나 염소 가스에 노출된 상황에서는 이런 기침 반응이 오히려 염소 가스의 유입을 촉진해서 기침이 더욱 심하게, 오래 지속되는 기침 발작으로 악화시킨다. 물론 호흡은 더욱 힘들어진다. 기도 내벽과 폐의 섬세한 세포가 죽기 시작하면 염증은 섬세한 폐 세포를 금방 손상시킨다. 염소 가스 공격으로 인한 죽음으로부터 살아남은 병사들 대부분이 남은 평생을 호흡 곤란으로 고생하며 살았다. 다량의 염소 가스를 흡입하면, 폐 주변의 혈관에서 흘러나온 체액이 폐 안에 천천히 고이면서 폐의 손상이 심해진다. 이런 상태가 지속되면 피해자는 질식으로 사망하고 만다. 말 그대로 자신의 체액에 익사하게 되는 것이다.

염소 중독에는 해독제가 없다. 피해자가 염소에 노출되는 상황으로부터 최대한 빨리 분리시키는 것이 가장 중요하고 가장 시급한 처방이다. 그다음에는 환자가 계속 호흡을 하도록 돕는 것이 취할 수 있는 유일한 방법이다. 염소 중독으로 인한 죽음은 어느 정도의 염소 가스에 노출되었느냐에 따라서, 그리고 손상의 규모가 얼마나 오래 지속되느냐에 따라서 순식간일 수도 있지만 고통스럽게 느릴 수도 있다.

🌢 사람을 살리는 염소

염소에 의해 생성되는 차아염소산도 잘못 사용하면 인체에 심각한 손상을 줄 수 있지만, 공중 보건에는 커다란 공헌을 해왔다. 19세기 파리에서는 동물의 내장에 대한 수요가 매우 컸다. 동물의 내장은 여러 현악기에 쓰이는 줄을 만들거나 금박공이 금을 두드려 얇게 펴서 금박을 만들 때 금 밑에 까는 가죽으로 쓰였다. 동물 내장을 가공하는 '내장 공장'에서는 악취가 지독했다. 게다가 동물의 내장에는 각종 세균과 병균이 들끓었기 때문에 위험하기도 했다. 이 때문에 발생하는 문제들이 너무나 심각해지자 1820년에 프랑스 국가 산업 장려 협회에서 동물의 내장이 부패하지 않도록 처리할 수 있는 방법을 개발하는 사람에게 상금을 주겠다며 현상금을 걸었다.

이 상금은 앙투안 제르맹 라바라크Antoine Germain Labarraque라는 사람에게 돌아갔다. 물에 염소 기체를 주입하면 용액(차아염소산)이 만들어지는데, 라바라크는 이 용액이 부패의 악취를 막을 뿐 아니라 애초에 부패 자체를 예방한다는 사실을 발견했다. 공중변소, 하수도, 도살장, 해부실, 감옥, 시체 안치소 등에서 곧 라바라크의 용액을 사용하기 시작했다. 라바라크는 또한 의사들에게 클로르석회(표백분)로 손을 씻고, 전염병에 감염된 환자의 병상에도 뿌리라고 권고했다. 환자를 대면하기 전에 염소 가스를 흡입하라고도 권했는데, 이 권고는 사실 하지 말았어야 했다.

라바라크의 염소 용액이 사용되면서 가장 유명해진 케이스는 1847년, 이그나즈 제멜바이스Ignaz Semmelweis 박사가 오스트리아 의사들의 '손에서 나는 악취'를 없애는 데 염소 용액을 사용한 것이었다. 제멜바이스 박사는 의사들이 '부검실에서의 악취가 밴 손으로 분만실에 들어가는' 것과 산모가 조산사의 도움으로 출산할 때보다 병원에서 출산할 때 오히려 영아 사망률이 더 높고, 심지어는 거리에서 출산하는 것보다도 위험하다는 사실에 주목했다.[2] 처음에는 제멜바이스의 생각을 비웃는 사람들이 많았지만, 라바라크가 시작한 염소 용액으로 손을 씻는 방법은 오늘날 질병의 확산을 막는 데 있어서 가장 기본적인 행동 수칙이 되었다. 라바라크의 염소 용액은 오늘날 전 세계 어디서나 쓰이고 있고, 작업대, 수술대, 싱크대 등을 닦는 것은 물론 세탁에도 쓰이고 있다. 염소 용액은 가정용 표백제로 더 널리 알려져 있다.

🜄 표백제 살인

미국에서 만성 신부전으로 고통을 겪는 사람들은 전체 인구의 15퍼센트에 달한다. 이 병을 제대로 치료하지 않으면 발작, 심장 마비가 오거나 심하면 사망으로 이어질 수 있다. 만성 신부전 환자에게 투석(신장이 제 기능을 못하는 사람들의 혈액을 세정해주므로 투석기는 사실상 인공 신장과 같다)은 말 그대로 생명줄이다. 투석 산업의 대형 주자 중 하나가 다비타DaVita 사인데, 덴버에 본사가 있는 이 회사의 이름은 이탈리아어로 '생명을 준다'는 뜻이다. 신부전으로 의학적 조력이 필요한 사람에게 다비타가 생명줄인 것은 분명하다. 그러나 2008년 초, 한 간호사가 이 생명줄을 비인간적으로 악용했을 뿐 아니라 생명을 지켜주기 위해 만든 장치를 살인 무기로 이용하는 일이 벌어졌다.

킴벌리 클라크 사엔즈Kimberly Clark Saenz는 1973년에 텍사스의 노동자 가정에서 태어났다. 아버지는 운수 회사에서 일했고, 어머니는 월마트 직원이었다. 폐렴으로 병원에 입원했던 킴벌리는 병원에서 자신을 돌봐주던 사람들처럼, 나중에 어른이 되면 다른 사람들을 돌봐주는 직업을 갖겠다고 마음먹었다. 커뮤니티 칼리지에 입학해 준간호사* 자격증을 취득하고 졸업했다.

처음부터 킴벌리는 이달의 우수 직원상을 탈 만한 운명은 아니었던 것 같다. 취업한 지 2년도 지나지 않아 두 곳의 병원과 실버타운 한 곳, 병원 한 곳과 가정의원 한 곳에서 차례로 해고를 당했다. 휴스턴으로부터 북쪽으로 190여 킬로미터 떨어진 곳에 있는 우드랜드 하이츠 메디컬 센터에서 일하는 동안, 규제 약물이 계속 분실되는 상황을 눈치챈 의료진과 행정 직원들이 범인 색출

---

* licensed vocational nurse, 미국과 캐나다에서 인정되는 간호직. 대학 수준의 1~2년 교육 과정을 이수하고 면허를 취득하는데, 미국의 캘리포니아와 텍사스주에서는 Licensed Vocational Nurse(LVN), 캐나다에서는 Licensed Practical Nurse(LPN)라 부른다. 미국에서는 의사의 지시 하에 일하지만 캐나다에서는 공인 간호사(registered nurse), 즉 일반 간호사처럼 자립적으로 일할 수 있다. 우리나라에는 아직 도입되지 않은 직종이다.

작업에 나섰고 결국 킴벌리의 절도 행각이 들통났다. 킴벌리의 가방에 가득 들어 있던 아편 유사 마약이 발견되었던 것이다. 킴벌리는 약품을 절도했을 뿐만 아니라 약물 검사에서 통과하기 위해 소변 샘플을 바꿔치기하는 범행도 저질렀다. 킴벌리는 병원에서 해고된 것은 물론이고 텍사스 간호사 협회에서도 킴벌리의 행위에 대한 조사를 시작했다.

킴벌리에 대한 협회의 조사가 진행되는 도중이었기 때문에, 이들의 심의 내용은 킴벌리를 고용할 가능성이 있는 의사나 병원들에까지 공개되지는 않았다. 다비타 투석 센터에 취업했을 때, 센터의 채용자는 물론 환자들도 그녀가 감추고 있는 문제들을 전혀 알지 못했다. 법적으로 킴벌리가 투석 센터에서 할 수 있는 일은 처방된 약의 투여와 관리뿐이었지만, 종종 환자를 투석기에 연결해주고 투석 과정 동안 환자를 돌봐주는 조무사의 역할도 담당했다. 킴벌리는 환자를 투석기에 연결하는 단순한 업무는 자신에게 걸맞지 않은 하찮은 일이라고 여겼던 것으로 보인다. 다른 의료진들에게 투석 센터가 자신을 푸대접하고 있다고 불평을 했을 뿐 아니라 자신에게 맡겨진 환자들 중 몇 명에게는 적대감을 드러내기까지 했다. 한 동료는 킴벌리가 다섯 명의 환자를 특히 더 싫어했다고 증언했다. 우연의 일치인지, 그 다섯 명의 환자들은 킴벌리의 손에 맡겨졌을 때 사망하거나 큰 상처를 입었다.

신장은 인체 내부의 환경을 조절함으로써 우리 몸이 건강을 유지하도록 돕는, 여러 가지 작용을 하는 기관이다. 혈압 관리에도 중요한 역할을 하며, 섭취한 음식으로부터 칼슘을 섭취하는데 필요한 비타민 D 활성체인 칼시트리올calcitriol을 만들어낸다. 또한 적혈구의 생성을 촉진하는 에리트로포이에틴을 만든다. 대략 하루 20회, 신장은 우리 몸에 흐르는 혈액 전체를 필터링한다. 혈액이 여과되는 동안에 당분이나 아미노산같이 우리 몸에 필요한 성분들은 혈액으로 재흡수되고, 혈액으로부터 제거되어야 할 불순물은 방광으로 보내져 소변을 통해 배출된다. 신부전증을 앓고 있는 사람들에게 투석기는 신장이 해야 할 일을 대신해주므로, 환자들은 이틀에 한 번 꼴로 투석 센터에서 혈액을 걸러낸다.

텍사스주 러프킨에 있는 다비타 투석 센터는 여느 의료 기관과 다름없이 밝고 깨끗해 보였으며 병원 특유의 살균제 냄새가 희미하지만 분명히 느껴졌다. 다비타에서는 주로 표백제를 소독약과 살균제로 사용했으며, 매주 표백제를 희석해 투석기를 소독해서 기계 안에 남아 있을 수 있는 유해한 박테리아를 제거했다. 소독이 끝난 기계는 다량의 물로 남아 있는 표백제를 완전히 헹구어냈다. 표백제는 가끔씩 핏방울이 떨어지는 바닥을 청소할 때도 쓰였고, 환자가 투석을 끝낼 때마다 환자가 앉았던 의자며 기계, 주변의 집기들까지 표백제 희석액으로 닦아냈다.

투석은 금방 끝나는 간단한 처치가 아니다. 대부분의 투석 환자는 이틀에 한 번 꼴로 세 시간에서 네 시간까지 투석으로 시간을 보낸다. 환자가 투석을 하는 동안, 다비타에서는 30분마다 한 번씩 환자의 바이탈을 체크하는 것이 규칙이었다.

2008년 4월 1일 화요일, 러프킨 다비타 센터에 클라라 스트레인지라는 환자의 투석이 예약되어 있었다. 오전 11시 34분에 클라라의 투석이 시작되었다. 그날 오전과 이른 오후까지, 클라라의 상태는 아주 좋았다. 오후로 넘어가고 얼마 후, 30분마다 실시하는 바이탈 체크 담당 조무사는 의자에 축 늘어진 클라라를 발견하고 깜짝 놀랐다. 클라라는 아무런 반응도, 맥박도 없었다. 조무사가 도와달라고 소리쳤고, 응급 소생팀이 달려왔다. 간호사들과 의사들이 클라라에게 달라붙어 호흡을 되살리려고 분투했지만, 온갖 노력에도 불구하고 클라라는 투석기에 연결된 채 심장 마비로 사망했다.

델마 멧카프도 클라라 스트레인지와 같은 시간에 투석을 예약했기 때문에 같은 투석실에서 투석을 받고 있었다. 델마는 좋은 컨디션으로 투석 센터에 들어왔고, 센터에서 사귄 친구인 클라라와도 반갑게 이야기를 나누었다. 오후 3시 5분, 클라라에게 사망 선고가 내려진 직후, 델마 역시 반응도 맥박도 없는 상태로 발견되었다. 클라라를 소생시키기 위해 달려왔던 소생팀의 의료 장비가 아직도 투석실에 그대로 있었다. 장비를 치울 경황이 없었다. 의료진이 곧장 델마의 심장 박동을 되살리기 위한 소생술을 진행하면서 킴벌리에게 도움을 청했지만, 킴벌리는 웬일인지

마음이 다른 데 가 있는 사람처럼 통 관심을 보이지 않았다. 응급 구조사가 도착해 델마를 병원으로 옮겼다. 구급차 안에서도 아드레날린을 세 번이나 주사하면서 델마의 심장을 다시 뛰게 하려고 애써보았지만, 이미 늦은 후였다. 델마는 심장 마비로 사망한 채 병원에 도착했다.

투석 중인 환자가 심장 마비를 일으킬 확률은 10만 명 중 한 명 꼴이다. 투석 중이던 두 명의 환자가 몇 분 간격으로 연이어 심장 마비를 일으킬 확률은 10억분의 1 정도다. 복권에 당첨될 확률도 이보다는 높다. 복권 당첨 확률은 3억분의 1이니까.

텍사스주와 다비타 본사에서 나온 조사관이 조사에 착수했다. 의료진의 개인적인 훈련 부족, 기록 미비, 불규칙적인 소독 실시 등이 지적되었지만, 아무도 부정 행위를 발견하지 못했다.

4월 16일, 59세의 갈린 켈리가 투석을 하러 센터에 들어왔다. 갈린은 매우 부지런한 사람이어서, 오전 5시 36분에 투석기와 연결되었고 처음에는 아무런 이상도 없었다. 그런데 두 시간 후부터 켈리의 상태가 나빠지기 시작했다. 7시 35분, 켈리의 담당 간호사인 섀런 디어맘이 다른 환자를 돌보느라 켈리에게서 등을 돌린 사이에 갑자기 켈리의 투석기에서 경보음이 울렸고, 그 소리가 온 방안을 들깨웠다. 디어맘은 몹시 당황한 표정과 몸짓으로 그 경보음을 끄려고 버둥거리는 킴벌리 사엔즈와 눈이 마주쳤다. 디어맘은 어떻게 된 일인지 파악하려고 켈리에게 다가갔지만, 켈리는 이미 의자에 축 늘어진 채 반응이 없었다. 디어맘은 즉시 응급 상황을 소리쳐 알린 다음 켈리에게 연결된 투석기를 분리하고 CPR을 실시했다.

디어맘의 응급 경보에 가장 먼저 달려온 사람들 중에 간호사인 샤론 스미스가 있었다. 나중에 조사를 받을 때, 스미스는 투석기의 연결된 투석 줄에 뭔가 이상한 게 있었다고 진술했다. 혈전 같았지만 특이하게도 섬유처럼 생겨서 거의 머리카락 같았다고 말했다. "그런 모양의 혈전은 그전에도 그 후에도 본 적이 없었습니다"라고 스미스는 말했다. 디어맘도 이상한 모양의 갈색 덩어리를 기억했다. 의식 불명 상태로 켈리는 병원으로 이송되었고, 그 병원에서 4개월 동안 혼수상태로 있다가 한 번도 의식을 되찾지 못한 채 결국 사망했다.

러프킨 다비타 투석 센터는 경찰의 규정에 따라 투석을 하는 동안 심장 관련 부작용을 겪은 환자들과 연결했던 정맥 주사 줄과 주사기를 모두 수거했다. 델마 멧카프와 클라라 스트레인지의 사망 사건 이전까지는 이런 일이 없었다. 4월 16일, 규정대로 주사기도 제거하지 않은 상태로 갈린 켈리에게 연결되었던 투석 줄을 비닐 백에 담아 냉동고에 보관했다. 나중에 법의학적 분석을 통해 그 투석 줄에서 표백제를 발견했다.

2008년 4월 28일, 마르바 론이 투석 센터에 들어왔고, 오전 5시 52분에 투석기에 연결되어 몇 시간에 걸쳐 진행될 투석을 준비했다. 그런데 8시 15분, 상황이 가파르게 내리막으로 굴러가기 시작했다. 론의 혈압이 떨어지기 시작하더니 상태가 매우 나빠졌고, 의자에서 계속 꿈틀거리다가 토하기 시작했다. 뭔가 말을 하려고 했지만 목소리가 너무 가늘어 무슨 말인지 알아듣기 힘들었는데, 급기야 혀가 풀렸는지 발음이 늘어졌다. 다행히, 의료진이 급히 달려와 론의 상태를 안정시키는 데 성공했다. 혈액을 채혈해 급히 분석해보니 칼륨과 젖산 탈수소 효소(LDH) 수치가 너무 높았다. 이 두 가지를 종합해보면, 론의 몸에서 엄청난 규모의 세포 손상이 있었다는 이야기였다.

스트레인지와 멧카프, 켈리가 투석을 하던 도중에 갑자기 상태가 나빠진 원인은 여전히 불분명했지만, 론의 경우는 그 과정이 목격되었다.

4월 28일에 루어렌 해밀턴이라는 또 다른 환자의 투석이 예약되어 있었다. 해밀턴은 투석을 하기 시작한 지 8년 차인 베테랑 환자였다. 해밀턴은 3년째 러프킨 다비타 센터에서 투석 치료를 받아온 환자였고 투석의 일상적인 과정에 익숙했다. 해밀턴은 투석 도중에 마르바 론의 투석기 근처에서 왔다 갔다 하는 간호사 킴벌리 사엔즈를 보았다. 그 자체는 특별한 일이 아니었는데, 론의 투석기 근처에서 사엔즈가 보인 행동이 이상했다. 마치 누가 자신을 보고 있지는 않나 사방을 경계하는 듯한 모습이었다.

그리고 킴벌리 사엔즈의 다음 행동은 너무나 뜻밖이었다. 사엔즈가 바닥에 놓인 양동이에 표백제를 부었다. 자세히 보지 않아도 그게 표백제라는 것은 투석실 안에 퍼지는 자극적인 냄새로 분명하게 알 수 있었다. 그리고는 조용히 주사기를 꺼내 표백제를 채우더니 론의 투석기의 링거 줄에 주입했다. 해밀턴은 놀라움과 두려움이 뒤섞인 마음으로 그 모습을 지켜보았다.

그 황당한 장면을 목격한 사람은 해밀턴만이 아니었다. 바로 옆에서 투석을 받고 있던 린다 홀도 사엔즈가 주사기에 표백제를 채워 론의 투석기의 링거 줄에 주입하는 장면을 보았다. 홀은 자신의 눈을 믿을 수가 없었다. 간호사가 환자의 IV라인에 표백제를 주입했다고? 더욱 공포스러운 것은, 그날 자신에게 배정된 담당 간호사도 킴벌리 사엔즈라는 것이었다! 해밀턴과 홀은 필사적으로 다른 조무사를 곁으로 끌어당긴 뒤, 킴벌리가 자신들을 건드리지 못하게 해달라고 사정했다. 조무사는 갑자기 잔뜩 겁에 질린 두 환자를 보고는 어찌해야 할지 당황스러웠다.

조무사가 해야 할 일은 당연히 자신의 윗사람에게 보고하는 것이었고, 그녀의 윗사람은 정식 간호사이자 임상 코디네이터였던 에이미 클린턴이었다. 두 환자의 목격담을 들은 클린턴도 그 말을 믿기 힘들었다. 사엔즈를 불러 자초지종을 묻자 사엔즈는 환자에게 투약을 하거나 IV라인에 표백제를 주입한 일이 없다고 부인했다. 사엔즈가 퇴근한 후, 클린턴은 그날 사엔즈가 사용했던 양동이와 주사기를 조사했다. 테스트 결과 모두 표백제에 양

성 반응이 나왔다.[3]

4월 29일, 사엔즈는 러프킨 다비타 투석 센터에서 해고되었고, 센터는 자체적으로 두 달간 폐쇄 결정을 내렸다. 다비타는 다음과 같은 성명을 발표했다. "우리 센터는 한 직원이 저지른 범죄 행위의 결과로 자발적인 폐쇄 조치를 결정했습니다. 해당 직원은 이미 해고되었으며 더 이상 우리 센터에서 일하지 않습니다." 2008년 5월 30일, 킴벌리 사엔즈는 러프킨 경찰에 체포되었다. 사엔즈가 집에서 사용하던 컴퓨터를 감식한 결과 야후 검색 엔진으로 '표백제 중독'을 검색해서 표백제 살인에 관한 기사를 읽었음을 파악했다. '표백제 중독'을 검색하기 전에 '투석 중 표백제 주입'이라든가 '투석용 IV라인에서 표백제 검출 가능한가' 등을 먼저 검색한 흔적도 있었다.

사엔즈가 담당하다가 사망한 환자들로부터 수거한 투석용 IV라인 전체에서 표백제가 검출되었다. 이 모든 증거를 종합하여, 사엔즈는 다섯 명의 환자, 마르바 론, 캐럴린 라이징어, 데브라 오츠, 그라시엘라 카스타녜다, 마리 브래들리에 대한 가중 폭행 다섯 건으로 기소되었다. 각각의 사건에서 사엔즈는 피해자의 혈류에 표백제를 주입한 것으로 기소장에 명시되었다. 여섯 번째 기소 항목은 클라라 스트레인지, 델마 멧카프, 갈린 켈리, 코라 브라이언트, 오펄 퓨 등 피해자 다섯 명의 혈액에 표백제를 주입해 살해한 데 대한 1급 살인 혐의였다.

킴벌리 사엔즈의 재판은 17일 동안 진행되었고, 49명의 증인이 출두했으며 400개에 달하는 증거물이 제출되었다. 갈린 켈리는 치료를 위해 병원으로 이송될 때까지 살아 있었던 두 명의 희생자 중 한 사람이었다. 켈리의 혈액으로 3-클로로티로신 테스트를 한 결과 양성으로 판정되었다. 클로로티로신은 혈액 단백질인 헤모글로빈을 비롯해 인체가 갖고 있는 거의 모든 단백질에서 발견되는 아미노산인 티로신과 표백제가 상호 작용할 때 생성되는 물질이다.[4]

한 전문가는 켈리의 혈액에서 발견된 3-클로로티로신 수치는 자신이 그때까지 본 적이 없을 정도로 높은 수치이며, 투석을 한 사람의 혈액에서 일반적으로 발견되는 수치의 400배가 넘는다고 증언했다. 질병 예방 센터에서 일하는 의사이면서 독물학자이기도 한 한 증인은 주사기와 IV라인에서 검출된 표백제는 명백한 증거이며 주입된 표백제가 피해자들의 직접 사인이라고 결론지었다. 피해자의 혈액에서 얼마나 많은 양의 표백제가 발견되었는지 말할 수 있느냐는 질문에, 차아염소산으로 변환되어서 피해자의 조직과 기관을 손상시키기까지 표백제의 반응 속도가 매우 빠르기 때문에 정확한 답을 찾기는 불가능하다고 증인은 대답했다.

배심원단은 사엔즈의 기소 항목 중 세 건의 가중 폭행과 다섯 건의 1급 살인 혐의에 유죄 평결을 내렸다. 피고인에게는 가중 폭행 혐의에 대해 건당 23년, 그리고 1급 살인 혐의에 대해서는 가석방 없는 종신형이 선고되었다.

💧 정맥에 주입된 표백제

염소 가스가 우리 몸에 있는 얇은 액체의 막에 녹아들면 몸에 해로운 차아염소산이 만들어진다는 이야기를 앞에서 다루었다. 하지만 만약 똑같은 산성 용액을 표백제의 형태로 혈류 속에 곧장 주입하면 어떻게 될까?

혈류 속으로 주입된 표백제는 적혈구를 만나게 된다. 1파인트*의 혈액에는 대략 5000억 개의 적혈구가 들어있다. 적혈구에 손상을 주는 것이라면 어떤 것이든 혈액과 우리 몸 전체에 매우 큰 영향을 미친다. 표백제와 적혈구가 만나면 용혈 작용으로 적혈구를 둘러싼 보호막이 제거된다. 적혈구에 들어있던 단백질이 혈액으로 흘러나와 더 많은 표백제와 만나서 해체된다. 이렇게 해체된 단백질이 꼬인 실타래처럼 뭉쳐서, 마치 엉킨 크리스마스 장식등처럼 되어버린다. 헤모글로빈 속의 철분(혈액을 붉은 색으로 만들어준다)이 노출되면 이 단백질의 실타래는 녹슨 쇠처럼 불그스름한 갈색을 띤다. 이렇게 꼬이고 뭉친 혈액 단백질은 가느

---

* 0.473리터.

다란 동맥과 정맥을 막을 수도 있고 심하면 심장에 혈액을 공급하는 대동맥을 막아 심장 마비를 부를 수도 있다. 간호사 샤론 스미스가 갈린 켈리의 투석 IV라인 속에서 보았다는 이상한 물질이 바로 이 혈전이었다.

표백제는 또한 혈액 안에서 위험한 화학 반응을 일으킨다. 표백제가 혈액 단백질을 만나면 포름알데히드라는 화학 물질을 형성한다. 해부용 시신을 보존하기 위해 시신을 담가두는 용액 속의 화학 물질이다. 포름알데히드는 세포에 쉽게 침투해서 세포 안에 있는 모든 단백질이 한 줄로 서로 연결되도록 만들어 딱딱한 망사 형태의 구조를 형성함으로써 세포를 단숨에 죽여버린다.

혈액 안에서 이런 반응이 일어나는 동안, 혈관으로 주입되었던 표백제는 순환계를 타고 금방 심장에 도달한다. 적혈구는 체내 칼륨의 주요 저장소이기 때문에, 적혈구가 대량으로 파괴되면 혈중 칼륨 농도가 급격히 올라간다. 높은 혈중 칼륨 농도가 심장에 어떤 치명적인 영향을 끼치는지는 이미 앞에서 이야기한 바 있다.

🌢 죽음의 레모네이드

알칼로이드의 쓴맛도 감출 수 있고, 청산가리의 아몬드 냄새를 아무도 눈치채지 못하게 할 수도 있고, 비소는 아무런 맛도 나지 않는다. 그러나 표백제의 염소 냄새는 도저히 가릴 수가 없기 때문에, 표백제를 모르고 마시는 사람은 거의 없다. 그러나 한 어리석은 범죄자는 아무 생각도 없이 표백제로 살인을 저지르려다 덜미를 잡혔다.

2010년 7월, 미주리주 캐루더스빌에 사는 19세의 라렌조 모건Larenzo Morgan은 여자 친구 때문에 잔뜩 화가 나 있었다. 모건은 얼토당토않은 논리로, 여자 친구를 되찾을 최선의 방법은 여자 친구와 그녀의 어린아이들에게 독을 먹이는 방법이라는 황당한 결론을 내렸다. 모건은 냉장고 안에 있던 레모네이드 병에 표백제를 부은 다음에는 제빙 용기에는 표백제를 섞은 물을 부었다. 잠시 후, 밖에서 놀다 들어온 여자 친구의 아이 둘이 목이 마르다며 냉장고에서 레모네이드를 꺼내 각자 한 컵씩 따랐다. 아이들은 레모네이드가 입에 들어가자마자 고약한 맛에 깜짝 놀라며 뱉어버렸다.

레모네이드에 표백제가 들어간 게 실수였을 리 없었지만, 다행히 아이들이 많이 삼키지 않아서 응급실에 가거나 경찰을 부를 만큼 위험하지는 않았다. 아마 한 집에 살던 다른 아이의 생부가 모건의 범행을 추궁하지 않았더라면, 이 사건은 세상에 알려지지 않고 묻혔을지도 모른다. 결국 경찰이 개입했고, 모건은 아이들을 중독시키려 했다고 인정했다. 모건은 기소되어서 아동 복지에 대한 1급 위해 행위로 유죄 판결을 받았다.

    염소 표백제 역시 잘 쓰이면 질병과 죽음을 예방하는 데 큰
효과가 있는 화학 물질의 표본이지만, 잘못 쓰이면 사람을 죽일
수도 있는 물질이다. 누구나 식품점의 진열대 위에 진열된 표백제
를 쉽게 볼 수 있다고 해서 이 물질의 독성이 제거되었다거나 이
물질을 사용할 때 조심해야 하지 않아도 된다는 의미는 아니다.

죽음의 정원

담배, 커피, 알코올, 대마초, 프러시아산, 스트리크닌, 이런 것들은
약한 희석액이다. 가장 확실한 독약은 시간이다.

_랠프 월도 에머슨, 〈노년〉, 《월간 애틀랜틱Atlantic Monthly》, 1862년 1월 호

잉글랜드 북동부 노섬벌랜드 언덕의 구릉에는 안윅성이 있
다. 영화 〈해리 포터〉 시리즈에도 여러 번 배경으로 나왔던 이 성
은 해리 포터의 호그와트성과 비교해도 전혀 손색이 없는 매력을
갖고 있다. 잘 손질된 대정원과 폭포수 같은 분수 사이에 높은 벽
과 육중한 철제문으로 둘러싸인 또 다른 정원이 있다. 이 정원의
문 위에는 방문객들을 향한 경고 문구가 붙어 있다. '이 식물들은
사람을 죽일 수도 있습니다.' 가이드의 안내를 받는 방문객들은
이 위험한 식물들의 희생자가 될 생각이 아니라면, 식물들을 함
부로 만지거나 냄새를 맡거나 맛을 봐서는 안 된다. 이 정원에서
는 대마와 코카인의 원료가 되는 식물을 비롯해 100종 이상의 치
명적인 식물들이 재배되고 있다. 마약의 위험성을 알리고자 하는
현재 백작부인의 교육적 소명에 따라 설계된 정원이다. 벨라돈나,

독말풀(흰꽃독말풀의 사촌), 아코나이트, 피마자 등 이 책에 소개된 식물들도 이 죽음의 정원에서 길러지는 대표적인 식물들이다.

고대에는, 심지어는 18세기 초까지도 독살은 살인으로 밝혀지기 힘들었고 범인은 쉽게 빠져나갔다. 중독에 의한 증상 대다수가 흔한 감염병과 비슷했고, 특히 위장 질환에 의한 증상과 매우 비슷했다. 이런 경우 살인으로 인한 죽음이 아닌 자연사로 결론지어지기 일쑤였다. 다소 의심이 가는 죽음이라 하더라도 독약을 검출할 방법이 없었으니 살인을 증명할 수가 없었다.

독약을 검출할 과학적인 방법이 명확하게 알려진 것은 18세기에 이르러서였다. 그러나 시험관에서 독약이 검출되었다고 해도, 시신에서 똑같은 화합물을 검출하는 것은 늘 쉽게 극복할 수 없는 또 하나의 난관이었다. 그럼에도 불구하고 이제는 피해자의 몸에 독약이 있는지의 여부뿐 아니라 얼마나 많이 있는지도 알아낼 수 있다. 독살은 과거에 비해 훨씬 드물어졌지만, 여전히 일어나고 있음을 이 책이 보여준다. 그러나 오늘날에는 독살을 저지른 범인이 잡히지 않고 빠져나가기는 거의 불가능하다. 식물에서 유래된 화학 물질 중의 일부가 가진 이러한 치명적인 독성에도 불구하고, 이 화학 물질 자체가 본질적으로 나쁘거나 좋은 것이 아니다. 그것을 어떻게 쓰느냐에 따라서 약이 될 수도 있고 독이 될 수도 있는 것이다. 흥미로운 것은, 인체의 작용에 대한 현대적인 이해의 상당 부분이 독약을 쓰면서 이루어져왔다는 사실이다.

심장의 전기 신호에 대한 이해를 예로 들어보자. 심장의 전기 신호는 디곡신 및 디곡신 관련 화학 물질의 도움을 받아 이해할 수 있게 되었고, 그 이해를 바탕으로 부정맥과 심장 마비를 위한 더 효과적인 치료제가 개발되었다.

아트로핀이나 니코틴(담배에서 발견되는 독성 화학 물질) 같은 아트로핀 관련 물질을 인체 조직과 반응시키는 것으로 이런 물질들이 어떻게 신경의 작용을 일으키는지 파악할 수 있었다. 입안이 바싹 마르는 것이 아트로핀 중독의 증상 중 하나다. 그 이유가 아트로핀이 기도가 제대로 기능하도록 습윤 상태를 유지하기 위한 체액과 타액의 분비를 방해하기 때문이다. 의식이 없거나 수술을 받고 있는 환자들, 특히 삽관을 한 환자의 경우에는 구강에 고였던 침이 목 뒤로 넘어가 폐로 흘러들 위험이 있다. 폐에 체액이 과도하게 고이면 호흡이 곤란해질 뿐 아니라 폐렴 같은 감염병이 발생할 위험이 있다. 그래서 의사들은 삽관 환자에게 아트로핀을 주사해 타액의 분비를 막음으로써 생명을 위협할 수도 있는 폐의 감염병을 예방한다.

치명적인 물질 하나가 어떻게 세포에 침투하는지를 알게 되면 다른 물질들이 세포에 침투하는 경로에 대해서도 실마리를 찾게 된다. 예를 들면, 리신은 세포 내 섭취endocytosis라는 과정을 이용해 세포에 침투한다. 리신의 침투 경로는 로토바이러스rotovirus처럼 장에 침투하는 바이러스나 코로나바이러스처럼 기도에 침투하는 바이러스에도 이용된다. 화학 물질이 세포에 침투하는 경로를 알아내기 위해 리신과 같은 독물을 이용하는 것은 그 경로를 차단하는 것뿐 아니라 약물이 더 효율적으로 작용하도록 만들 방법, 그래서 환자들에게 더 적은 약물을 쓰고도 더 빨리 회복시킬 수 있는 방법을 찾는 데 있어서도 첫 번째 단계가 된다.

유용한 독약은 식물에서 유래한 화학 물질에만 국한되지 않는다. 칼륨은 갑작스러운 심장 발작을 일으킬 수 있지만, 칼륨이 세포를 가로지르는 전류에 어떤 영향을 미치는지에 대한 연구는 인슐린이 췌장에서 어떻게 분비되도록 할지를 결정하는 데에도 큰 영향을 미친다. 설포닐우레아sulfonylurea는 수백만 명의 2형 당뇨병 환자들이 혈중 인슐린 수치를 높이기 위해 복용하는 약이다. 이 약은 세포로부터 칼륨을 내보내는 과정을 변형시킴으로써 그 효과를 발휘하는데, 이 약도 애초에 췌장 세포에서 칼륨 수치가 높아지면 어떻게 되는지를 연구하던 과정에서 탄생했다. 과학 연구에서 독약이 사용되는 경우는 아마도 우리가 일반적으로 생각하거나 알고 있는 것보다 훨씬 더 광범위하고 빈번할 듯하다. 독약이 없었다면 인체의 작용에 대한 이해의 수준도 지금보다 훨씬 뒤처졌을 것이다.

어떤 과학자들은 독약을 검출하는 데 연구 경력의 전부를 바치는데, 또 다른 이들은 악의적인 목적을 가지고 새로운 독약을 개발하려고 자신이 가진 지식과 기술을 악용한다. 그러나 각각의 독약이 가진 독특한 특징이 그런 과학자들이나 살인자들의 악행을 밝혀내는 데 일등 공신이 되기도 한다. 그렇다 하더라도 약물 자체가 본질적으로 나쁜 것은 아니다. 아무리 독약이라 해도 단지 화학 물질에 불과하다. 많은 과학자나 의료 기술자가 자신의 전문적인 지식을 악용해 자신의 손에 맡겨진 환자나 약자들에게 해를 입혔다는 사실은 충분히 분노를 살 만한 일이지만, 그러한 악행의 책임은 거기에 쓰인 약물에 있는 것이 아니라 전적으로 그것을 악용한 살인자들에게 물어야 할 것이다.

부록

마음에 드는 독약을 고르세요

아래에 공개될 정보는 순전히 교육적인 목적으로 제공되는 것입니다. 누군가를 해칠 목적으로 특정 독약을 사용하려는 사람에게 이익 또는 불이익을 주려는 의도는 전혀 없습니다.

* 참고: 1티스푼=5000mg

디곡신 DIGOXIN

✕ **유입 경로:** 섭취 또는 주사.

✕ **치사량:** 2~3mg.

✕ **작용:** 심장의 전기 신호 차단.

✕ **증상:** 어지럼증, 혼란, 환영과 착시, 복통, 근육통, 무력증, 오심, 시야 교란, 부정맥, 심계항진, 호흡 곤란, 심장 마비.

✕ **해독제:** 아트로핀 또는 디곡신 항체 디기빈드Digibind.

리신 RICIN

* **유입 경로:** 섭취, 흡입, 주사.
* **치사량:** 약 1.5mg.
* **작용:** 모든 세포의 단백질 합성 기제를 공격.
* **증상:** 주사의 경우 고열, 오심, 출혈, 광범위한 조직 손상, 기관 부전이 나타나고, 흡입의 경우 노출로부터 4~8시간 이내에 기도와 폐에서 염증이 나타난다. 고열, 기침, 가슴의 압박감, 무력감, 체액의 누적으로 호흡기 부전이 일어난다. 섭취할 경우 오심, 구토, 피가 섞인 설사, 장출혈, 쇼크 등이 오고 3~5일 이내에 사망한다.
* **해독제:** 없음.
* **특징:** 인간에게 알려진 가장 강한 독성 물질.

비소 ARSENIC

* **유입 경로:** 섭취.
* **치사량:** 40~100mg.
* **작용:** 인체 내의 모든 세포에 들어 있는 함황효소에 작용하여 에너지 생산과 손상된 세포의 회복을 중단시킴.
* **증상:** 격렬한 구토와 설사, 복통, 근육 경련, 음식을 삼키기 힘들어짐, 심한 갈증, 음식을 삼키기 힘들어지면서 입안과 식도의 통증이 발생, 약한 맥박, 신부전, 혼수, 12~36시간 내 사망.
* **해독제:** 디메르카프롤. 디메르카프롤은 비소와 강하게 결합해 독

성을 무력화시킨다. 수은, 금, 납의 급성 중독 치료제로도 쓰인다.

스트리크닌 STRYCHNINE

* **유입 경로:** 섭취, 주사 또는 눈과 입을 통한 흡수.
* **치사량:** 100~140mg 또는 1/100 티스푼.
* **작용:** 신경독물로서 글리신 수용체에 작용한다.
* **증상:** 격렬한 경련과 질식, 고열(근육 수축으로 인함), 후궁반장으로 이어지는 강직성 경련. 초기의 증상으로부터 회복한다 해도 근육 분해로 인한 신장 손상을 입을 수 있고, 신경 손상은 영구적으로 남는다.
* **해독제:** 특정 해독제 없음.
* **특징:** 가장 고통스러운 죽음으로 알려져 있다. 스트리크닌에 노출된 후 3~4시간 이내에 피로와 질식으로 사망한다.

아코나이트 ACONITE

* **유입 경로:** 섭취.
* **치사량:** 약 2mg.
* **작용:** 신경계의 신호 작용 교란.
* **증상:** 오심, 구토, 설사, 작열감, 가려움증, 입 주변과 안면 마비, 마비 증상이 사지로 확산, 발한, 어지러움, 호흡 곤란, 착란, 폐와

심장의 마비.

✕ **해독제:** 특정 해독제 없음. 대증 요법으로 심장약 사용할 수 있음.

아트로핀 ATROPINE

✕ **유입 경로:** 대개 섭취를 통해 유입.

✕ **치사량:** 50mg 이상.

✕ **작용:** 신경독으로 작용. 아세틸콜린 수용체를 차단함으로써 시냅스끼리의 정상적인 물질 전달을 막는다.

✕ **증상:** 입안이 심하게 마르며 발음이 꼬이고 환각, 환영이 일어난다. 시야가 흐려지고 빛에 예민해지면서 착란이 일어나고 소변 정체가 발생한다. 심장 박동이 빨라지며 호흡기가 마비된다.

✕ **해독제:** 특정 해독제는 없지만, 몇몇 증상에 대한 대증 요법으로 피조스티그민physostigmine을 쓸 수 있다.

염소 CHLORINE

✕ **유입 경로:** 주사와 흡입.

✕ **치사량:** 염소 가스로서 공기 중 34~51ppm, 경구용 20g, 정맥주사로 2g.

✕ **작용:** 혈구, 근육, 기도와 코, 눈의 섬세한 조직에 작용.

✕ **증상:** 염소를 주사하면 혈구 세포가 분해되고 빈혈을 일으키며

신장과 뇌로 전달되는 산소가 부족해진다. 산화 작용으로 혈액 단백질이 손상된다. 흡입하면 목, 기도, 폐에 화학적 화상을 입어 호흡 곤란이 발생한다. 폐에 체액이 차서 호흡이 힘들어진다.

✗ 해독제: 없음.

인슐린 INSULIN

✗ **유입 경로:** 주사

✗ **치사량:** 466~600단위(13~31mg에 해당).

✗ **작용:** 간, 근육, 지방의 인슐린 수용체 등을 공격하여 혈당을 급격히 떨어뜨린다.

✗ **증상:** 발한, 구토, 무기력, 조급증, 혼란, 혼수.

✗ **해독제:** 포도당 정맥 주사.

청산가리 CYANIDE

✗ **유입 경로:** 흡입 또는 섭취.

✗ **치사량:** 약 500mg.

✗ **작용:** 미토콘드리아를 공격, 에너지 생산을 차단한다.

✗ **증상:** 발작, 저혈압, 낮은 심장 박동 수, 혼수, 폐 손상, 호흡기 부전, 심장 마비.

✗ **해독제:** 비타민 B12와 같은 형태로서의 코발트.

✖ **특징:** 인류에게 알려진, 작용이 가장 빠른 독약이다.

칼륨 POTASSIUM

✖ **유입 경로:** 섭취 또는 주사.

✖ **치사량:** 주사로 2000mg. 섭취할 경우에는 독성이 떨어지므로 40만 mg 정도.

✖ **작용:** 모든 세포에 작용하지만 심장 세포가 특히 취약하다.

✖ **증상:** 오심, 구토, 피로, 무감각, 흉통, 호흡 곤란, 부정맥, 심장 마비.

✖ **해독제:** 없음. 투석과 배뇨제로 신장이 칼륨을 배출하도록 도울 수 있다.

폴로늄-210 POLONIUM-210

✖ **유입 경로:** 섭취.

✖ **치사량:** 약 0.0005mg.

✖ **작용:** 각 세포의 핵 속에 있는 DNA를 공격한다.

✖ **증상:** 심한 두통, 설사, 구토, 탈모, 광범위한 다발성 기관 손상, 2~3일, 길면 일주일 안에 사망한다.

✖ **해독제:** 없음.

✖ **특징:** 청산가리보다 100만 배 독성이 강하다.

감사의 말

이 책을 쓰는 동안 아낌없는 지원과 격려를 보내준 아내와 딸들에게 마음 깊은 곳으로부터 감사를 보낸다. 그들은 언제나 내 기쁨과 행복의 원천이다. 이제는 아내도 그동안 여기저기서 눈에 띄던 독약에 대한 지저분한 메모들이 진짜로 이 책을 쓰기 위한 것들이었음을 믿어주기 바란다! 평생토록, 특히 생화학을 공부하던 학부 시절과 대학원 시절 나를 응원해주신 부모님께도 빚을 졌다. 두 분은 생화학이 뭔지도 잘 모르시는 분이었다.

나의 에이전트, 제시카 패핀의 도움이 없었다면 이 책을 쓴다는 것은 한낱 꿈으로만 머물러 있었을지도 모른다. 애초부터 이 책의 초고를 열정적으로 받아주었던 제시카에게 너무나 많은 빚을 졌다. 그녀가 없었다면 이 책을 완성하기는 불가능했을 것이다(제시카 덕분에 문장에 현재진행형 시제를 남발하던 버릇을 많이 고쳤다). 환상적인 편집자 세라 그릴과 찰스 스파이서에게도 무한한 감사를 드린다. 두 사람은 이 책이 지향해야 할 방향을 제시해 주었고, 거기에 도달할 수 있도록 도와주었다. 세라는 나의 초고를 반복해 읽으면서 나에게서 많은 것을 배우려고 했지만, 사실은

내가 그녀로부터 더 많은 것을 배웠다. 세라 덕분에 나의 글쓰기 실력이 크게 발전했다. 그녀는 내가 궤도를 이탈하지 않도록, 걸핏하면 과학적인 방황에 빠져들려고 하는 나를 제자리로 돌아오도록 이끌어주었다.

친구와 동료들에게도 고마움을 전한다. 로버트 브리지스, 헥터 라스가도 플로레스, 팻 맥코맥, 보니 블레이저 요스트, 이들은 바쁜 시간을 쪼개 이 책에 나오는 과학적인 내용들을 검토해주었다. 이들의 노력에 감사하며, 그럼에도 불구하고 이 책에 어떤 실수나 누락이 있다면 그것은 전적으로 나의 잘못이다. 스코틀랜드 세인트앤드루스 대학의 생화학과 교수님들에게도 감사를 전한다. 물론 그때 수강했던 과목에 정식으로 들어 있는 내용은 아니었지만, 독약에 대해 관심을 갖기 시작한 것은 그분들의 강의 덕분이었다. 우리가 학부 시절에 실시했던 실험들, 이를테면 청산가리 실험 같은 것들은 아마 지금은 허용되지 않을 것이다. 마지막으로, 내 수업을 들었던 모든 학생에게 고마움을 전하고 싶다. 그들은 생리학을 이해시키기 위해 늘 살인 사건을 들먹이던 내 강의를 귀를 쫑긋 세우고 들어주었다. 그들 스스로 나아갈 발견의 여정에서 그들을 도울 수 있었던 기회는 내게 허락된 특권이었으며 그 특권에 항상 감사한다. 감사해야 할 분을 혹시 빠뜨렸다면, 이 자리를 빌려 사과하고 싶다. 내 실수에 민망한 마음은 있지만, 그분들께도 감사하는 마음은 똑같다.

주석

- 가일스 브랜드리스, 존 모티머 경 인터뷰 〈완벽한 살인의 방법How to commit the perfect murder〉,《텔레그래프》(런던), 2001년 12월 18일 자.

들어가며

1 시실리에 살던 '토파나'라는 한 여성은 악명 높은 '아쿠아 토파나' 공급자였다. 토파나는 당시에 잘 팔리던 성수의 이름을 본떠 '성 니콜라스의 만나Manna of St. Nicholas'라는 이름으로 이 물약을 팔았다. 화장품이라는 명목으로 팔렸지만, 이 물약을 산 많은 사람은 이 물약을 '토파나의 물aqua tofana' 즉 아쿠아 토파나라고 부르면서, 화장품이 아닌 독약으로 썼던 듯하다. 이 물약 때문에 죽은 사람이 500명에 달했다고 한다. 결국 이 물약이 '나폴리의 물'이란 뜻의 '아케타 디 나폴리Aquetta di Napoli'라는 이름으로 나폴리에서도 팔린다는 것을 알게 된 나폴리의 통치자가 나서서 이 물약의 판매를 금지시켰다. 이 물약은 포도주 한 잔에 여섯 방울만 떨어뜨려도 그 포도주를 마신 사람을 죽일 수 있을 정도로 치명적이었다. 체포되어 범행을 자백한 토파나는 1709년에 교수형에 처해졌다. 아쿠아 토파나의 제조법이 전해지지 않은 것이 천만다행이었다.

2 가슴이 두근거리며 속이 울렁거리거나 호흡 곤란, 흉통 등의 증상으로 나타난다.

Case 01 **발로 부인의 욕조** × 인슐린

1 당뇨병에는 크게 두 가지 타입이 있다. 타입1 당뇨 환자는 몸에서 인슐린을 만들어내지 못하고, 타입2 당뇨 환자는 몸이 인슐린에 저항을 하거나 체내에서 생성하는 인슐린의 양이 부족하다는 특징이 있다. 타입1 당뇨병은 인슐린 의존성 당뇨병 또는 소아 당뇨라고 불리는데, 이 형태의 당뇨병이 주로 어린이, 청소년, 젊은 연령층의 성인에게서 나타나기 때문이다.

2 앨런의 과학적 저작물들은 온통 일화들을 모아놓은 기담집에 불과했다. 앨런의 한 친구는, 직접 수기로 작성된 앨런의 원고를 출판사 편집진들이 제대로 읽어내지 못했기 때문에 결국은 그의 아버지가 하버드 대학에서 자비로 출판을 하는 수밖에 없었다고 회상했다. 단식이 당뇨병 환자의 몸에서 포도당 수치를 현저히 떨어뜨렸으리라는 것도 의심할 바 없지만, 열량 제한은 그 자체로도 문제를 일으킨다. 앨런과 조슬린은 '무기력증inanition'이라고 완곡하게 표현했지만, 환자들은 굶어서 죽은 게 분명하다. 그나마 조슬린은 일말의 양심이라도 있었는지 "우리는 새로운 치료법이 나타나기를 바라는 실낱같은 희망을 안고 소아 환자들과 성인 환자들을 굶겼다…. 굶어서 죽어가는 어린아이를 지켜보는 것은 결코 즐거운 일이 아니었다"라고 고백했다.

3 인슐린을 가장 먼저 발견한 사람은 프레더릭 밴팅Frederick Banting과 찰스 베스트Charles Best였지만, 생산에는 제임스 컬립James Collip과 존 매클라우드John Macleod도 참여했다. 인슐린 발견의 놀랍고도 멋진 일화는 과학자들의 시기와 질투, 사업상의 치열한 경쟁, 심지어 연구소에서 육탄전까지 벌어지면서 불행으로 얼룩졌다. 네 명의 과학자가 인슐린 실험에 함께했지만, 인슐린 발견의 공로로 노벨상을 받은 것은 밴팅과 매클라우드뿐이었다. 밴팅과 컬립은 인슐린에 대한 특허권을 단돈 1캐나다달러에 토론토 대학에 팔았다.

4 사람은 섬유질을 소화시키지 못하지만, 장의 정상적인 기능을 유지하기 위해서 섬유질은 매우 중요한 영양 성분이다. 또한 장에 문제가 생기지 않도록 예방하는 데도 필요하다. 사람처럼 소도 섬유질을 분해하는 효소를 생산하지 못하지만, 소의 장에서 사는 박테리아가 섬유질을 소화시킬 수 있도록 도와준다.

5 1994년에 노벨경제학상을 수상한 수학자 존 내시John Nash도 조현병으로 고생했으며 이 병을 치료하기 위해 인슐린 쇼크 치료를 받았다. 그의 삶과 인슐린 치료법에 대한 이야기는 2001년에 제작된 영화 〈뷰티풀 마인드〉에 잘 묘사되어 있다.

6 신경 세포의 탄력성과 대사 과정을 약화시키는 유해 물질이 있다는 것이 나의 추측이다. 인슐린으로 세포를 차단함으로써 발생하는 세포 에너지의 감소는 짧게 또는 길게 세포의 작용을 멈추게 하고, 이 기간 동안 세포가 기능하는 데 필요한 에너지를 보존하고 세포를 더욱 강화시키기 위해 저장한다." (M. Sakel, 〈The methodical use of hypoglycemia in the treatment of psychoses〉, 《American Journal of Psychiatry》 151, supp. 6 [1994. 6]; pp.240~247)

7 영국의 의학 저널 《랜싯The Lancet》은 바르비투르산염으로 무의식 상태를 유도한 환자와 인슐린 치료법으로 무의식 상태를 유도한 환자를 대조하는 무작위 임상 실험 결과를 발표했다. 결과적으로 이 두 그룹 사이에는 차이가 없었다. 따라서 과학자들은 혼수상태를 유도하는 치료법의 임상적인 효과는 어떤 경우든 인슐린이 치료제로 작용한 것은 아니라는 결론을 내렸다.

8 The Home Office, 영국에서 법 집행과 치안 유지, 경찰을 지휘하는 내각 부처.

9 59세의 심장외과 의사의 아내가 남편의 인슐린 펌프에 인슐린 대신 마취제인 에토미데이트etomidate, 큐라레와 비슷한 효과가 있는 근이완제 라우다노신laudanosine을 주입해 환자의 호흡을 정지시켜 살해했다. 가해자는 인근 병원의 회복실에서 일하는 간호사였기 때문에 문제의 약물을 쉽게 손에 넣을 수 있었다. (B. Benedict, R. Keyes, F. C. Sauls, 《American Journal of Forensic Medicine and Pathology》, 25 [2004]: pp.159~160)

Case 02　알렉산드라의 토닉 워터 × 아트로핀

1　프랑스 혁명기에 파리 시민들은 혁명을 지지한다는 의미로 빨간 모자를 착용했다. 기요틴에서 귀족들의 목이 잘려나가는 장면은 분명 커다란 구경거리였겠지만, 사람들은 먹기도 해야 했다. 한 열정적인 요리사는 공화주의자라면 붉은 색깔의 음식만 먹어야 한다고 열변을 토했다. 당시의 귀족 계급에는 아직 토마토가 대중화되어 있지 않았기 때문에, 토마토는 피에 굶주린 대중들에게 완벽하게 상징적인 식품이 되었다.

2　까마중의 영어 일반 명칭 'nightshade'는 영국의 중세 식물학자 존 제라드 John Gerard에게서 유래되었다. 그는 독까마중deadly nightshade을 '잠을 부르는' 까마중이라 부르면서 독성을 경고했다. 그는 이 식물이 생명을 위협할 수 있다는 것을 알고 있었다. 그는 "이 종류의 까마중은 잠을 부른다. … 이것을 먹으면 너무 깊이 잠들어 자칫하면 죽을 수도 있다"라고 했다.

3　아트로핀을 정제하는 방법을 가장 먼저 논문으로 발표한 사람은 가이거와 헤스였지만, 하인리히 마인Heinrich Mein이라는 독일 약제상은 그보다 2년 앞선 1831년에 아트로핀을 생산했던 것으로 보인다.

4　마르코니의 무선 전신을 이용한 첫 사례는 대서양을 건너 도주한 살인자 홀리 하비 크리펜Hawley Harvey Crippen 박사를 추격한 일이었다. 온 세계가 그의 도주극을 추적하고 있었다. 크리펜 박사는 육지에 발을 딛자마자 다른 대서양 횡단 선박을 타고 온 스코틀랜드 경찰에게 체포되었다. 그는 자신의 아내 코라를 아트로핀의 사촌 격인 스코폴라민scopolamine으로 독살했다는 혐의를 받았다. 크리펜은 1910년에 런던의 펜튼빌 교도소에서 교수형을 당했다.

5　뢰비의 꿈속 실험은 사실 진위가 의심스럽다. 뢰비는 1920년 부활절 주말에 꿈속에서 개구리 심장 실험을 했다고 주장했지만, 그가 자신의 연구를 발표한 학술지는 그해 부활절 전 주에 논문 원고를 받았다. 아마도 이야기를 재미있게 풀어놓기를 좋아했던 뢰비가 극적인 재미를 덧붙이기 위해 윤색을 한 것이 아닐까 싶다. 어찌됐든, 이 이야기는 오랫동안 이 사람에게서

저 사람에게로 전해졌다. 아마 신경과학자들도 아이를 재울 때 한두 번쯤 이 이야기를 들려주었을 것이 틀림없다.

6   이때 추방된 러시아 스파이 중에는 맨해튼 사교계의 명사이자 미디어의 인기 스타, 모델이자 외교관의 딸이었으며 또한 스파이였던 애나 채프먼Anna Chapman도 있었다.

Case 03   램버스의 독살자 × 스트리크닌

1   1896년 레너드 샌달Leonard Sandall이라는 의대생이 의학 저널 《랜싯》에 보낸 편지에서 시험을 볼 때 강장제로 스트리크닌을 복용해 도움이 되었다고 썼다. "3년 전, 시험 공부를 하다가 완전히 기진맥진해서 스트리크닌 용액 10minim(액량 단위 중 하나)을 복용했다. … 두 번째로 복용한 날 저녁 무렵, '안면 근육'이 굳어지는 느낌이 들면서 입안에서 특이한 쇠비린내가 났다. 몸이 불편한 느낌이 들면서 마음도 매우 불안해졌고, 자리에 가만히 앉아 책만 읽을 것이 아니라 나가서 걷고 싶어졌다. 침대에 누웠는데 갑자기 종아리 근육이 굳어지면서 발작이 일어났다. 발가락이 발바닥 쪽으로 말려들었고, 몸을 움직이거나 고개를 돌리면 눈앞에서 별똥별이 지나가는 것처럼 빛 줄기가 휙휙 날아다녔다. 그제서야 나는 심각한 증상이 찾아왔음을 깨달았다." (〈An Overdose of Strychinine〉, 《The Lancet》 147 [1896]: 887.)

2   〈The Mysterious Affair at Styles〉, 《Pharmaceutical Journal and Pharmacist》 57 (1923): 61. 사실 크리스티는 제1차 세계대전 중에 약사로서 훈련을 받았으며 1917년에 약제사 시험에 합격해 자격증까지 가지고 있었다.

3   스트리크닌이 가지고 있던 '세상에서 가장 쓴맛'의 기록은 1955년 함부르크 대학의 프리드헬름 코르테Friedhelm Korte가 용담gentian으로부터 아마로겐티안amarogentian이라고 알려진 식물성 화학 물질을 분리해내면서 깨졌다. 아마로겐티안의 쓴맛은 5800만분의 1로 희석해도 느낄 수 있을 정도(물을 가득 채운 올림픽 규격 수영장에 딱 한 방울만 떨어뜨려도 아마로겐티안의 쓴맛을 알아차릴 수 있다는 뜻)이니, 스트리크닌보다 쓴맛이 대략 1000배나 강하다고

할 수 있다.

4 공개 처형은 1868년부터 금지되었기 때문에 교도소 내부에서 형이 집행되었다. 그러나 크림이 사형장으로 이어진 계단을 오르는 동안, 교도소 밖에 모인 군중들은 그의 죽음을 재촉하는 함성을 질렀다. 한 신문에 이런 기사가 실렸다. "아마도 런던에서 사형당한 범죄자 중에 그보다 많은 군중이 기꺼이 처형을 기다려준 사형수는 없었을 것이다." 사형을 집행했던 제임스 빌링턴에 따르면, 형 집행 직전 크림의 마지막 말은 "나는 잭 더…"였다고 한다. 이 말을 근거로 빌링턴은 자신이 잭 더 리퍼의 사형을 집행한 거라고 주장했지만, 잭 더 리퍼가 살인을 저지르던 시기에 크림은 일리노이주의 교도소에 수감되어 있던 것을 생각하면 그 말은 사실이 아닐 것이다. 하지만 마담 투소의 밀랍 인형 제작실에서 크림을 모델로 만든 밀랍 입형에 입히기 위해 200파운드나 주고 크림의 옷가지와 개인 물품을 샀을 정도로 크림은 악명 높은 범죄자였다.

5 올드 베일리 법정에 마틸다 클로버 살인 사건의 증인으로 출석한 집주인의 증언 기록.

Case 04 싱 부인의 커리 × 아코나이트

1 램슨이 퍼시에게 캡슐을 삼켜보라고 했다는 이야기는 램슨의 재판에 증인으로 출석한 베드브룩 교장의 증언 도중에 나왔는데, 런던시와 사우스워크 자치구 검시관이 이 이야기에 주목했다. 이 이야기는 검시관인 F. J. 월도Waldo에 의해 '주목할 만한 영국의 독살 범죄 사건에 대한 기록Notes on Some Remarkable British Cases of Criminal Poisioning'이라는 제목으로 《의학 개요Medical Brief》 32호(1904) 969~940쪽에 실렸다.

2 〈The Case of Poisoning at Wimbledon〉, 《Pharmaceutical Journal and Transactions》 12 (1881~1882): 777~780.

3 〈마리아 헨드릭슨 중독 살해 사건에 대한 존 헨드릭슨 주니어 재판 기록Trial of John Hendrickson Jr. for the Murder of His Wife Maria by Poisoning〉 Albany, NY:

Weed Parsons and Co. Printers, 1853.

4   아코나이트를 유지에 녹여 만든 소위 '마녀의 연고'를 몸에 문지르면 아코
    나이트가 천천히 피부를 통해 흡수되었다. 발이 땅에서 떨어져 사지가 둥둥
    떠 있는 것 같은 느낌이 마치 하늘을 날아다니는 마녀의 힘처럼 느껴졌다.

5   치료에 참여했던 의사들이 사례 보고서 형식으로 자신들의 기록을 출판했
    다. (K. Bonnici, et al., 〈Flowers of Evil〉, 《The Lancet》 376, no. 9752 [2010]: 1616.)

Case 05 워털루역의 석양 × 리신

1   Georgi Markov, 《The Truth That Killed》, New York: Ticknor and Fields, 1984.

2   나중에 엑스선 사진을 더 세밀하게 판독한 결과 마르코프의 다리에 박혀 있
    는 아주 작은 펠릿이 발견되었다. 처음에 이 사진을 판독했던 방사선과 의
    사는 그 점이 너무 작아 필름에 생긴 흠집이라고 생각했던 것이다.

3   블라디미르 코스토프Vladimir Kostov도 불가리아를 탈출해 파리의 자유 유럽
    라디오에서 일했다. 1978년 8월 27일, 코스토프는 지하철 개선문역의 에스
    컬레이터를 타고 올라가던 도중 공격을 당했다. 에스컬레이터에서 내릴 즈
    음, 등에서 따끔거리는 자극을 느꼈다. 뒤돌아보니 서류 가방을 든 한 남자
    가 있었다. 그다음 날 코스토프는 고열과 함께 따끔거리는 자극이 있었던
    자리가 부어올랐다. 마르코프가 사망한 후, 의사는 코스토프의 등에서 펠릿
    이 꽂힌 자리 주변의 조직을 제거했다. 펠릿에는 아직도 리신이 남아 있었
    다. 펠릿을 코팅하고 있던 왁스가 완전히 녹지 않아 리신의 대부분이 펠릿
    안에 갇혀 있었던 덕에 코스토프는 살아남을 수 있었다. 왁스가 천천히 녹
    았기 때문에 누출된 리신에 대해 코스토프의 몸이 면역 반응을 일으켜 독소
    를 해독할 항체를 만들어낼 수 있었다.

Case 06 죽음의 천사 × 디곡신

1   고대 영어로 기록된 문서에서 가장 먼저 등장한 이름도 'foxglove'인 것으로

보아 이 이름이 다른 이름에서 바뀌었거나 시간이 흐르면서 변형된 것은 아닌 듯하다. 디기탈리스에 대한 최초의 기록 중 하나가 1120년경에 잉글랜드의 베리 세인트 에드먼드에서 작성된 《아풀레이 플라토니치 식물표본집 Herbarium Apuleii Platonici》 필사본이므로 'foxglove'는 1000년 전부터 있었던 이름으로 보인다.

2 독극물 통제 센터의 스티븐 마커스 박사와 서머싯 병원 진료부장 윌리엄 코어스 박사의 통화 내용.

마커스: 이건 경찰이 개입해야 할 문제입니다.
코어스: 지금 우리가 직면한 문제는, 아시다시피, 병원 전체를 혼돈에 빠뜨리느냐, 뭡니까, 환자를 더 이상의 위험으로부터 보호하느냐, 하는 겁니다. 우리는, 그… 성급한 판단을 내리기 전에, 뭡니까, 정보를 더 수집하기 위해서 조사를 하고 있는 중이었습니다.

'Angel of Death', 〈60 Minutes〉, CBS, 2013. 4. 28.

Case 07 피츠버그에서 온 교수님 × 청산가리

1 Johann Konrad Dippel, 프랑켄슈타인성(훗날 메리 셸리의 유명한 소설에서 배경으로 등장하는 장소)에서 태어나고 자랐으며, 괴팅겐 대학에서 신학과 연금술을 공부했다. 그를 가르치던 교수 중 한 사람은 그를 이렇게 묘사했다. "실험실의 열기 때문에 완전히 발효된 듯한 두뇌를 가지고 있다."

2 1860년, 로버트 크리스티슨(4장 참조)은 스코틀랜드의 도시 리스에 기항한 한 포경선의 선장으로부터 편지를 받았다. 이 선장은 편지에서 작살 끝에 시안화수소산 캡슐을 달면 고래를 죽이는 데 효과가 있을지를 물었다. 크리스티슨은 아마 그럴 것 같다는 답신을 보내고, 서너 번 정도 '성공적인' 실험을 했다. 그러나 막상 엄청난 덩치의 고래까지 죽이는 청산가리의 효과를 목격한 선원들은 그 육중한 사체에 칼을 대기는커녕 손도 대지 않으려 했

다. 당시에는 포경이 매우 유망한 산업이었고, 포경선은 스코틀랜드의 동해 안에 있는 여러 항구를 돌며 등불을 밝힐 연료로 고래 기름을 팔았다. 취미로 연금술도 연구했던 크리스티슨은 파라핀의 성질에 대해서도 선구적인 연구를 했는데, 그의 연구 덕분에 고래 기름이 더 이상 쓰이지 않게 되었다.

3 사람도 태양으로부터 직접 에너지를 얻을 수 있다는 생각이 브리더리어니 즘breatharianism의 바탕이 되었다. 2010년, 호주에서 제작된 한 다큐멘터리에 음식이나 물을 섭취하지 않고 오로지 햇빛으로만 70년을 살았다고 주장하는 인도의 한 힌두교도가 등장했다. 이 얼토당토않은 이야기를 곧이곧대로 믿은 50세의 한 스위스 여성이 햇빛과 공기만으로 살겠다고 작정했다. 당연히 그 결과가 좋을 리가 없었다. 이 여성은 스위스의 볼프할덴에 있는 자신의 집에서 시신으로 발견되었다.

4 1890년에 대담하거나 무모한 한 의사가 인체에 미치는 청산가리의 효과를 판단하겠다며 소량의 시안화칼륨을 직접 삼켰다. 의학 저널에 그가 '질식하고 있다'고 비명을 지르며 발버둥을 치던 상황이 묘사되었다. 이 의사는 스스로 자초한 위험으로부터 가까스로 살아났지만, 그의 실험은 그런 무모한 짓을 해서는 안 된다는 상식적인 교훈을 남겼다.

5 법정에 제출된 페런트와 911 대원과의 대화 기록.

911: 앨러게니 카운티 911입니다. 주소가 어떻게 되십니까?

페런트: 여보세요, 빨리요, 급해요. 라이튼 애비뉴 219번지예요. 아내가 심장 마비인 것 같아요.

911: 부인께서 말씀을 전혀 못 하시는 상황인가요?

페런트: 네, 말을 못 하고 있어요. 지금, 끙끙거리는 것으로 봐서 발작이 온 것 같아요. 아직 눈은 뜨고 있어요. 저를 보고 있는데, 방금 눈을 감았어요. [신음소리] 오, 제발, 도와주세요! 하느님, 제발 도와주세요!

911: 알겠습니다. 구급대원을 보내드리겠습니다. 곧 도착할 겁니다. 아무것도 먹거나 마시게 하시면 안 됩니다, 아시겠죠, 신고자분?

페런트: 오, 하느님, 도와주세요!

911: 좋습니다, 페런트 씨. 아무것도 먹거나 마시거나 빨아들이지 못하게 하셔야 합니다. 의사가 치료하는 데 방해가 되니까요. 그냥 편안한 자세로 쉬게 해주시고, 구급대원이 도착할 때까지 기다려주십시오.

페런트: 아내의, 아내의 친정 식구들이 섀이디사이드에 살아요. 그곳으로 데려가는 것이 가장 좋을 것 같습니다.

911: 구급대원이 도착하면 신고자분께서 환자분을 섀이디사이드로 옮기고 싶어 한다고 알리겠습니다.

페런트: 아니, 아니, 제가 하겠습니다.

Part II · 땅에서 나는 죽음의 분자

Case 08 악몽의 간호사 × 칼륨

1   소금 대용품은 60퍼센트의 염화칼륨과 40퍼센트의 염화나트륨으로 만들어진다.

2   댄 쾨펠이 2008년에 쓴 책《바나나》에 따르면, 미국인들은 사과와 오렌지를 합한 것보다 더 많은 양의 바나나를 소비한다. 바나나는 사실 장과류에 속한다. 또한 바나나 나무는 나무(교목)가 아니라 초본이다. (Dan Koeppel, 《Banana: The Fate of the Fruit that Changed the World》, New York: Plume, 2008, xi.)

3   영양학자인 아델 데이비스Adelle Davis는 1951년에 출간한 책《건강한 아이 낳기Let's Have Healthy Children》에서 복통이 있는 아기들은 염화칼륨으로 증상을 진정시키는 것이 좋다고 주장했다. 생후 2개월 된 아기 엄마가 이 말을 새겨 듣고, 짜놓은 모유에 염화칼륨 3000밀리그램을 타서 먹였다. 다음 날 아침에도 같은 방법으로 1500밀리그램의 염화칼륨을 아기에게 먹였다. 몇 시간 후, 아기가 전혀 움직이지 않으면서 피부가 파랗게 변하더니 결국 호흡이 멈추었다. 아기를 안고 급히 병원으로 달려갔지만, 아기는 이틀 만에 숨지고 말았다. 아기의 혈중 칼륨 수치는 정상치의 세 배에 달했다. 아무

런 과학적인 근거도 없는 주장 때문에 동료 과학자들로부터 많은 비난을 받았지만, 데이비스의 주장은 1960년대까지 큰 인기를 끌었다.

Case 09 **사샤의 무분별한 소장** × 폴로늄

1 소련은 1970년에 달 탐사선 루노호트Lunokhod를 달 표면에 착륙시켰다(아직 회수되지 않았다). 이 탐사선의 전자 부품들은 폴로늄-210의 방사능 붕괴에서 발생하는 열로 온도를 유지한다.

2 1960년, 미국은 CIA 스파이 항공기가 격추당하자 파일럿 프랜시스 게리 파워스Francis Gary Powers를 보내 마야크 핵 시설을 촬영했다.

3 기자 회견은 1998년 11월 17일 모스크바에서 열렸다.

4 리트비넨코가 암살되던 당시 미국 대사관은 그로브너 광장 24번지 런던 챈서리 빌딩에 있었다. 대사관은 2018년 1월에 템스강 남쪽 배터시 나인 엘름스의 새 건물로 이사했다. 건축가 키어런 팀버레이크가 설계한 이 건물은 정사각형 결정 모양을 본뜬 것이다. 레이건 대통령의 동상은 그로브너 광장에 그대로 남아 있다.

5 https://assets.publishing.service.gov.uk/government/uploads/system/uploads/attachmentdata/file/493860/The-Litvinenko-Inquiry-H-C-695-web.pdf

Case 10 **무슈 랑즐리에의 코코아** × 비소

1 태양왕 루이 14세의 궁정은 '독약 사건'으로 몸살을 앓았다. 사랑의 묘약, 마녀, 살인이 뒤섞인 음란스런 외설들이 유럽 전체를 사로잡았다. 이 요란한 이야기의 중심에는 카트린 데예 몽부아쟁Catherine Deshayes Monvoisin, 라부아쟁La Voisin이라고도 불리는 한 여인이 있었다. 남편이 파산하자 라부아쟁은 원치 않는 임신을 한 여성들에게 낙태 시술을 해주고 사랑의 묘약을 만들어 팔거나 그 반대의 수단이 필요한 이들에게는 치명적인 독약을 만들어 팔며 돈을 벌었다. 왕의 후궁이었던 몽테스팡 부인Madame de Montespan도

라부아쟁의 고객이었다. 몽테스팡 부인은 라부아쟁의 최음제를 이용해 왕의 총애를 다시 끌어오려고 했다. 라부아쟁은 결국 체포되었고 마녀 혐의로 처형되었다.

2   1851년에 통과된 이 법안은 비소를 사려는 사람에 대해서는 엄격하게 규제했지만 비소를 파는 사람에 대해서는 어떠한 규제도 적용하지 않았다. 1868년까지는 약사나 약국에 대한 법적 정의가 존재하지 않았다가 약사법이 제정되자 모든 약국에서 비소를 사고팔 때 기록을 남기게 되었다. 이 규정을 어기거나 거짓 정보를 기재한 사실이 적발되면 20파운드(현재 금액으로 3000~4000파운드)의 벌금형에 처했다.

3   스티리아 변호법은 1857년 매들린 스미스 재판, 1889년 플로렌스 메이브릭 재판 등에서 등장했으나 성공 여부는 제각각 달랐다.

Case 11 텍사스 살인 간호사 × 염소

1   하버는 참호 속의 연합군을 죽이고 사기를 떨어뜨려서 전쟁을 빨리 끝낼 수 있기를 바랬다. 전쟁은 3년 반을 더 끌었으니, 그의 예상은 완전히 빗나간 셈이다.

2   Ignaz Semmelweis, 《The Etiology, Concept, and Prophylaxis of Childbed Fever》(1861), translated and edited by K. Codell Carter, Madison: University of Wisconsin Press, 1983.

3   표백제, 더 구체적으로 말하자면 표백제 속의 염소는 색상 변화 반응으로 쉽게 검출할 수 있다. DPD(N,N-디에틸-p-페닐렌디아민)는 원래 무색이지만 염소를 만나면 색이 변한다. 변한 색이 짙을수록 염소가 많다는 뜻이다. DPD는 지시약 또는 종이에 입혀 지시용 시험지로 만들 수 있다.

4   백혈구는 박테리아를 만나면 백혈구 세포가 자체적으로 만들어낸 표백제로 박테리아를 죽일 수 있다. 이렇게 되면 표백제 속의 염소가 단백질을 만드는 스무 개의 아미노산 중 하나인 티로신에 달라붙는다. 소량의 클로로티로신도 측정할 수 있으므로, 클로로티로신의 존재로 감염에 대한 인체의 반

응을 모니터할 수 있다. 킴벌리 사엔즈의 사건에서 검출된 클로로티로신의
양은 보통 감염에 의해 생성되는 양의 수백 배에 달했다.

* Blum, D. *The Poisoner's Handbook: Murder and the Birth of Forensic Medicine in Jazz Age New York.* New York: Penguin Books, 2010.

* Christison, R. A. *A Treatise on Poisons in Relation to Medical Jurisprudence, Physiology and the Practice of Physic.* Edinburgh: John Stark, 1829.

* Emsley, J. *The Elements of Murder.* Oxford: Oxford University Press, 2005. 한국 어판은《세상을 바꾼 독약 한 방울》(사이언스북스, 2010).

* Evans, C. *The Casebook of Forensic Detection.* New York: John Wiley & Sons, 1996.

* Farrell, M. *Poisons and Poisoners: An Encyclopedia of Homicidal Poisons.* London: Bantam Books, 1994.

* Gerald, M. C. *The Poisonous Pen of Agatha Christie.* Austin: University of Texas Press, 1993.

* Glaister, J. *The Power of Poison.* London: Christopher Johnson, 1954.

* Harkup, K. *A Is for Arsenic: The Poisons of Agatha Christie.* New York: Bloomsbury, 2015. 한국어판은《죽이는 화학》(생각의 힘, 2016).

* Herman, E. *The Royal Art of Poison: Filthy Palaces, Fatal Cosmetics, Deadly Medicine, and Murder Most Foul.* New York: St. Martin's Press, 2018. 한국어판 은《독살로 읽는 세계사》(현대지성, 2021).

* Holstege, C. P., et al. *Criminal Poisoning: Clinical and Forensic Perpectives.* Burlington, MA: Jones & Bartlett Learning, 2010.

* Johll, M. E. *Investigating Chemistry: A Forensic Science Perspective.* New York: Freeman and Co., 2007.

- Macinnis, P. *Poisons from Hemlock to Botox and the Killer Bean of Calabar.* New York: Arcade Publishing, 2004.
- Mann, J. *Murder, Magic and Medicine.* Oxford: Oxford University Press, 2000.
- McLaughlin, T. *The Coward's Weapon.* London: Robert Hales, 1980.
- Ottoboni, M. A. *The Dose Makes the Poison.* New York: Van Nostrand Reinhold, 1991.
- Reader, J. *Potato: A History of the Propitious Esculent.* New Haven: Yale University Press, 2009.
- Stevens, S. D., and A. Klarner. *Deadly Doses: A Writer's Guide to Poisons.* Cincinnati: Writer's Digest Books, 1990.
- Thompson, C. J. S. *Poisons and Poisoners.* London: Harold Shaylor, 1931.
- Trestrail, J. H. III. *Criminal Poisoning.* Totowa, NJ: Humana Press, 2007.

Case 01 **발로 부인의 욕조** × 인슐린

- Ackner, B., A. Harris, and A. J. Oldham. "Insulin Treatment of Schizophrenia: A Controlled Study," *The Lancet* 272, no. 6969 (1957): 607–611.
- Allen, F. "Studies Concerning Diabetes," *JAMA* 63 (1914): 939–943.
- Askill, J., and M. Sharpe. *Angel of Death.* London: Michael O'Mara Books, 1993.
- Bathhurst, M. E., and D. E. Price. "Regina v Kenneth Barlow," *Med. Leg. J.* 26 (1958): 58–71.
- Bliss, M. *The Discovery of Insulin.* Chicago: University of Chicago Press, 2007.
- Bourne, H. *The Insulin Myth. The Lancet* 263 (1953): 48–49.
- Joslin, E. "The Diabetic," *Journal of the Canadian Medical Association* 48 (1943): 488–497.
- Marks, V., and C. Richmond. *Insulin Murders–True Life Cases.* London: Royal Society of Medicine Press, 2007.
- Parris, J. *Killer Nurse Beverly Allitt.* Scotts Valley, CA: CreateSpace Independent

Publishing, 2017.

- Peterhoff, M., et al. "Inhibition of Insulin Secretion via Distinct Signaling Pathways in Alpha2-Adrenoceptor Knockout Mice," *Eur. J. Endocrinol.* 149 (2003): 343–350.

Case 02 알렉산드라의 토닉 워터 × 아트로핀

- Carter, A. J. "Narcosis and Nightshade," *British Medical Journal* 313 (1996):1630–1632.
- Christie, A. "The Thumb Mark of St. Peter," In *The Thirteen Problems*. Glasgow: Collins Crime Club, 1932.
- Harley, J. *The Old Vegetable Neurotics: Hemlock, Opium, Belladonna and Henbane*. Charleston, NC: Nabu Press, 2012.
- Holzman, R. S. "The Legacy of Atropos, the Fate Who Cut the Thread of Life," *Anesthesiology* 89 (1998): 241.
- Marcum, J. A. " 'Soups' vs. 'Sparks': Alexander Forbes and the Synaptic Transmission Controversy," *Annals of Science* 63 (2006): 638.
- People vs. Buchanan, Court of Appeals of the State of New York, 145 N.Y.1 (1895).

Case 03 램버스의 독살자 × 스트리크닌

- Bates, S. *The Poisoner: The Life and Crimes of Victorian England's Most Notorious Doctor*. London: Duckworth Press, 2014.
- Buckingham, J. *Bitter Nemesis: The Intimate History of Strychnine*. Boca Raton, FL: CRC Press, 2008.
- Graves, R. *They Hanged My Saintly Billy: The Life and Death of Dr. William Palmer*. Garden City, NY: Doubleday, 1957.

- Griffiths-Jones, A. J. *Prisoner 4374*. London: Macauley Publishers Ltd., 2017.
- Li, W-C, and P. R. Moult. "The Control of Locomotor Frequency by Excitation and Inhibition," *J. Neurosci*. 32 (2012): 6220-6230.
- Matthews, G. R. *America's First Olympics: The St. Louis Games of 1904*. Columbia: University of Missouri Press, 2005.

Case 04 싱 부인의 커리 × 아코나이트

- *American Medicine* 5, "Of Poisons and Poisonings," editorial comment (June 20, 1903): 977.
- Headland, F. W. "On Poisoning by the Root of Aconitum nepellus," *The Lancet* 1 (1856): 340-343.
- Turnbull. A. *On the Medical Properties of the Natural Order Ranunculaceae: And More Particularly on the Uses of Sabadilla Seeds and Delphinium Straphisagria*. Philadelphia: Haswell, Barrington and Haswell 1838.
- Wells, D. A. "Poisoning by Aconite: A Second Review of the Trial of John Hendrickson Jr.," *Medical and Surgical Reporter (Philadelphia)* (1862): 110-118.

Case 05 워털루역의 석양 × 리신

- Ball, P. *Murder under the Microscope*. London: MacDonald, 1990.
- Markov, G. *The Truth That Killed*. London: Littlehampton Books, 1983.
- Schwarcz, J. *Let Them Eat Flax*. Toronto: ECW Press, 2005.

Case 06 죽음의 천사 × 디곡신

- Graeber, C. *The Good Nurse: A True Story of Medicine, Madness, and Murder*. New York: Hachette Book Group, 2013. 한국어판은《그 남자, 좋은 간호사》

(골든타임, 2014).

- Kwon, K. "Digitalis Toxicity," eMedicine, July 14, 2006; www.emedicine.com/ped/topic590.htm
- Olsen, J. *Hastened to the Grave*. New York: St. Martin's Paperbacks, 1998.
- Withering, W. *An Account of the Foxglove and Some of Its Medicinal Uses*. London: G.G. and J. Robinson, 1785.

Case 07 피츠버그에서 온 교수님 × 청산가리

- Christison, R. "On the Capture of Whales by Means of Poison," *Proc. Roy. Soc. Edin.* iv (1860): 270–271.
- Gettler, A. O., and A. V. St. George. "Cyanide Poisoning," *American Journal of Clinical Pathology* 4 (1934): 429.
- Hunter, D. *Diseases of Occupations*. London: Hodder & Stoughton, 1976.
- Kirk, R. L., and N. S. Stenouse. "Ability to Smell Solutions of Potassium Cyanide," *Nature* 171 (1953): 698–699.
- Ward, P. R. *Death by Cyanide: The Murder of Dr. Autumn Klein*. Lebanon, NH: University Press of New England, 2016.

Case 08 악몽의 간호사 × 칼륨

- Anderson, A. J., and A. L. Harvey. "Effects of the Potassium Channel Blocking Dendrotoxins on Acetylcholine Release and Motor Nerve Terminal Activity," *Br. J. Pharmacol.* 93 (1988): 215.
- Ebadi, S., with A. Moaveni. *Iran Awakening*. New York: Random House, 2006. 한국어판은《히잡을 벗고, 나는 평화를 선택했다》(황금나침반, 2007).
- Koeppel, Dan. *Banana: The Fate of the Fruit that Changed the World*. New York: Plume, 2008. 한국어판은《바나나》(이마고, 2010).

- Manners, T. *Deadlier Than the Male*. London: Pan Books, 1995.
- Webb, E. *Angels of Death: Doctors and Nurses Who Kill*. Victoria, Australia: The Five Mile Press, 2019.

Case 09 사샤의 무분별한 소장 × 폴로늄

- Brennan, M., and R. Cantrill "Aminolevulinic Acid Is a Potent Agonist for GABA Autoreceptors," *Nature* 280 (1979): 514 – 515.
- Emsley, J. *Elements of Murder*, Oxford: Oxford University Press, 2005. 한국어 판은 《세상을 바꾼 독약 한 방울》(사이언스북스, 2010).
- _____. *Molecules of Murder*. Cambridge: Royal Society of Chemistry, 2008.
- Harding, L. *A Very Expensive Poison*. New York: Vintage Books, 2016.
- Owen, R. "The Litvinenko Inquiry" (2016). https://assets.publishing.service. gov.uk/government/uploads/system/uploads/attachment_data/file/493860/ The-Litvinenko-Inquiry-H-C-695-web.pdf
- Quinn, S. *Marie Curie: A Life*. Cambridge, MA: Perseus Books, 1995.
- Sixsmith, M. *The Litvinenko File*. London: Macmillan, 2007.

Case 10 무슈 랑즐리에의 코코아 × 비소

- Blum, D. *The Poisoner's Handbook*. New York: Penguin Books, 2010.
- Cooper, G. *Poison Widows: A True Story of Witchcraft, Arsenic and Murder*. London: St. Martin's Press, 1999.
- Fyfe, G. M., and B. W. Anderson. "Outbreak of Acute Arsenical Poisoning," *The Lancet* 242 (1943), 614 – 615.
- Goyer, R. A., and T. W. Clarkson. *Toxic Effects of Metals: The Basic Science of Poisons*. New York: McGraw-Hill, 2001.
- Livingston, J. D. *Arsenic and Clam Chowder: Murder in Gilded Age New York*.

Albany: SUNY Press, 2010.

- Parascandola, J. *King of Poisons: A History of Arsenic*. Lincoln, NE: Potomac Books, 2012.

- Vahidnia, A., G. B. van der Voet, and F. A. de Wolf. "Arsenic Neurotoxicity–A review," *Human and Experimental Toxicology* 26 (2007): 823.

- Whorton, J. C. *The Arsenic Century: How Victorian Britain Was Poisoned at Home, Work, and Play*. New York: Oxford University Press, 2010.

Case 11 텍사스 살인 간호사 × 염소

- Foxjohn, J. *Killer Nurse*. New York: Berkley Books, 2013.
- Hurst, A. *Medical Diseases of the War* (1916). Plano, TX: Wilding Press. 2009.
- Keegan, J. *The First World War*. New York: Vintage Books, 1999. 한국어판은 《1차세계대전사》(청어람미디어, 2009).
- Saenz v. State of Texas, court report, www.courtlistener.com/opinion/4269367/kimberly-clark-saenz-v-state/

한 방울의 살인법

초판 1쇄 발행 2023년 6월 28일
초판 3쇄 발행 2024년 8월 8일

지은이 닐 브래드버리
옮긴이 김은영
펴낸이 최순영

출판2 본부장 박태근
지적인 독자 팀장 송두나
편집 박은경
디자인 윤정아

펴낸곳 ㈜위즈덤하우스   **출판등록** 2000년 5월 23일 제13-1071호
주소 서울특별시 마포구 양화로 19 합정오피스빌딩 17층
전화 02) 2179-5600   **홈페이지** www.wisdomhouse.co.kr

ISBN 979-11-6812-651-0 03400